Die Bundeswehr

Wilfried von Bredow

Die Bundeswehr

Von der Gründung bis zur Zeitenwende

BeBra Verlag

Bibliografische Information der Deutschen Nationalbibliothek
Die Deutsche Nationalbibliothek verzeichnet diese Publikation
in der Deutschen Nationalbibliografie; detaillierte bibliografische
Daten sind im Internet über http://dnb.d-nb.de abrufbar.

Asternplatz 3, 12203 Berlin
post@bebraverlag.de
Umschlag: typegerecht berlin
Satzbild: Friedrich, Berlin
Schriften: Minion Pro 11/14 pt
Druck und Bindung: Finidr, Český Těšín
ISBN 978-3-89809-212-8

www.bebraverlag.de

Inhalt

HEER

Einleitung: Wandel und Kontinuitäten

In der Nacht vom 16. auf den 17. Februar 1962 drückte das Sturmtief *Vincinette* riesige Wassermassen in die Elbe und löste so in Hamburg eine Sturmflut aus. Viele Dämme der Elbe brachen, etwa ein Fünftel des Hamburger Stadtgebiets stand unter Wasser. In den besonders tief gelegenen Gebieten der Stadt zerstörten die Fluten Häuser und Wohnungen. Viele Menschenleben waren in Gefahr. Auf eine solche Katastrophe waren die Behörden nicht vorbereitet. In dieser Situation alarmierte der erst ein paar Monate im Amt befindliche Innensenator Helmut Schmidt die Bundeswehr. Ohne deren Sturmboote, Schlauchboote und Hubschrauber, ohne den Einsatz von Kampftauchern und Soldaten, die bei der Reparatur der Deiche mithalfen, wäre das Ausmaß der Hamburger Flutkatastrophe viel schrecklicher, wäre die Zahl ihrer Opfer viel höher gewesen. Im siebten Jahr nach ihrer Gründung wurde die Bundeswehr und wurden ihre Soldaten wegen dieses Einsatzes in der deutschen Öffentlichkeit zum ersten Mal richtig gefeiert – bezeichnenderweise nicht wegen einer militärischen Heldentat, sondern als Lebensretter und effiziente Katastrophenhelfer.

Gut 35 Jahre später, Ende Juli 1997, drohte ein Hochwasser das Oderbruch in Brandenburg zu überschwemmen. Wären die teilweise schon arg ramponierten Deiche vollends gebrochen, wären Tausende von Menschen gefährdet gewesen. In einer groß angelegten und mitunter hochgefährlichen Hilfsaktion bewahrten 30 000 Soldaten der Bundeswehr gemeinsam mit der Feuerwehr und dem Technischen Hilfswerk das Oderbruch und seine Bewohner vor diesem Schicksal. Im siebenten Jahr nach der deutschen Vereinigung bewirkte das »Wunder von Hohenwutzen«, dass die Bundeswehr sich auch im Bewusstsein der Menschen in den »neuen« Bundesländern als Retter und Helfer fest einprägte.

Hilfseinsatz im eigenen Land: Bundeswehr-Hubschrauber beim Oder-Hochwasser von 1997.

Neue Aufgaben: Registrierung eines Geflüchteten auf dem Gelände des Fliegerhorstes Erding am 12. Januar 2016.

So wichtig und folgenreich diese beiden Einsätze der Bundeswehr im Innern auch waren – primär sind die Streitkräfte für anderes zuständig. Dabei kommt es gar nicht so selten vor, dass Soldaten Aufgaben übernehmen, für die sie eigentlich nicht gedacht sind, die sie aber häufig besser machen als andere. Etwa Anfang 2016: Da unterstützte die Bundeswehr, zeitlich befristet, mit mehreren Tausend Soldaten die Bundesländer und Gemeinden bei der Registrierung, Versorgung, Verteilung und Unterbringung von Asylbewerbern. Oder zwischen März 2020 und März 2022, als ein umfangreiches Hilfskontingent von Soldatinnen und Soldaten in Gesundheitseinrichtungen half, die Ausbreitung des Coronavirus einzudämmen.

Solche »zivilen« Tätigkeit ergänzen auch etliche der »eigentlichen«, nämlich der militärischen Missionen der Bundeswehr. In solchen Missionen geht es um Eindämmung gewalttätiger Konflikte, Krisenmanagement sowie Überwachung, Sicherung oder Wiederherstellung von Frieden. Auslandseinsätze der Bundeswehr hat es auch vor 1990 nicht wenige gegeben – sie fanden meist in kleinerem Rahmen statt. Auf so gut wie alle von ihnen passt das Etikett Katastrophenhilfe.

Seit den frühen 1990er-Jahren kamen mehr und mehr militärische Auslandseinsätze hinzu. Die bislang schwierigsten und langwierigsten dieser Einsätze, auf dem Territorium des ehemaligen Jugoslawien sowie in Afghanistan, haben das Selbstbild der Bundeswehr und ihr Bild in der

Öffentlichkeit geändert. Blickt man von den Erfahrungen, die deutsche Soldaten bei ihren Einsätzen in Syrien, in Mali und an anderen Konfliktherden der Welt machten, auf die Vorgeschichte und die frühen Jahre der Bundeswehr, wird erkennbar, welch weiten Weg sie durchlaufen hat.

Kein Abschied vom Soldaten

Der Publizist Wolf Schneider hat jüngst eine »Weltgeschichte des Soldaten« über alle Kulturen und Zeiten hinweg publiziert, ein anregendes Buch, an dem nur die Grundthese des Autors irritiert. Er will seine Ausführungen als »Nachruf« verstanden wissen. Die Ära des Soldaten gehe zu Ende. Schon für Hiroshima habe man Soldaten im überlieferten Wortsinn nicht mehr gebraucht. Heute würden die Bomben durch Drohnen ersetzt und die Kämpfer demnächst durch Kampfroboter. Zum Siegen taugten Soldaten längst nicht mehr; stattdessen seien Söldner, Partisanen, Selbstmordattentäter oder menschliche Kampfmaschinen wie die Navy Seals fürs Töten zuständig.

Das ist alles andere als überzeugend und nur dann verständlich, wenn man ein sehr eng gefasstes Bild vom Soldaten und dem Soldatenberuf hat. Jedoch hat sich in der Vergangenheit dieses Bild vom Soldaten immer wieder verändert, beeinflusst von der Waffenentwicklung, den geografischen Gegebenheiten, den Bedrohungskatalogen, der Entwicklung taktisch-operativen und strategischen Denkens sowie nicht zuletzt von den politischen Zielvorgaben für die Streitkräfte.

Als Deutschland 1945 aufgeteilt wurde, schien tatsächlich ein »Abschied vom Soldaten« und von Streitkräften als Mittel staatlicher Politik in der Luft zu liegen. Auch nach der Vereinigung Deutschlands 1990 kam der Gedanke wieder auf. Der flott-ironische Spruch eines Regierungsmitglieds, Deutschland sei »von Freunden umzingelt«, fand viel positiven Widerhall. Besonders in eher links eingestellten politischen Milieus meinten manche, Deutschland könnte künftig auf den Beitrag des Militärs zur Sicherheit des Landes verzichten.

Beide Male kam es ganz anders. Als sich der Ost-West-Konflikt zum Kalten Krieg zuspitzte, waren es zuerst die Besatzungsmächte, von denen der Anstoß zur Aufstellung militärischer Verbände ausging. Und nachdem sich der Ost-West-Konflikt aufgelöst hatte, begann keineswegs das erhoffte Zeitalter friedlicher Kooperation und allseitiger Sicherheit zu niedrigem Preis. Stattdessen stiegen die Erwartungen der Verbündeten und der Vereinten Nationen an

Deutschland, es möge in der globalisierten Welt einen höheren Anteil an der Festigung des Friedens und der internationalen Sicherheit übernehmen. Die Bundeswehr wurde daraufhin in einem mühseligen Prozess zu einer Armee umgewandelt, welche die Fähigkeit zur Erfüllung sehr unterschiedlicher Missionen besitzt. Dieser Vorgang ist auch Anfang der 2020er-Jahre noch nicht ganz beendet.

All das läuft überhaupt nicht darauf hinaus, dass Soldaten und Streitkräfte längerfristig überflüssig werden. Eine Ära allumfassenden Friedens ist nicht in Sicht, schön wär's. Und sich selbst lenkende Waffensysteme, Roboter und seelenlose Kampfmaschinen werden auch in Zukunft die Gewaltkonflikte nicht eigenmächtig und automatisch entscheiden können.

Verspannungen

Wenn es um die Bundeswehr geht, stößt man nach wie vor auf eine ganze Reihe von sozialen und politischen Verspannungen. Das betrifft einmal das Verhältnis der politischen Führung zu den Streitkräften, das immer gekennzeichnet war von dem Widerspruch zwischen nüchternen bis pathetischen Bekenntnissen zur Landesverteidigung und zu den Soldaten und dem Drang, beim Militärhaushalt alle Einsparmöglichkeiten auszunutzen. Das hat dazu geführt, dass wir »die kleinste und marodeste Bundeswehr aller Zeiten« haben, wie in einem Kommentar zum Jahresbericht 2015 des Wehrbeauftragten zu lesen war.

Auch das Verhältnis der zivilen Gesellschaft insgesamt und der Öffentlichkeit zur Bundeswehr wies von Anfang an Verspannungen auf. Die Mehrheit der Bevölkerung sah der Wiederbewaffnung in den 1950er-Jahren mit viel Skepsis und inneren Vorbehalten entgegen. Nicht immer nur kleine Minderheiten haben zudem bei allen möglichen Gelegenheiten vehement gegen die Bundeswehr und ihren sicherheitspolitischen Auftrag öffentlich demonstriert. Trotz der schon seit Jahrzehnten beachtlich hohen Zustimmungsraten zur Bundeswehr gibt es bis heute eine gewisse Skepsis und Distanz in der Mitte und Ablehnung am linken Rand des politischen Spektrums. Der frühere Bundespräsident Horst Köhler hat diese eigentümliche Widersprüchlichkeit so auf den Punkt gebracht: »Gewiss, die Bundeswehr ist gesellschaftlich anerkannt; aber was heißt das eigentlich genau? Die Deutschen vertrauen der Bundeswehr, mit Recht, aber ein wirkliches Interesse an ihr oder gar Stolz auf sie sind eher selten. Noch seltener sind anscheinend der Wunsch und das Bemühen, den außen- und sicherheitspolitischen Wandel zu verstehen und zu bewerten, der da auf die Bundeswehr einwirkt.« Mehr als ein »freundliches Desinteresse« sei das nicht.

Das war in den ersten Jahren des Bestehens der Bundeswehr zeitweise anders. Damals wurde in der Öffentlichkeit über das Profil und das Binnenverhältnis der Streitkräfte mitunter leidenschaftlich gestritten, etwa über die Innere Führung und die Auseinandersetzungen zwischen den eher reformoffenen und den solchen Neuerungen gegenüber eher unwillig eingestellten Offizieren. Dabei ging es um das zeitgemäße Bild des Soldaten, die Bedeutung der deutschen militärischen Traditionen, die Innere Führung, militärstrategische und verteidigungspolitische Fragen sowie die meist unter der Oberfläche bleibende Konkurrenz der Teilstreitkräfte Heer, Marine und Luftwaffe.

Schatten der Vergangenheit

Nicht zuletzt wird die Geschichte der Bundeswehr auch durch eine verspannte und eigentümlich halbierte historische Diskontinuität bestimmt. Eigentümlich daran ist vor allem ihr Ursprung in dem tiefen Bruch mit der Vergangenheit. Dieser Bruch von 1945 betraf die ganze Gesellschaft und ihr politisches System, die gesellschaftlichen Eliten ebenso wie die Bevölkerung insgesamt. Er war einschneidend. Die Rede vom politischen und ökonomischen Neuanfang als der »Stunde null« klang unmittelbar überzeugend. Wichtiger Bestandteil dieses Neuanfangs war eine deutliche, nicht nur rhetorische Distanzierung von den rassistischen Vorstellungen und den diktatorischen Politikmustern des Nationalsozialismus.

Zu den Organisationen, die nach 1945 besonders tief im Schatten der Vergangenheit standen, gehörten die Wehrmacht und ihre Angehörigen. Der von den Siegermächten mit viel Druck erzeugte Bruch mit der bösen Vergangenheit wurde von einer Minderheit der Deutschen ohne Einschränkungen begrüßt, von der Mehrheit hingenommen und wiederum einer Minderheit innerlich abgelehnt. Wer weiß, was aus dieser Gemengelage geworden wäre, wenn nicht sehr bald nach dem Tag der totalen Niederlage Deutschlands der weltpolitische Struktur- und Ordnungskonflikt zwischen den westlichen Staaten und der Sowjetunion sich zu verschärfen und die länger andauernde, sicherheitspolitisch gefährliche Phase des Kalten Krieges begonnen hätte?

Brüchige Traditionslinien: Eingangsbereich einer nach dem Wehrmachtsoffizier Erwin Rommel (1891–1944) benannten Bundeswehrkaserne in Augustdorf, Kreis Lippe.

Unter dem Vorzeichen des Ost-West-Konflikts gingen die Kriegshandlungen des Zweiten Weltkriegs in China in einen Bürgerkrieg zwischen der Kommunistischen Partei Chinas und der Kuomintang über. In Europa war das anders. Hier teilte eine erst locker kontrollierte, aber dann immer weiter aufgerüstete Grenze (»Eiserner Vorhang«) Europa und Deutschland in eine sowjetisch kontrollierte und eine in der Hauptsache amerikanisch kontrollierte Hälfte. Diese Teilung vollzog sich nicht unmittelbar, aber doch erstaunlich rasch.

Die auf den letzten Kriegskonferenzen der vier Alliierten in Jalta (4. bis 11. Februar 1945) und Potsdam (28. Juli bis 2. August 1945) gefassten Beschlüsse über die Zukunft Deutschlands verloren, weil sich der Kalte Krieg verschärfte, weitgehend ihre gemeinsame Basis. Das hatte für das besiegte Deutschland viele unerwartete Folgen. Auch das Urteil über den »deutschen Militarismus« war davon betroffen. Das »Potsdamer Abkommen« hatte noch die Ausrottung des deutschen Militarismus sowie die völlige Abrüstung und Entmilitarisierung Deutschlands postuliert. Wer in der Reichswehr und der aufgelösten Wehrmacht gedient hatte, sollte nie wieder deutscher Soldat werden.

Die politische Ost-West-Eiszeit steigerte spätestens seit 1947 die kollektiven Bedrohungsgefühle im Westen. Erst militärische Experten, bald auch Politiker begannen, auf einen militärischen Verteidigungsbeitrag der Deutschen zu dringen. Dazu benötigte man freilich gerade jene Soldaten, die noch kurz vorher und ohne, dass diese Auffassung gänzlich über Bord geworfen worden wäre, als Bannerträger oder Werkzeuge der nationalsozialistischen Aggression stigmatisiert worden waren. Die neu konzipierte Bundeswehr beruhte einerseits auf einer personellen und militärfachlichen Kontinuität. Andererseits sollte sie viele Versatzstücke aus der militärischen Kultur der Vergangenheit gerade nicht übernehmen. Dieser Gegensatz bewirkte in den ersten drei Jahrzehnten der Bundeswehr eine oft als ätzend empfundene innere Spannung.

Permanente Reformen

Im Rückblick auf die Geschichte der Bundeswehr sticht ins Auge, dass sich die deutschen Streitkräfte nach einer längeren Planungs- und anschließenden Gründungsphase, beide etwas holprig, fast immer im ununterbrochenen Prozess der Veränderung und Anpassung an das politische und militärstrategische Umfeld befunden haben. Dass bei permanentem Druck auf die Organisationsstrukturen und angesichts der entsprechenden Belastungen für die Soldaten und zivilen Mitarbeiter der Bundeswehr Pannen kaum zu vermeiden waren, ist leicht einzusehen. Außerdem reagieren Menschen, gleichviel ob in Uniform oder in Zivil, auf solche Herausforderungen ganz unterschiedlich, die einen flexibel und den neuen Anforderungen gegenüber aufgeschlossen, viele aber auch eher nervös und widerwillig, mit innerer Reserve oder sogar hinhaltendem Widerstand.

Für längere Konsolidierungsphasen war nie Zeit. Von allen mehr oder weniger einschneidenden Zäsuren in der Geschichte der Bundeswehr war das Jahr der Vereinigung Deutschlands 1990 die tiefste und folgenreichste. Einige Beobachter sprachen davon, die Bundeswehr müsse jetzt noch einmal neu gegründet werden. Das war nur wenig übertrieben. Schon allein die vielen einander ablösenden und jeweils kurzfristig im Vordergrund stehenden Leitbegriffe und -konzepte für Veränderungen in den Streitkräften nach 1990 illustrieren die Ernsthaftigkeit der Herausforderungen: Ressortkonzept (1995), Bestandsaufnahme (1999), Neukonzeption (2004), Transformation (2006), Neuausrichtung (2012), Trendwende (2015). Auch schon vor 1990 gab es Reformen, unter anderem der Wehrstruktur oder des Bildungs- und Ausbildungsbereichs der Bundeswehr, die von allen Beteiligten viel Ausdauer und Geduld forderten.

Nur im Bündnis

Es war von Anfang an klar, dass westdeutsche Streitkräfte keine rein nationale Angelegenheit sein konnten. Erst sollten sie in der »Europäischen Verteidigungsgemeinschaft« (EVG) einen Beitrag zur Verteidigung des Territoriums der 1949 aus den drei westlichen Besatzungszonen hervorgegangenen Bundesrepublik Deutschland und der westeuropäischen Verbündeten leisten. Nachdem die EVG nicht zustande gekommen war, wurde die Bundesrepublik Mitglied im Nordatlantischen Verteidigungsbündnis (NATO). Die bestimmende Macht in der NATO waren – und blieben bis in die Gegenwart – die Vereinigten Staaten von Amerika. Die hatten zur Beendigung des Krieges gegen Japan im Sommer 1945 Atombomben eingesetzt. Danach wurden diese Waffen und weitreichende Trägermittel wie Bomber und Raketen im Eiltempo weiterentwickelt. Großbritannien, aber bald auch die Sowjetunion, später dann Frankreich verfügten ebenfalls über Atombomben. Die unvergleichliche Zerstörungskraft dieser Waffen versprach ihren Besitzern einen großen Machtvorteil. Würde aus dem Kalten Krieg vielleicht ein nuklearer Schlagabtausch zwischen Ost und West entstehen? Welche Folgen würde das für Deutschland haben? Die frühen Jahre der Bundeswehr waren nachhaltig beeinflusst von der Entfaltung der amerikanischen Nuklearstrategie der Abschreckung (*deterrence)* und ihrer nicht völlig widerspruchsfreien Verknüpfung mit der Verteidigung des eigenen Territoriums und dem der NATO-Verbündeten. Das zum Glück virtuell gebliebene nukleare Kriegsbild trat mit dem Wegfall des Ost-West-Konflikts in den Hintergrund.

Die Bundeswehr wurde in den frühen 1990er Jahren zu einer, wie es im Bundeswehr-Jargon heißt, »Armee im Einsatz«. Sie erfüllte eine Fülle verschiedenster Aufgaben jenseits der traditionellen Landesverteidigung, *out of area*, also »Auslandseinsätze« zur multinationalen Krisenintervention, überwiegend mit einem Mandat der Vereinten Nationen ausgestattet, in unterschiedlich großen Kontingenten von einer Handvoll bis zu mehreren tausend Soldaten. In den USA hießen solche Aufgaben *Military Operations Other Than War* (MOOTW), was aber nicht auf alle von ihnen zutraf, denn die Fähigkeit zu Kampf und Kriegsführung wurde auch immer benötigt. Hierin waren die Bundeswehr und ihre Soldaten erst einmal Neulinge.

Spätestens mit der völkerrechtswidrigen Annexion der zur Ukraine gehörenden Krim durch Russland 2014 sowie der von Moskau aus gesteuerten militärischen Aufheizung der Konflikte in den östlichen ukrainischen Verwaltungsbezirken Donezk und Luhansk wurde das sicherheitspolitische und militärstrategische Verhältnis zwischen Russland und der NATO konfrontativer. Im Februar 2022 überfielen russische Streitkräfte die Ukraine mit dem von Präsident Putin vorgegebenen Ziel, die Eigenstaatlichkeit der Ukraine zu beenden und deren westlicher Ausrichtung von Politik und Gesellschaft einen geopolitischen Riegel vorzuschieben.

Angesichts der immensen Zerstörungen ukrainischer Städte und der insbesondere für die osteuropäischen NATO-Mitglieder bedrohlichen Situation begann die NATO damit, ihre Verteidigungsfähigkeit auszubauen und der Ukraine militärische Hilfe bei der Verteidigung ihres Territoriums zu leisten. Für Deutschlands Sicherheitspolitik und die Bundeswehr brachte dies eine tiefe Zäsur mit sich. Hoffnungen auf einen europäisch-russischen »Wandel durch Handel« hatten sich als trügerisch erwiesen. Bei der Versorgung mit Gas, Öl und Kohle zeigte die wirtschaftliche Abhängigkeit von Russland unnachsichtig eigene politische Schwächen auf. Um den expansionistischen Machtanspruch Russlands einzudämmen, musste die Bundeswehr nun schnellstens die angestauten Mängel bei der Bewaffnung und Ausrüstung abbauen. Nach dem jahrzehntelangen und letztlich erfolglosen Einsatz in Afghanistan war unübersehbar geworden, dass die Bundeswehr Deutschlands Sicherheit weniger am Hindukusch oder sonst wo weit weg verteidigen können muss, sondern vor allem an den Grenzen des Bündnisgebietes. Das bedeutete erhöhte militärische Anstrengungen, materiell wie personell.

Politisch-militärische Kultur

1957 traten die ersten Bundeswehrsoldaten ihren Dienst in den Kasernen an. Die Bundeswehr verstärkte in der Zeit des Ost-West-Konflikts als wichtiger Partner in der NATO das Abschreckungs- und Verteidigungspotential des Westens gegenüber der Sowjetunion und dem Warschauer Pakt. Trotz etlicher kriegerischer Konflikte in Europa nach 1990 schienen die Grundstrukturen europäischer Sicherheit stabil. Die Bundeswehr beteiligte sich jetzt an zahlreichen multinationalen Missionen der Kriseninterventionen und Krisenstabilisierung. Spätestens seit dem russischen Überfall auf die Ukraine mit seinen Implikationen für die baltischen und andere ostmitteleuropäische NATO-Mitgliedsstaaten verlagerte sich das sicherheitspolitische und militärische Augenmerk des Westens wieder auf die Landes- und Bündnisverteidigung.

Multinationale Einsätze: Bundeswehrsoldaten halten Wache im Lager Belet Uen in Somalia, 1993.

Neben den vielen Veränderungen, welche der Soldatenberuf, seine politische Rahmung, das Auftragsspektrum, Organisation, Ausbildung und Ausrüstung durchlaufen haben, gibt es freilich auch Kontinuitäten – auch über den historischen Bruch von 1945 hinaus in die militärische Vergangenheit. Das Wechselspiel von Veränderungen und Kontinuitäten ist faszinierend. Es soll in diesem Buch unter vier Gesichtspunkten beschrieben werden: Militär als Sicherheitsinstrument (west-)deutscher Politik, Einpassung der Streitkräfte in Staat und Gesellschaft, multinationale Eingebundenheit der Bundeswehr seit ihrer Gründung und permanente Organisationsreformen, nicht zuletzt wegen der Veränderungen im militärischen Aufgabenspektrum.

All dies zusammengenommen ergibt eine im Verhältnis zu früher neue politisch-militärische Kultur. Um sie herauszuarbeiten, ist es nötig, die Schilderung der Entwicklung so anzulegen, dass der Blick sich nicht allein auf die Organisationsgeschichte der Bundeswehr, ihre »Firmengeschichte« sozusagen, oder nur auf die strategischen und operativen Aspekte ihrer Entwicklung konzentriert. Ebenso wenig reicht es aus, sich auf das zu beschränken, was im Fachjargon »Integration der Bundeswehr in die Gesellschaft« genannt wird, aber aus verschiedenen Blickwinkeln ganz unterschiedlich interpretiert werden kann.

Alle oben aufgeführten Aspekte in einer Zusammenschau zu präsentieren, informativ, nüchtern, kritisch, aber auch respektvoll gegenüber den Leistungen der Bundeswehr, ihrer Soldaten, ob als Wehrpflichtige, Soldaten auf

Zeit oder Berufssoldaten, und ihrer zivilen Mitarbeiter, ist das Ziel dieses Buches.

Dabei werden Methoden aus der Geschichtswissenschaft und den Sozialwissenschaften kombiniert. Es geht darum, die gesellschaftliche und politische Vergangenheit systematisch zu erfassen und zu analysieren, also nicht nur die verschiedenen Ereignisse und Abläufe zu schildern, sondern auch die in Gesellschaft und Staat vorherrschenden politischen Weltbilder und Wertprioritäten, kollektiven Bewusstseinsinhalte und Verhaltensnormen sowie ihre Veränderungen über die Zeit herauszuarbeiten – also die *politische Kultur* dieser Gesellschaft, ihr soziales, politisches und kulturelles Profil.

Zur politischen Kultur gehören auch Einstellungen zu und Vorstellungen über Militär und Gewalt, Krieg als Mittel der Politik, zum Verhältnis zwischen der Organisation der Streitkräfte und den übrigen Teilen der Gesellschaft oder zum Sozialprestige des Soldatenberufs. Man kann dieser Unterabteilung den Namen *militärische Kultur* geben. Sie blieb in der Nachkriegsgeschichte immer auf besondere Weise von der internationalen Politik beeinflusst und eng mit ihr verknüpft. Das hat sich heute nicht geändert.

Überblendet man die organisationsinterne, die politisch-gesellschaftliche (nationale) und die internationale Ebene der Bundeswehrgeschichte, entsteht nicht nur ein Bild der Streitkräfte und der Soldaten in ihrer Entwicklung über die Jahrzehnte hinweg, sondern zugleich auch ein aufschlussreiches und vielsagendes Selbstbild der deutschen Gesellschaft und ihrer Vorstellungen über Politik und Sicherheit.

1

Die militärische Vergangenheit

In Deutschland kann man über die eigene Vergangenheit als Volk oder Nation nicht so entspannt reden, wie das bei anderen Nationen der Fall ist. Angesichts der wenig rühmlichen deutschen Geschichte in der ersten Hälfte des 20. Jahrhunderts verwundert das nicht.

Nicht nur in Deutschland, sondern in sehr vielen der heute auf der Weltkarte verzeichneten Staaten spielten Gewalt und Krieg eine wichtige Rolle bei der Entwicklung und Ausgestaltung des Gemeinwesens und seiner politischen Kultur. Die Ereignisse selbst können weit zurückliegen oder nur wenige Jahrzehnte. In den jeweiligen Kollektiverinnerungen der meisten Staaten im heutigen Europa nehmen häufig auch ins Mythische verklärte Ereignisse oder Figuren der Vergangenheit einen zentralen Platz ein. In Frankreich etwa ist das Jeanne d'Arc und ihr Kampf um die Unabhängigkeit des Landes vom englischen Königshaus Lancaster. Blutige Gewalt durchtränkt in aller Regel solche Gründungs- und Festigungsmythen. Sie sind, ebenso wie einschneidende kollektive Kriegserlebnisse in der Vergangenheit – vor allem Siege, aber zuweilen auch Niederlagen –, wesentlich für die Konstruktion der eigenen Geschichte. Mitbestimmt wird diese durch die Erzählungen der Historiker, die ihrerseits nicht immer unbeeinflusst bleiben vom politischen Tagesgeschehen.

Eine Bilanz dessen, was aus der Vergangenheit für die politisch-militärische Kultur der deutschen Demokratie und speziell für die Bundeswehr erkennbar von Belang ist, fällt zwiespältig aus. Keineswegs gehören alle militärischen Traditionen in den historischen Giftschrank. Auch in der Geschichte Deutschlands und seiner politischen Vorläufer stößt man auf Staatsklugheit, gediegenen militärischen Professionalismus und militärstrategische Intelligenz. Zugleich jedoch findet sich auch das Gegenteil: politische und militäri-

Krieg als Mittel der Politik: Deutsche Soldaten in der Schlacht bei Königgrätz (1866) gegen Österreich.

sche Kurzsichtigkeit und Borniertheit, Rücksichtslosigkeit und Fahrlässigkeit militärischer Vorgesetzter gegenüber ihren Untergebenen, uniformierter Hochmut und Verbrechen gegenüber Zivilisten.

Im Grunde sind alle politisch-militärischen Bilanzen, gleichviel um welches Land es sich handelt, zwiespältig. Die Situation Deutschlands nach 1945 ist allerdings zusätzlich durch einen besonders dunklen Schatten gekennzeichnet. Der Fehlschlag der Demokratie von Weimar und die Zeit nationalsozialistischer Herrschaft und deutscher Aggression haben entscheidend auf die Neukonstruktion der politisch-militärischen Kultur des Neuanfangs eingewirkt.

Vorläufer Preußen

Der Dreißigjährige Krieg (1618–48) hat tiefe Wunden in der kollektiven Erinnerung der Menschen in den vielen größeren und kleineren politischen Einheiten Mitteleuropas hinterlassen. Die Geschichte dieses Krieges, der ganze Gegenden entvölkerte, muss auch verstanden werden als eine Ära, in welcher sich die Streitkräfte über ihren dienenden Status zur Durchsetzung politischer Herrschaftsinteressen hinwegsetzten. Der Krieg verselbstständigte sich. In der Phase des Wiederaufbaus nach 1650 überwanden die Menschen dieses kollektive Trauma nur sehr langsam.

Seit dem 17. Jahrhundert stieg Brandenburg-Preußen zur kleinsten unter Europas damaligen Großmächten auf. Entscheidendes Symbol und wirksamstes Instrument dieses Aufstiegs war die Armee. Mit ihr entwickelte sich die typisch preußische politisch-militärische Kultur. Als der brandenburgische Kurfürst Friedrich Wilhelm, der »Große Kurfürst«, 1640 sein Amt antrat, verfügte er über ca. 2500 Soldaten, für deren Unterhalt kein Geld vorhanden war. Als er 1688 starb, hinterließ er seinem Nachfolger Friedrich III. (1688–1713, ab 1701 als Friedrich I. König in Preußen) eine Armee von 30 000 Soldaten. Preußen gab sich als Militärmonarchie.

Unter der Herrschaft von Friedrich Wilhelm I., dem »Soldatenkönig« (1713–40), und seinem Sohn Friedrich II., »Friedrich dem Großen« (1740–86), war Preußen ein machtvoller, zentralisierter und absolutistischer Großstaat, dessen Staatsgedanke sich in der Armee verkörperte. Die innen- und außenpolitischen Erfolge Preußens wurden in Gang gehalten durch einen streng fürsorglichen, bei Friedrich II. dann »aufgeklärten« Absolutismus. Der eine wie der andere zeigte gegenüber den eigenen Untertanen allerdings ein gelegentlich brutales Gesicht.

Friedrich II. soll gegen Ende der Schlacht von Kolin am 18. Juni 1757 seine fliehenden Dragoner beschimpft haben: »Hunde, wollt ihr ewig leben?« In der Schlacht von Kolin im zweiten Jahr des Siebenjährigen Krieges (1756–63) standen sich etwa 35 000 Soldaten auf preußischer und etwa 54 000 Soldaten auf österreichischer Seite gegenüber. Die Bilanz des Abends: Die Preußen, die die Schlacht verloren haben, zählten knapp 14 000 Tote und Verwundete, die Österreicher verzeichneten über 8000 Tote und Verwundete …

Preußische Militärreformen

Unter den Nachfolgern Friedrichs II. stand es weniger gut um die Militärmonarchie. Das Bürgertum verlangte nach Mitspracherechten. Zudem kam der Wunsch auf, die absolutistischen Fürstenpartikularitäten zugunsten einer politisch einheitlichen deutschen Nation zu überwinden. Vor allem der preußische Offiziersadel wehrte sich jedoch noch gegen Reformen.

Den Attacken Napoleons war die europäische Großmacht Preußen schließlich weder politisch noch militärisch gewachsen. Dafür gab es viele Ursachen: Den aufgeklärten, das heißt vor allem auch modernisierungsbereiten Absolutismus gab es kaum noch. Stattdessen stemmten sich seine Vertreter ebenso hartnäckig wie vergeblich gegen alle sozialen, politischen und ökonomischen Veränderungen. Sie verpassten den Wandel des Kriegsbildes mit seinen erhöhten Anforderungen an die Soldaten. Die politische Landkarte Europas veränderte sich ebenfalls. Napoleon ordnete sie neu nach seinem Gusto. Die deutschen Kleinstaaten in der Mitte Europas konnten ihren eigenen Gestaltungswillen in dieser Ordnung nicht zur Geltung bringen und wurden zum Objekt napoleonischer Politik. Nach der verheerenden Niederlage Preußens bei Jena und Auerstedt im Oktober 1806 war der Weg für Napoleons Einzug in Berlin frei.

Die Militärführung der Preußen erwies sich als verknöchert, und so wurde immer deutlicher, dass die Armee drastisch umorganisiert werden musste. Die Militärreformer um Gerhard von Scharnhorst, August Neidhardt von Gneisenau, Hermann von Boyen und Karl von Grolman waren jedoch weitsichtig genug zu erkennen, dass es damit nicht genug sei. Darüber hinaus kam es darauf an, die tiefe Kluft zwischen Armee und ziviler Gesellschaft zu über-

Soldatische Traditionen für die Bundeswehr

»Jede Armee braucht Wurzeln in die Vergangenheit, Anknüpfung und Abstützung an überlieferte Werte, die sich bewährt haben und die heute helfen können, die Aufgaben der Gegenwart zu erfüllen. Wir nennen das Tradition. Die Traditionen der Bundeswehr reichen durch die Wehrmacht hindurch weit in die Vergangenheit hinein. Sie stützt sich auf die preußischen Reformen am Anfang des 19. Jahrhunderts. Damals forderte der General Gerhard von Scharnhorst die innige Verknüpfung von Volk und Armee. Das war das Gegenteil der Söldnerarmee des 18. Jahrhunderts. Die Einführung der Wehrpflicht, die Abschaffung der Prügelstrafe, die Öffnung der Offiziersstellen für bürgerliche Bewerber leiteten sich aus diesem Ziel ab. Auch die überlieferten unverzichtbaren Tugenden des Soldaten sind in das Soldatengesetz unserer Republik übernommen worden. Hierzu gehören vor allem der treue Dienst, Tapferkeit, Gehorsam, Kameradschaft, beispielhaftes Verhalten der Vorgesetzten und Fürsorge für die Untergebenen. Sie sind heute gesetzliche Pflichten.

Der spätestens seit Helmuth von Moltke gepflegte Führungsstil der Auftragstaktik verbindet die Forderung einer gewissenhaften Auftragserfüllung mit der Freiheit in der Durchführung und entspricht damit auch demokratischen Vorstellungen. Nicht zuletzt ist die handelnde Rolle von Soldaten der Wehrmacht im Widerstand gegen Adolf Hitler ein grundlegendes Element der Tradition der Bundeswehr. Das Gewissen steht über dem Gehorsam, wenn Befehle Recht und Menschenwürde brechen oder verachten sollen.«

Ulrich de Maizière, 2005

brücken. Die Reformen erfassten das Militärwesen und den Staat insgesamt. Der Vordenker für die Staatsreform war Karl Freiherr vom und zum Stein, der in seiner Nassauer Denkschrift von 1807 die Belebung des Bürgersinns, die Abflachung des hierarchischen Gefälles zwischen Obrigkeit und Untertanen sowie eine deutliche Ermunterung zu gemeinschaftsbezogenem Engagement gefordert hatte.

Nicht zufällig knüpfte man knapp 150 Jahre später bei der inneren Ausgestaltung der Bundeswehr an genau diese Sichtweise an. Der politisch-militärische Zusammenbruch der preußischen Militärmonarchie 1806 war zwar längst nicht so dramatisch wie die Niederlage Deutschlands 1945. Aber richtig ist, dass sich in den Jahren um die damalige Jahrhundertwende tief greifende Veränderungen des Kriegsbildes und der gesellschaftlich-politischen Herrschaftsformen vollzogen, auf die man mit politischen und militärischen Reformen antworten musste, um den Niedergang aufzuhalten. Diese Veränderungen liefen in ihrer Summe auf eine Industrialisierung und Technisierung des Krieges hinaus. Der Krieg beschränkte sich nicht mehr auf Schlachten an der Front, sondern bezog tendenziell das gesamte Territorium und die gesamte Wirtschaftskraft der Kontrahenten ein. Um dem gerecht zu werden, brauchte es ein neues Gesamtkonzept zur Integration des Militärs in die Gesellschaft, zur Erzeugung staatsbürgerlicher Verantwortung für die Streitkräfte sowie ein neues Bild vom Soldaten mit einer gefestigten Kampfmoral.

Zu den innermilitärischen Reformen zählten unter anderem die Abschaffung der brutalen Körperstrafen und des Adelsprivilegs für Offiziersstellen, die erhebliche Verbesserung der Ausbildung des Offiziersnachwuchses, die Einführung gemischter Heeresbrigaden mit Kontingenten verschiedener Waffengattungen, das Einüben neuer taktischer Grundformen, die Neuordnung der Militärverwaltung und die Schaffung eines Kriegsministeriums.

In der nach 1815 einsetzenden Restaurationsperiode blätterte viel von dem Reformlack wieder ab. Dennoch blieb der Modernisierungsdruck auf Wirtschaft, Wissenschaft und Weltanschauung stark spürbar.

Blut und Eisen

Das, was für uns heute Deutschland ist, nahm erst nach einem langen historischen Vorlauf im letzten Drittel des 19. Jahrhunderts politische Gestalt an. Die gegen Napoleons Heere ausgefochtenen Befreiungskriege zwischen 1813 und 1815 waren motiviert von nationaler Begeisterung für ein einiges und postfeudales Deutschland. Damals griff man weit in die Vergangenheit zurück, um den Mythos der Nation zu beleben: Zum Beispiel bemühte man den Kampf der Cherusker gegen die römische Fremdherrschaft, der seinen Höhepunkt in der Schlacht im Teutoburger Wald gefunden habe.

Nach 1815 setzten sich bei der Gestaltung der europäischen Nachkriegsordnung jedoch die partikularen Interessen der Fürsten durch, die mehrheitlich dem Ziel der nationalen Einheit skeptisch gegenüberstanden oder sich gegenseitig blockierten. Der Weg zur Gründung des Deutschen Reiches führte durch drei Einigungskriege: den deutsch-dänischen Krieg 1864, den preußisch-österreichischen Krieg 1866 und den deutsch-französischen Krieg 1870/71.

Das von Historikern als »Macht- und Militärstaat« bezeichnete Reich wurde mit »Blut und Eisen« zusammengebracht – so die seinerzeit überwiegend zustimmend bis enthusiastisch aufgenommene Formulierung von Bismarck, die dieser in einer Rede vor der Budgetkommission des preußischen Abgeordnetenhauses Ende September 1862 geäußert hatte: Nicht durch »Reden und Majoritätsbeschlüsse« würden die großen Fragen der Zeit entschieden, sondern durch »Blut und Eisen«, also durch gut ausgerüstete Streitkräfte und Soldaten, die ihr Leben einsetzten.

Ohne das direkte Zutun Bismarcks entwickelte sich im Kaiserreich ein breit gefächerter gesellschaftlicher Militarismus, für den es ungezählte Beispiele gibt: von der Sitzordnung bei Hofe über die herausgehobene Stellung des Reserveoffiziers bis hin zu solchen Vorgängen wie der Aktion des Hauptmanns von Köpenick im Oktober 1906. Der Schuhmacher Voigt hatte sich dabei als Hauptmann verkleidet und mithilfe eines Trupps Soldaten den Bürgermeister von Köpenick verhaftet sowie die Stadtkasse entwendet.

Wie ein Echo auf diese Eskapade klingen die Worte des Reichstagsabgeordneten Elard von Oldenburg-Januschau vom 29. Januar 1910: »Der König von Preußen und Deutsche Kaiser muss jeden Moment imstande sein, zu einem Leutnant zu sagen: Nehmen Sie zehn Mann und schließen Sie den Reichstag.« Das war gewiss nicht repräsentativ für die ganze wilhelminische Gesellschaft, schon gar nicht für die Sozialdemokratie. Aber während diese den preußisch-deutschen Macht- und Militärstaat kritisierte und seinen Untergang prophezeite, hielt die Mehrheit diese Konstruktion erstens für zukunftsträchtig und zweitens für einen angemessenen Ausdruck des »deutschen Wesens«.

Totaler Krieg

Das 19. Jahrhundert ist durch eine merkwürdige Schieflage gekennzeichnet. Auf der einen Seite entwickelten sich Wirtschaft und Industrie sowie die Wissenschaften mit großem Schwung. Modernisierung und Technisierung beflügelten überoptimistische Zukunftsentwürfe aller Art. Das Militär hatte regen Anteil an diesen Prozessen. Manche Innovationen im Verkehrswesen und der Kommunikationsinfrastruktur wären ohne den Bedarf des Militärs in

Mobilmachung: Soldaten in Berlin auf dem Weg zum Bahnhof, Sommer 1914.

Deutschland nicht so rasch vorangekommen, zum Beispiel der Ausbau des Eisenbahnnetzes und der Telegrafie.

Auf der anderen Seite luden sich die gesellschaftlichen Konflikte weiter auf. Gar nicht so wenige Überbleibsel feudaler Herrschaftsstrukturen, ein politisch und ökonomisch selbstbewusster werdendes Bürgertum und die über ihre gewerkschaftlichen und parteipolitischen Organisationen erstarkende Arbeiterschaft waren nicht auf einen Nenner zu bringen. Deshalb blieben politische und soziale Modernisierungsprozesse oft auf halbem Weg stehen.

Am eindrucksvollsten ist diese Schieflage in der Figur von Kaiser Wilhelm II. verkörpert: einerseits in seinem Selbstverständnis »von Gottes Gnaden« legitimiert, andererseits ein Förderer der angewandten Wissenschaften und der Zukunftsindustrien.

Die durch und durch militarisierte politische Kultur des wilhelminischen Reiches besaß zwar auch ihre zivilen, ja antimilitärischen Enklaven. Aber letztlich war der Militarismus in allen Gesellschaftsschichten verankert, vergleichsweise am wenigsten noch in der klassenbewussten Arbeiterschaft. Die schon in den Schulen verbreitete Vorstellung vom Krieg als der entscheidenden und edelsten Form der Politik zwischen Staaten war Allgemeingut.

Der imperial ausgreifende Nationalismus mit seinen kolonialen Ambitionen erweiterte das Aufgabenspektrum der Streitkräfte. Dies war im Übrigen kein auf Deutschland beschränkter Vorgang, sondern ließ sich überall in Europa und, mit Einschränkungen, auch jenseits des Atlantiks beobachten. Eine Ära der Massenarmeen hatte begonnen, die starke Impulse durch die machtpolitischen Rivalitäten zwischen den europäischen Großmächten erhielt.

Der Begriff des totalen Krieges kam in Deutschland erst nach dem Ersten Weltkrieg (1914–18) in Gebrauch, etwa in einer kleinen programmatischen Schrift des Generals a. D. Erich Ludendorff aus dem Jahr 1936. Tatsächlich aber war schon der Erste, ebenso wie dann der Zweite Weltkrieg (1939–45), in voll ausgeprägter Weise ein totaler Krieg, also eine gewalttätige Konfrontation nicht nur von Streitkräften, sondern von ganzen Gesellschaften mit all ihren Ressourcen. Alles wurde ausnahmslos in den Dienst der Kriegsführung gestellt, die Differenz zwischen ziviler und militärischer Sphäre wurde zugunsten letzterer eingeebnet.

Das Ende des Ersten Weltkrieges brachte Ernüchterung, aufseiten der Verlierer sowieso, aber auch bei den Siegermächten, jedenfalls in Europa. So wie der Krieg die »gesamte Kraft eines Volkes« (Ludendorff) beansprucht und mit ihr Raubbau getrieben hatte, so waren nun überall Ermattung und Erbitterung zu beobachten. Der Erste Weltkrieg ist in gewissem Sinne völlig zu Recht als die »Urkatastrophe« des 20. Jahrhunderts bezeichnet worden. Ähnlich empfanden das viele Menschen in Europa. Allerdings reichte der Schock nicht so tief, um eine Wiederaufnahme des Kampfes nach denselben Mustern, nur mit noch zerstörerischeren Waffen, nach etwas mehr als 20 Jahren zu verhindern.

Die Reichswehr als Reichsverweser

In Deutschland fanden sich die wenigsten mit der militärischen Niederlage nach dem Ersten Weltkrieg ab. Dadurch kam die sogenannte Weimarer Republik, entstanden nach der Abdankung des Kaisers und einem quasi-revolutionären Regimewechsel, von Anfang an in Bedrängnis – vor allem, was ihre Legitimität und die Akzeptanz von Parlament und Regierung betraf. Die von Ludendorff und Hindenburg am Kriegsende in die Welt gesetzte »Dolchstoßlegende«, wonach das kaiserliche Heer nicht vom Gegner auf dem Schlachtfeld, sondern durch innenpolitischen Verrat besiegt worden war, stieß auf mehr Zustimmung als Zurückweisung.

Die monarchistischen Eliten waren zwar teilweise entmachtet, aber nach wie vor stark genug, um einen effizienten »Druck von rechts« auszuüben, dem auch ein »Druck von links« nichts anzuhaben vermochte. Stattdessen warfen sich Rechte und Linke meistens ungewollt, zuweilen aber auch absichtlich die politischen Bälle zu und vermehrten so zielbewusst die Hilf- und Erfolglosigkeit der Anhänger der Weimarer Republik.

Was die Rolle der Reichswehr angeht, so wurde und wird sie meist als ein »Staat im Staate« bezeichnet, als eine Organisation, die sich nicht so sehr als Teil und schon gar nicht als Verteidiger der Republik sah. Ihre Soldaten waren der Mühe enthoben, sich ernsthaft auf die neue Demokratie und ihre Spielregeln einzulassen, denn im Zentrum ihrer Loyalität standen nicht die Einrichtungen des neuen Staates – sei es die Verfassung, der Reichspräsident oder das Parlament –, sondern vielmehr eine aus dem Kaiserreich herübergezogene »Idee des Reiches«. Dennoch stimmt die Formulierung von der Reichswehr als einem »Staat im Staate« nur halb. Eher könnte man das Selbstverständnis ihrer Führung als das eines Reichsverwesers beschreiben. Ein Reichsverweser vertritt den Monarchen in der Zeit der Thronvakanz, für die es verschiedene Gründe geben kann.

Am 10. November 1918 kam es zu einem mündlichen Abkommen zwischen General Groener, Nachfolger Ludendorffs in der Obersten Heeresleitung, und dem Sozialdemokraten Friedrich Ebert, Vertreter des Rates der Volksbeauftragten, in dem das Militär seine Loyalität gegenüber der Regierung erklärte und dieser militärische Unterstützung zusicherte. Diese Übereinkunft richtete sich gegen einen drohenden Putsch der Kommunisten und befestigte zugleich nachdrücklich die Selbstvorstellung der Streitkräfte als Reichsverweser.

Nicht zufällig kursierte für den im April 1925 zum Reichspräsidenten gewählten und wegen seiner Rolle im Krieg von vielen als Held verehrten Paul von Hindenburg das Etikett des »Ersatzkaisers«. Er verkörperte damals für eine Mehrheit der Deutschen die Hoffnung, dass aus den Trümmern der Niederlage von 1918/19 das Reich phönixgleich wiederauferstehen werde. Als entscheidendes Instrument für diesen Wiederaufstieg sah sich die Reichswehr, und dieses Selbstbild wurde nicht nur aufseiten der Rechten, sondern bis weit in die demokratischen Parteien hinein akzeptiert. Anders gesagt: Es gab in der Weimarer Republik einen die politischen Lager übergreifenden Wehrkonsens.

Die Reichswehr strebte nicht die direkte Herrschaft an, sondern die nationenweite Wehrbereitschaft. Dabei überwand ihre Führung, mit Unterstützung aus dem labilen politischen Establishment der Republik, geschickt zahlreiche Restriktionen, die ihr der Versailler Vertrag auferlegt hatte. Die Reichswehr spielte in den 1920er-Jahren bei inneren Konflikten oftmals eine

»Ersatzkaiser«: Reichspräsident von Hindenburg (Mitte) nimmt am 14. September 1927 die Flottenparade der deutschen Seestreitkräfte ab, gefolgt von Reichswehrminister Otto Geßler und Admiral Hans Zenker.

dominierende Rolle, zum Beispiel bei der Niederschlagung der Münchner Räterepublik im April 1919, beim Kapp-Lüttwitz-Putsch im Frühjahr 1920, im Zuge der geheimen Aufrüstung oder bei der ebenfalls geheimen Zusammenarbeit mit der Roten Armee.

Von einer Distanz der Reichswehr zur *Mehrheit* der Gesellschaft konnte nie die Rede sein. Zwar war die Gesellschaft in einem heute kaum noch nachvollziehbaren Ausmaß politisch polarisiert – die ebenfalls militanten Linken betrachteten das Militär mit andauerndem Misstrauen –, die Mehrheit der Deutschen jedoch meinte, dass zur Überwindung der elenden Lage der Nation und der Demütigungen durch den Versailler Vertrag eine starke Streitmacht nötig sei.

Als die Weimarer Republik am Ende war, was durch den wirtschaftlichen Verfall infolge der Weltwirtschaftskrise noch beschleunigt wurde, hätte es unter Umständen zu einer Bündelung aller in der Republik vorhandenen politischen Kräfte unter Ausschluss der Kommunisten und der Nationalsozialisten kommen können. So sah es das Programm des allerdings nur kurze Zeit amtierenden Reichskanzlers und Reichswehrgenerals Kurt von Schleicher vor. Diese Idee scheiterte nicht wegen starker Gegnerschaft vonseiten der politischen Linken, sondern weil ein anderes politisch-militärisches Konzept noch wirkungsvoller zu sein versprach – das der Nationalsozialisten.

Die politische Kultur der Weimarer Republik war von Anfang an von einer nach innen wie nach außen gerichteten Militanz gekennzeichnet, der sich auch die demokratischen Parteien in der Mitte nicht entziehen konnten. Viele der Ansätze zum Neuaufbau einer deutschen Demokratie nach 1945 und über 1949 hinaus, von der Formulierung des Grundgesetzes über die soziale Marktwirtschaft bis hin zur Inneren Führung der Bundeswehr, wurden ausdrücklich auch damit begründet, dass man aus dem Ende der Weimarer Republik seine Lehren gezogen habe. »Bonn ist nicht Weimar«, hieß 1956 die zum geflügelten Wort gewordene kritisch-freundliche Bilanz aus der Feder des Schweizer Publizisten Fritz René Allemand.

Nationalsozialismus und Wehrmacht

Die weltwirtschaftlichen Turbulenzen seit Ende 1929 hatten auch Deutschland ergriffen. Der Export schrumpfte, Firmen mussten Bankrott anmelden, die Arbeitslosigkeit stieg dramatisch. Davon profitierten die Nationalsozialisten und die Kommunisten. In dieser Lage sah die Reichswehrführung die günstige Gelegenheit, sich der lästigen Kontrolle demokratischer Institutionen weitgehend zu entziehen.

Nach der Machtübernahme Adolf Hitlers Ende Januar 1933 war die Reichswehr (Heer, Marine sowie die im Geheimen entstehende Luftwaffe) damit beschäftigt, intensiv aufzurüsten. Noch war das Konkurrenzverhältnis zur Parteimiliz SA nicht geklärt. Dies änderte sich am 30. Juni 1934 mit der Niederschlagung des angeblich bevorstehenden Röhm-Putsches. In einer von der Reichswehrführung gebilligten Nacht-und-Nebel-Aktion wurden Hunderte von SA-Führern verhaftet, viele sofort ermordet. Die Aktion wurde zugleich auf einige andere hochrangige Hitler-Gegner ausgedehnt, darunter die früheren Reichswehrgeneräle von Schleicher und von Bredow. Die Reichswehrführung verbuchte die Ausschaltung als einen Sieg. Dass die mörderischen Übergriffe in ihre eigenen Reihen hineinreichten, wurde nach leichter Irritation rasch verdrängt.

Der Reichswehr wurde in Aussicht gestellt, einziger Waffenträger der Nation zu bleiben und keinerlei Konkurrenz von anderen, auch nicht mehr von nationalsozialistischen Milizverbänden wie der SA, befürchten zu müssen. Das Programm der Nationalsozialisten über die »Wehrhaftmachung« des ganzen Volkes fiel bei der Reichswehrführung auf fruchtbaren Boden. Außerdem deckten sich die außenpolitischen Ziele der Nationalsozialisten, wie sie damals formuliert wurden, weitestgehend mit denen der Reichswehrführung. Beide wollten die Aufhebung aller militärischen Beschränkungen und beide hatten revisionistische Vorstellungen von einer »Heim-ins-Reich«-Politik für die nach 1919 abgetrennten Gebiete.

Mit dem 30. Juni 1934 begann eine Reihe von Selbsttäuschungen der Reichswehr, die nicht mehr erkannte, dass an diesem Tag nicht ihre eigene Machtstellung innerhalb des neuen Herrschaftssystems gestärkt wurde, sondern nur diejenige Hitlers. Diese Entwicklung setzte sich fort. Nach dem Tod des Reichspräsidenten Hindenburg am 2. August 1934 wurde die Eidesformel für die Soldaten verändert. Sie mussten nun schwören, »dem Führer des Deutschen Reiches und Volkes, Adolf Hitler« unbedingten Gehorsam zu leisten.

Mit dem »Gesetz für den Aufbau der Wehrmacht« vom 16. März 1935 erfolgte die Umbenennung der Reichswehr in Wehrmacht. Die jetzt forcierte Vergrößerung der Streitkräfte ging Hand in Hand mit dem Ausbau einer aggressiveren und territorial ausgreifenden militärischen Strategie. Die von der Reichswehrführung aufrechterhaltene soziale Homogenität von Führer- und Unterführerkorps, also die Rekrutierung des Führungsnachwuchses nur aus »erwünschten Kreisen«, wurde schrittweise aufgelöst. Das elitäre, preußisch geprägte Selbstverständnis des Offizierkorps war den Nationalsozialisten ein Dorn im Auge. Einige entscheidende Akteure wie etwa der Reichswehrminister von Blomberg unterstützten diesen Vorgang, andere wie etwa General Ludwig Beck zeigten sich besorgt. Das neue Regime war entschlossen, alle Restbestände eines ständischen »Reichsverweser«-Bewusstseins im Offizierkorps auszulöschen.

Die Blomberg-Fritsch-Krise im Frühjahr 1938 diente dazu, zwei der höchsten Repräsentanten der traditionellen Militär-Elite abzuservieren. In beiden Fällen ging es um Verstöße gegen gesellschaftliche Konventionen: die nichtstandesgemäße Heirat von Blomberg und die angebliche Homosexualität von Fritsch. Im Falle von Fritsch waren die Vorwürfe konstruiert. Dieser spektakuläre Skandal demonstriert, wie nachhaltig die Integration der Wehrmacht in den straff organisierten nationalsozialistischen Führerstaat gelungen war. Die Nationalsozialisten wussten sehr geschickt die starre Fixierung im Offizierkorps auf bestimmte gesellschaftliche Konventionen zu nutzen, um zwei unliebsam gewordene Generäle bei ihresgleichen »unmöglich« zu machen und zugleich zu signalisieren, dass das Offizierkorps insgesamt gefälligst zu gehorchen habe.

Dennoch setzte sich die Wehrmacht als »eigene« Organisation gegen die kaum übersehbaren Auswüchse nationalsozialistischer Politik als moralisch höherwertig ab. Wenn auch die Wehrmachtführung mit dem Angriffsgeist,

»Führerstaat«: Adolf Hitler beim Abschreiten der Front der Ehrenkompanie der Reichswehr in Berlin, Januar 1935.

der ihr von Hitler eingeimpft wurde, im Grunde ganz einverstanden war, so wollte sie diese Ziele doch auf »edlere« Weise erreichen. Ernsthafte Zweifel an Hitler und den Nationalsozialisten, die allerdings nur eine Minderheit unter den Angehörigen der Wehrmacht hegte, konnten immer wieder leicht ausgeblendet werden. Zudem pochte man auf ein gewisses organisatorisches Eigenleben auch dann noch, als davon praktisch kaum etwas übrig geblieben war. Es war viel Selbstbetrug im Spiel.

Nach dem verlorenen Krieg wurde diese Differenz zwischen Wehrmacht und NS-Staat mit viel rhetorischem Aufwand hervorgehoben und betont. Die Haltung der Selbstrechtfertigung war weit verbreitet – und blieb es bis zu den Kontroversen um die Wehrmachtsausstellung des Hamburger Instituts für Sozialforschung in den 1990er-Jahren. 50 Jahre nach Kriegsende ging der den Fachleuten ohnehin suspekte Mythos von der prinzipiell »sauberen« Wehrmacht endgültig zu Bruch.

Die Wehrmacht hatte sich früh zu einem Komplizen der Nationalsozialisten gemacht, auch wenn sich viele Soldaten, egal welchen Ranges, bemühten, in ihrem persönlichen Verhalten rechtliche und moralische Vorgaben aus vortotalitärer Zeit einzuhalten – und trotz einiger Ausnahmeerscheinungen im Offizierkorps, die sich am Aufstand des 20. Juli 1944 beteiligten und dafür ihr überwiegend traditionalistisch geprägtes Weltbild überwinden mussten, etwa indem sie bewusst ihren Diensteid brachen.

Fahneneid in Deutschland, früher und heute

Preußischer Fahneneid von 1808:
»Ich schwöre zu Gott dem Allwissenden und Allmächtigen einen leiblichen Eid, dass Seiner Majestät dem König von Preußen, Friedrich Wilhelm III. meinem allergnädigsten Landesherrn, ich in allen und jeden Vorfällen, zu Lande und zu Wasser, zu Krieges- und Friedenszeiten, getreu und redlich zu dienen, entschlossen bin. Ich will die mir vorgelesenen Kriegs-Artikel überall befolgen, und mich in Ausübung meiner sämmtlichen Pflichten jederzeit so betragen, wie es einem ehrliebenden und unverzagten Soldaten eignet und gebühret.«

Eidesformel der Kaiserlichen Marine vom 2. April 1888, ergänzt 1911:
»Ich schwöre zu Gott dem Allmächtigen und Allwissenden einen leiblichen Eid, dass ich seiner Majestät dem Deutschen Kaiser [Name folgt], meinem obersten Kriegsherrn, in allen und jeden Vorfällen, zu Lande und zu Wasser, in Kriegs- und Friedenszeiten und an welchen Orten es immer sei, getreu und redlich dienen, Allhöchstdero Nutzen und Bestes befördern, Schaden und Nachteil abwenden, die mir vorgelesenen Kriegsartikel und mir ertheilten Vorschriften und Befehle genau befolgen und mich so betragen will, wie es einem rechtschaffenen, unverzagten, pflicht- und ehrliebenden Soldaten eignet und gebühret. So wahr mir Gott helfe durch Jesum Christum und sein heiliges Evangelium.«

Fahneneid der Reichswehr vom 14. August 1919:
»Ich schwöre Treue der Reichsverfassung und gelobe, dass ich als tapferer Soldat das Deutsche Reich und seine gesetzmäßigen Einrichtungen jederzeit schützen, dem Reichspräsidenten und meinen Vorgesetzten Gehorsam leisten will.«

Fahneneid der Wehrmacht vom 20. August 1934:
»Ich schwöre bei Gott diesen heiligen Eid, dass ich dem Führer des Deutschen Reiches und Volkes Adolf Hitler, dem Oberbefehlshaber der Wehrmacht, unbedingten Gehorsam leisten und als tapferer Soldat bereit sein will, jederzeit für diesen Eid mein Leben einzusetzen.«

Fahneneid der Nationalen Volksarmee vom 24. Januar 1962:
»Ich schwöre: Der Deutschen Demokratischen Republik, meinem Vaterland, allzeit treu zu dienen und sie auf Befehl der Arbeiter-und-Bauern-Regierung gegen jeden Feind zu schützen.

Ich schwöre, an der Seite der Sowjetarmee und der Armeen der mit uns verbündeten sozialistischen Länder als Soldat der Nationalen Volksarmee jederzeit bereit zu sein, den Sozialismus gegen alle Feinde zu verteidigen und mein Leben zur Erringung des Sieges einzusetzen. [...]

Sollte ich jemals diesen meinen feierlichen Eid verletzen, so möge mich die harte Strafe der Gesetze unserer Republik und die Verachtung unseres werktätigen Volkes treffen.«

Fahneneid und Gelöbnis der Soldaten der Bundeswehr vom 19. März 1956:

»Ich schwöre« [Berufssoldaten und Soldaten auf Zeit] oder »Ich gelobe« [Wehrpflichtige] »der Bundesrepublik treu zu dienen und das Recht und die Freiheit des deutschen Volkes tapfer zu verteidigen (so wahr mir Gott helfe).«

Vereidigung von Bundeswehrsoldaten in Oldenburg im März 1963.

Bahnhof
Adolf Hitler-Str.

2 Vorbereitung

Für Europa ging der Zweite Weltkrieg am 8. und 9. Mai 1945 mit der Kapitulation des Deutschen Reiches zu Ende. Die Kriegshandlungen in Asien zogen sich noch bis Anfang September hin. Die militärische Niederlage Deutschlands vollzog sich als genau das, was seine Kriegsgegner schon auf der Konferenz von Casablanca Mitte Januar 1943 als oberstes Kriegsziel festgelegt hatten: als »bedingungslose Kapitulation«. Die Truppen der Alliierten besetzten das gesamte Staatsgebiet und übernahmen mit ihren Militärverwaltungen die rechtliche und politische Verantwortung dafür sowie für alle sich darin aufhaltenden Menschen.

Deutschland war durch die totale Niederlage als Staat zerfallen. Für das betäubte deutsche Gemeinwesen stellte das Kriegsende 1945 tatsächlich so etwas wie eine Stunde null dar. Allerdings darf man sich diesen Zustand nicht als Tabula rasa vorstellen. So etwas gibt es in der Geschichte von Staaten und Gesellschaften nicht. Auch wenn es trivial klingt: Aus den Trümmern wächst neues Leben, das nichtsdestotrotz auf einer Vergangenheit gründet und sich darauf bezieht.

Es gehört zu den von Beginn an stets wiederholten Gründungsmythen der Bundesrepublik Deutschland, dass sie 1949 als rein zivile Einrichtung Gestalt angenommen habe. Militärisches habe in diesem Prozess keine Rolle gespielt. Die Aufstellung der Bundeswehr erfolgte ja erst sechs Jahre später. Dieser Zeitvorsprung der zivilen Demokratie sei einer der Hauptgründe für den Erfolg der »zivilen Kontrolle« der neuen Streitkräfte gewesen.

In wesentlichen Punkten ist dieser Mythos irreführend, denn Soldaten gab es auf dem Territorium Deutschlands nach Kriegsende in großer Zahl, seien es Soldaten der Besatzungsmächte in Uniform, ehemalige kriegsgefangene Soldaten der Gegner Deutschlands in Zivil und selbstverständlich auch ehe-

Neuanfang nach 1945: Auswechseln von Straßenschildern in Trier. Nur wenige Jahre später ging es um die Frage nach einer Wiederbewaffnung.

Unter militärischer Aufsicht: Bundeskanzler Konrad Adenauer, flankiert von alliierten Soldaten, nach der Unterzeichnung des Besatzungsstatuts am 21. September 1949.

malige Wehrmachtssoldaten, häufig in den noch einigermaßen brauchbaren Resten ihrer Uniform. Es kann überhaupt keine Rede davon sein, dass den Menschen in Deutschland die Existenz von Soldaten aus dem Bewusstsein geraten war. Im Gegenteil: Sie waren unübersehbar.

Nicht nur die physische Sichtbarkeit von Soldaten entkräftet den Mythos von den »verspäteten Streitkräften«. Gewiss standen in den ersten Monaten nach der Niederlage und während der in jeder Beziehung ungewöhnlich harten Winter in den folgenden Jahren, besonders 1946/47, bei den Deutschen vor allem unmittelbare Überlebensfragen im Vordergrund: Ernährung, Unterkunft, die Suche nach Familienangehörigen. Doch beschäftigte die Menschen auch sehr bald die Frage, wie es angesichts der schwierigen und anscheinend bedrohlicher werdenden Weltlage um ihre Sicherheit bestellt sei. Gemeint ist in den westlichen Besatzungszonen der Schutz vor »den Russen«, deren Friedensparolen man hier mit Ausnahme der Kommunisten nicht viel Glauben schenkte, teils wegen der antisowjetischen Propaganda des untergegangenen Regimes, teils wegen der Erfahrungen vieler Heimatvertriebener, teils als Reaktion auf jenen weltpolitischen Klimasturz, für den sich die Bezeichnung Kalter Krieg einzubürgern begann.

Zunächst lag der Gedanke an neu aufzustellende deutsche Soldaten fern. Jedoch war diese Periode des »Nie wieder deutsche Soldaten« ziemlich kurz. Schon 1947/48 brachten einige militärische Experten der westlichen

Siegermächte, vor allem Großbritanniens und der USA, erst im Stillen, dann aber auch öffentlich eine militärische Beteiligung (West-)Deutschlands für seine eigene Sicherheit und diejenige Westeuropas ins Spiel. Spätestens nach dem Ausbruch des Koreakrieges Ende Juni 1950 war das »Ob« westdeutscher Streitkräfte keine Frage mehr – zu dem Zeitpunkt war die aus den drei westlichen Besatzungszonen hervorgegangene Bundesrepublik Deutschland gerade erst ein Jahr alt. Heikel war es allerdings, auf das »Wie« eine politisch annehmbare und militärisch wirksame Antwort zu finden.

Ab 1950 jedenfalls war die Frage nach deutschen Streitkräften politisch präsent. Verkürzt gesagt: Die Geschichte der Bundeswehr beginnt nicht erst 1955, sondern wenigstens fünf Jahre früher.

Entmilitarisierung

Die Vorstellungen von der die Stabilität der Demokratie begünstigenden »Verspätung« der Streitkräfte und von einer Stunde null können allenfalls für die relativ kurze Chaosperiode nach der bedingungslosen Kapitulation gelten. Die vier Siegermächte wollten das Kriegsende zunächst dazu nutzen, eine neue Weltordnungsinstanz aufzubauen, die besser funktionieren sollte als der 1920 in Genf gegründete Völkerbund. Ihre Hauptaufgabe sollte es sein, Kriege zwischen den Nationen erfolgreich zu verhindern. Dabei konzentrierte man sich auf Angriffskriege und Aggressionen, als deren Verursacher man sich vor allem Mächte wie Deutschland und Japan vorstellte. Die beiden Weltkriege hatten sich tief in das politische Bewusstsein gesenkt.

So wurden die am 26. Juni 1945 in San Francisco gegründeten Vereinten Nationen (UNO) anfangs von vielen Beobachtern vornehmlich als eine Einrichtung gesehen, mit deren Hilfe die in der UNO-Charta sogenannten Feindstaaten im Zaum gehalten werden sollten. Als solche galten damals in erster Linie die Achsenmächte des Zweiten Weltkrieges. Recht schnell erwies sich dieses Konzept zur Schaffung und zum Ausbau einer neuen, friedlichen Weltordnung als ziemlich ungenügend.

Zunächst jedoch ging es den Siegermächten darum, neue politische Rahmenbedingungen zu schaffen, wozu vor allem gehörte, den »deutschen Militarismus und Nazismus auszurotten«, wie man es im Potsdamer Abkommen vom 2. August 1945 formulierte. Darin heißt es weiter, dass man Deutschland völlig abrüsten sowie seine Industrie, welche für Kriegsproduktion benutzt werden könnte, restlos ausschalten wolle.

Als eine Maßnahme zur Bekräftigung dieser Absicht kann man das vom Alliierten Kontrollrat im Februar 1947 erlassene Gesetz zur Auflösung des Staates Preußen ansehen, der im Übrigen damals de facto gar nicht mehr bestand. Die Alliierten sahen in Preußen nichts anderes als den Bannerträger des Militarismus und der Reaktion in Deutschland. Das Potsdamer Abkommen wurde später, in den Jahren des Kalten Krieges, zu einem propagandistischen Zankapfel zwischen den Westmächten und der Sowjetunion. Beide Seiten warfen sich gegenseitig vor, gegen seine Vorgaben programmatisch zu verstoßen.

Die Siegermächte verstanden unter Entmilitarisierung vor allem die vollständige Entwaffnung der deutschen Soldaten und die Auflösung der Militärorganisation. Das war angesichts der Machtverhältnisse in den Besatzungszonen verhältnismäßig einfach zu bewerkstelligen. Zwar gab es Befürchtungen wegen militärischer Widerstandsgruppen, die dem NS-Regime auch nach der Niederlage die Treue hielten. Aber von solchen »Werwölfen« gab es eigentlich nur haltlose Gerüchte. Der Mehrheit der Deutschen war das Ziel der Entmilitarisierung in den ersten Nachkriegsmonaten und -jahren weitgehend recht. Sie hatten andere Sorgen.

Zweitens gehörte zur »Ausrottung von Militarismus und Nazismus« die juristische Überprüfung und gegebenenfalls Verurteilung der Wehrmachtsführung und ihrer Soldaten. Dies geschah im Rahmen des Internationalen Militärtribunals 1945/46 in Nürnberg. Die Richter in Nürnberg stimmten mehrheitlich gegen die Forderung der Ankläger, die Wehrmacht insgesamt als »verbrecherische Organisation« einzustufen. Das schloss aber Folgeprozesse mit Einzelanklagen gegen deutsche Marschälle und Generäle sowie Soldaten, die sich nachweislich schwerer Kriegsverbrechen schuldig gemacht hatten, nicht aus.

Schließlich sollte den Deutschen der »militärische Geist« ausgetrieben werden, wobei unklar blieb, was genau damit gemeint war. Galt es, bei den Deutschen die Einsicht in die entsetzlichen Fehler der NS-Vergangenheit zu bewirken, oder sollte vielmehr ein spezifisch deutscher »Abschied vom Soldaten« für jetzt und alle Zukunft eingeleitet werden? Wie stellten sich die Siegermächte zudem die Austreibung des »militärischen Geistes« aus den Köpfen der ehemaligen Wehrmachtssoldaten vor?

Für diese ging es nach der Niederlage ebenso wie für alle anderen in Deutschland erst einmal um die Organisation ihres Lebensunterhalts. Darüber hinaus ging es aber auch um ihre individuelle und kollektive Ehre, denn sie wollten nicht als die Hauptschuldigen an der nationalsozialistischen Aggressionspolitik und den deutschen Kriegsverbrechen im Zweiten Weltkrieg dastehen. Auch darf man nicht vergessen, dass ehemalige Wehrmachtssoldaten von den Siegermächten nach Kriegsende zu Tausenden als Fahrer, Mechaniker, Minenräumer oder sonstiges Hilfspersonal eingestellt wurden. Auf der rein professionellen Ebene wurde dadurch eine Art unausgesprochene Einzelfallrehabilitierung der Soldaten möglich.

Weltpolitischer Klimawechsel

Schon vor 1945 gab es einige Anzeichen dafür, dass der weltpolitische Konsens zwischen den vier Alliierten längst nicht so festgefügt war, wie es den Anschein hatte. Seit Kriegsende mehrten sich diese Anzeichen. Die sogenannte Anti-Hitler-Koalition hatte mit der totalen Niederlage des nationalsozialistischen Deutschland die sie zusammenhaltende Klammer verloren. Die durch den Zusammenschluss nur überdeckten Spannungen zwischen den Westmächten und der 1922 gegründeten Sowjetunion vertieften sich im Lauf der folgenden Jahre zusehends. Der Ost-West-Konflikt teilte die Welt und bald auch Europa in zwei Lager. Durch Deutschland zog sich die Grenze, entlang der Demarkationslinie zwischen der sowjetischen Besatzungszone (SBZ) und den westlichen Besatzungszonen. In Berlin trennte sie den sowjetischen Sektor von den drei Westsektoren. Dies geschah freilich nicht von heute auf morgen.

Das Ziel der Entmilitarisierung verblasste nun langsam, blieb aber weiter Richtlinie. Es ist auch noch im Besatzungsstatut der drei Westmächte für die neu gegründete Bundesrepublik zu finden, wo es sinngemäß heißt, die Besatzungsbehörden behielten sich vor, die Entwaffnung und Demilitarisierung einschließlich rüstungsrelevanter Forschung sowie Einschränkungen bei der Industrieproduktion und der zivilen Luftfahrt zu überwachen.

Die Welt von 1948 sah allerdings bereits ganz anders aus als die von 1945. Im Juli 1948 begann in der SBZ der Aufbau kasernierter Polizeibereitschaften im Umfang von 10 000 Mann vor dem Hintergrund der ersten großen Berlinkrise der Nachkriegszeit. Die Blockade West-Berlins durch die Sowjetunion begann am 24. Juni 1948 und dauerte fast ein ganzes Jahr. Seitens der sowjetischen Führung war sie als Antwort auf die Währungsreform in den drei

Umjubelter »Rosinenbomber« im Juli 1948. Die Blockade West-Berlins war der erste Höhepunkt einer Jahrzehnte andauernden Ost-West-Konfrontation.

Westzonen und den Westsektoren Berlins angelegt und sollte den Versorgungsverkehr zu Lande und zu Wasser zwischen West-Berlin und Westdeutschland lahmlegen.

Bekanntlich ging dieses Kalkül nicht auf. Stattdessen festigte die Blockade das Band zwischen der West-Berliner Bevölkerung und den Vereinigten Staaten, deren Militärgouverneur für die amerikanische Besatzungszone, Lucius D. Clay, die Einrichtung einer Versorgungsluftbrücke auch gegen das Zögern anderer Verantwortlicher durchsetzte. Die Notwendigkeit, West-Berlin aus der Luft versorgen zu müssen, ließ die Westmächte näher zusammenrücken und veranlasste sie zu Überlegungen, wie man sich gegen mögliche Aggressionen der Sowjetunion erfolgreich verteidigen könnte.

Der Ost-West-Konflikt wurde immer konfrontativer. Er entwickelte sich zu einem Kalten Krieg, gekennzeichnet durch eine breite Palette von feindlichen Akten zwischen dem westlichen und dem östlichen Lager, von ideologischer Propaganda und Desinformationskampagnen über Sabotage, Wirtschaftssanktionen und indirekten Einmischungen (etwa die Unterstützung von Regimegegnern) bis hin zu sogenannten Stellvertreterkriegen. Einzig die direkte militärische Konfrontation zwischen den Hauptmächten des Ost-West-Konflikts, den Vereinigten Staaten von Amerika und der Sowjetunion samt ihren jeweiligen Verbündeten in NATO und im später abgeschlossenen Warschauer Pakt, wurde im Kalten Krieg vermieden. Das hat freilich nicht verhindert, dass die Welt einige Male dicht am Rand eines »heißen« Krieges stand, der mit hoher Wahrscheinlichkeit ein Nuklearkrieg geworden wäre.

Im Westen war man zwar zu Recht stolz auf die Überwindung der sowjetischen Blockade West-Berlins durch die Luftbrücke. Zugleich jedoch machten sich die sicherheitspolitischen Fachleute Sorgen über die Asymmetrie der militärischen Ost-West-Konfrontation. Westeuropa erschien gegenüber der Sowjetunion mit seinen »Satellitenstaaten« nur als kleiner Appendix einer riesigen euro-asiatischen Landmasse. Zwischen Westeuropa und den Vereinigten Staaten verhinderte der Atlantik eine rasche Zuführung amerikanischer Streitkräfte. Und schließlich war es mit der haushohen Überlegenheit der Vereinigten Staaten in Bezug auf Nuklearwaffen und weitreichende Trägersysteme nach dem ersten erfolgreichen Test einer sowjetischen Atomwaffe am 29. August 1949 vorbei. Im nun Fahrt aufnehmenden nuklearen Rüstungswettlauf konnte die Sowjetunion drei Jahrzehnte einigermaßen mithalten. Das allein genügte bereits, um die Sowjetunion als erhebliche Bedrohung Westeuropas anzusehen.

Das Jahr 1949 brachte ein weiteres Ereignis, das im Westen, vor allem in den Vereinigten Staaten, als herber Rückschlag der eigenen Politik angesehen wurde: der Sieg der kommunistischen Volksarmee unter ihrem Anführer Mao Tse-tung gegen die von den USA unterstützten Truppen der nationalistischen Kuomintang unter Chiang Kai-shek, die sich zusammen mit etwa zwei Millionen Anhängern auf die Insel Taiwan zurückziehen mussten. Mao rief am 1. Oktober 1949 die Volksrepublik China aus. Damit war auf der geopolitischen Landkarte ein riesiges Territorium mit einer Milliardenbevölkerung »rot« geworden.

Der Siegeslauf des Kommunismus hatte in den Augen vieler westlicher Beobachter eine bedrohliche Dynamik angenommen. Sie sahen sich bestätigt durch die Ereignisse Ende Juni 1950, als die Truppen des kommunistischen Nordkorea in Südkorea einmarschierten – offenbar mit Zustimmung Moskaus und später der aktiven Unterstützung Pekings. Ziel der Aktion war eine Wiedervereinigung Koreas unter kommunistischen Vorzeichen.

Der Koreakrieg verlief turbulent und verlustreich und kam mit dem Abschluss eines Waffenstillstand im Juli 1953 zu einem vorläufigen Ende, ohne dass die Grenzlinie zwischen Nord- und Südkorea verschoben wurde. Die Wirkung dieser Ereignisse in Asien auf die nordatlantische Verteidigungsgemeinschaft war beträchtlich. Sie veränderten vor allem die politisch-militärische Lage Deutschlands grundlegend und stellten die westlichen Akteure vor die Frage, ob die Bundesrepublik das nächste Südkorea werden würde.

Die Vereinigten Stabschefs der drei westlichen Alliierten hatten schon im Mai 1950 vorgeschlagen, es solle der Bundesrepublik entgegen dem immer noch geltenden Entmilitarisierungsgebot aus dem Potsdamer Abkommen gestattet werden, eine Art Grenzschutztruppe im Umfang von 5 000 Mann aufzustellen. Sie sahen diese Maßnahme ausdrücklich als Einstieg in eine folgende Wiederbewaffnung an. Im März 1951 begann man mit der Aufstellung des paramilitärischen Bundesgrenzschutzes. Bis 1956 wuchs er auf eine Stärke von etwas über 16 000 Mann an.

Aber solch eine halb polizeiliche, halb militärische Truppe geringen Umfangs konnte die Bedrohung in den Augen westlicher Sicherheitsexperten nicht wirklich entschärfen. Zwar wusste man selbstverständlich nichts Genaues über die sowjetische Risikofreudigkeit bei der Westerweiterung ihres militärischen und politischen Einflussgebietes. Auch gab es unterschiedliche Urteile über die Einsatzfähigkeit der Roten Armee. Aber ihre enorme zahlenmäßige Überlegenheit gegenüber den in Westeuropa vorhandenen Streitkräften war unübersehbar. Also musste die Verteidigung Westeuropas ausgebaut werden.

In dem inzwischen schon sehr kalt gewordenen weltpolitischen Klima drängte sich der Gedanke auf, die Bundesrepublik Deutschland aktiv in die Verteidigung Westeuropas einzubeziehen. Das lag in ihrem eigenen Interesse, aber auch in dem ihrer westeuropäischen Nachbarn und der Vereinigten Staaten.

Vorbehalte im In- und Ausland

Trotz dieser Situation war es nicht einfach, die Bundesrepublik Deutschland mit eigenen Streitkräften auszustatten. Es gab kräftige Vorbehalte. Die Liste der politischen Hindernisse umfasst mehrere gewichtige Punkte.

Erstens versuchte die Sowjetunion mit erheblichem Propagandaaufwand, die Aufstellung westdeutscher Streitkräfte zu verhindern. Moskau konnte sich dabei auf die Regierungen in Ostmitteleuropa und Südosteuropa verlassen. Der deutsche Einfall in die Sowjetunion 1941 und der Vernichtungskrieg im Osten hatten in diesen Ländern ohnehin den Hass auf die Deutschen und die Furcht vor ihnen auf das Stärkste angefacht.

Neben den Kommunisten fanden sich weitere Gruppierungen zur »Ohne-mich-Bewegung« zusammen, die sich einer Wiederbewaffnung Westdeutschlands entgegenstellten.

Zweitens waren auch die Regierungen und die Öffentlichkeit der meisten westeuropäischen Nachbarstaaten gespalten – die Erfahrungen im Zweiten Weltkrieg und die Erinnerung an Besetzung und Zwangsarbeit saßen vielen Europäern in den Knochen. Entsprechend groß war die Furcht, dass sich ein wieder aufgerüstetes Deutschland, selbst in verkleinerter Form, erneut zu einer militärischen Bedrohung auswachsen könnte.

Besonders ausgeprägt war diese Furcht in Frankreich. Über viele Generationen hinweg waren die Beziehungen zwischen beiden Ländern von einer immer wieder neu aufflammenden »Erbfeindschaft« beeinflusst. Die östliche Propaganda verstand es, diese Furcht mit allen Mitteln zu schüren. Abgesehen davon sah ein kleiner, aber nicht zu vernachlässigender Teil der europäischen Öffentlichkeit, darunter viele Intellektuelle, in der sowjetischen Politik und im scheinbar triumphalen Siegeslauf des Kommunismus in der Welt keineswegs eine Bedrohung, sondern sympathisierte damit.

Drittens war die Öffentlichkeit in der Bundesrepublik selbst gespalten. Die Mehrheit war zwar antikommunistisch eingestellt, was aber nicht automatisch die Zustimmung zur Aufstellung deutscher Streitkräfte einschloss. Meinungen und Einstellungen zum Militär und zu Fragen der Neuaufstellung von nationalen Streitkräften gingen weit auseinander. Antimilitärische Äußerungen deutscher Politiker in der Zeit unmittelbar nach Kriegsende finden sich zuhauf. Auch in der Publizistik dominierte nach 1945 die Vorstellung, dass Deutsche keine Soldaten sein sollten.

Als sich ab 1948 die Gerüchte über Vorschläge und Pläne für westdeutsche

Streitkräfte verdichteten, waren es nicht zuletzt die Jugendverbände und die Gewerkschaften, die sich mit Nachdruck dagegen aussprachen. Die Gegner einer Aufstellung deutscher Streitkräfte bezeichneten diesen Vorgang als Remilitarisierung. Die verschiedenen Gruppen, darunter neben den schon erwähnten Intellektuellen und den Gewerkschaften auch christliche und pazifistische Gruppen sowie Kommunisten, fanden sich in einer losen Bewegung zusammen, der »Ohne-mich-Bewegung«.

Viertens teilten viele ehemalige Wehrmachtssoldaten diese Ohne-mich-Einstellung als Antihaltung zur Aufstellung westdeutscher Streitkräfte. Das überrascht nur auf den ersten Blick, denn es wurden ganz andere Gründe ins Feld geführt: Sie fühlten sich als Individuen und als Angehörige der Wehrmacht diskriminiert und verlangten eine angemessene Versorgung (Pensionen, Renten, Hinterbliebenenversorgung). Das kam auch im Namen des wichtigsten Verbandes der ehemaligen Berufssoldaten zum Ausdruck, dem »Bund versorgungsberechtigter Wehrmachtsangehöriger«. Später wurde daraus der »Verband Deutscher Soldaten«.

Über die Durchsetzung von Versorgungsansprüchen hinaus verfolgte dieser insgesamt durchaus erfolgreiche Interessenverband auch das Ziel einer Rehabilitierung der früheren Wehrmachtsangehörigen. So pauschal, wie die Anklage im Nürnberger Kriegsverbrecherprozess die Verurteilung der Wehrmacht insgesamt angestrebt hatte, so pauschal wurde nun von vielen Wehrmachtsangehörigen eine Wiederherstellung ihrer Soldatenehre gefordert. Dabei hatten sie einen wichtigen Trumpf in der Hinterhand: Wenn nämlich deutsche Streitkräfte aufgestellt werden sollten, war man auf ihre Mitarbeit angewiesen. Etwas anderes war schon allein unter demografischen Gesichtspunkten gar nicht denkbar.

Dies ist der Hintergrund einer »Ehrenerklärung« für die ehemaligen Wehrmachtssoldaten, die General Dwight D. Eisenhower, damals noch NATO-Oberbefehlshaber, am 23. Januar 1951 unterschrieb. Der Text wurde nicht veröffentlicht, aber dass es eine solche Erklärung gab, erfuhren die Adressaten auch so. Zwei Jahre später sprach Bundeskanzler Konrad Adenauer während einer Bundestagsdebatte über die Europäische Verteidigungsgemeinschaft allen Waffenträgern »unseres Volkes, die im Namen der hohen soldatischen Überlieferung ehrenhaft zu Lande, auf dem Wasser und in der Luft gekämpft haben«, seine Anerkennung aus. Beide Erklärungen waren symbolischer Natur und dienten den zahlreichen ehemaligen Wehrmachtssoldaten als Türöffner: Fortan beteiligten sie sich am Aufbau der neuen Streitkräfte.

Deutscher Wehrbeitrag zur europäischen Verteidigung

Die Ausgangssituation für die Wiederbewaffnung als widersprüchlich zu bezeichnen, ist eine Untertreibung. Deutsche Streitkräfte sollten niemanden mehr bedrohen, aber wirksame Verteidigungskräfte sein. War das nicht die Quadratur des Kreises?

Einen tragfähigen Kompromiss herbeizuführen, bedeutete wahrlich eine Herausforderung für die Bundesregierung unter Bundeskanzler Konrad Adenauer – bis Juni 1955 zugleich Außenminister. Sein Konzept war folgendes: Westdeutsche Streitkräfte sollte es nicht als variabel einsetzbares militärisches Instrument zur Durchsetzung nationaler politischer Interessen geben. Vielmehr sollten diese Streitkräfte zur Verteidigung Westeuropas gegen die wahrgenommene Bedrohung seitens der Armeen des östlichen Lagers beitragen – im gemeinsamen Interesse aller Verbündeten. Das setzte die feste Verankerung der Bundesrepublik in der westlichen Staatengemeinschaft voraus, zu der ja auch die transatlantischen NATO-Mitglieder USA und Kanada gehörten.

Für die Bundesrepublik bedeutete die Einbindung in supranationale Strukturen zugleich einen großen Schritt in Richtung Gleichberechtigung. Man muss sich vor Augen halten, dass sie nach 1949 noch stark in ihrer Souveränität eingeschränkt war. In seinen Erinnerungen hat Adenauer seine politischen Prioritäten so zusammengefasst: erstens die Erlangung der Souveränität als Folge der Wiederaufrüstung, zweitens Sicherheit gegenüber der Aufrüstung der Sowjetzone (= DDR) durch die Sowjetunion und drittens die Herbeiführung einer europäischen Föderation. Den staats- und völkerrechtlichen Begriff der Souveränität muss man in diesem Zusammenhang als »mehr Selbstbestimmung und Gleichberechtigung im westlichen Bündnis« verstehen.

Diese drei Ziele von Adenauers Politik widersprechen einander nicht, sondern bilden ein Ganzes. Zusammengefasst drücken sie aus, was damals als Westintegration bezeichnet wurde. Ihr Herzstück war der enge politische Schulterschluss mit Frankreich. Es ist Ironie der Nachkriegsgeschichte, dass die aus einer langen, konfliktreichen Vergangenheit herrührenden Schwierigkeiten zwischen beiden Ländern mit einem sicherheitspolitischen Projekt weitgehend neutralisiert wurden, das fast zwei Jahre lang mit viel Engagement vorangetrieben wurde, um schließlich auf nicht gerade rühmliche Weise zu scheitern. Dieses Projekt ist unter dem Namen Europäische Verteidigungs-

Churchill über neue deutsche Streitkräfte

Am 11. August 1950 hielt Winston Churchill, damals Oppositionsführer im britischen Parlament, eine Rede vor dem Europarat in Straßburg, in der er die Schaffung einer europäischen Armee unter Einschluss westdeutscher Streitkräfte forderte. Tatsächlich stimmte die Beratende Versammlung des Europarats mit großer Mehrheit folgender Resolution zu:

»Die Beratende Versammlung wünscht die Erhaltung des Friedens und ist entschlossen, das Vorgehen des Sicherheitsrates der Vereinten Nationen zur Verteidigung friedlicher Völker gegen Aggression zu unterstützen. Sie fordert die sofortige Schaffung einer vereinten europäischen Armee, die einer geeigneten europäischen demokratischen Kontrolle unterworfen ist und aufs engste mit den Vereinigten Staaten und Kanada zusammenarbeitet.«

Nach seiner Rede wurde Churchill von einem Journalisten der Neuen Zeitung interviewt und dabei speziell zur Beteiligung der Bundesrepublik an einer europäischen Armee befragt:

»Sehen Sie, Mr. Churchill, nicht irgendeine Gefahr darin, dass durch die Wiedererrichtung deutscher Truppeneinheiten, und sei es auch nur im Rahmen einer europäischen Streitmacht, der alte preußisch-militaristische Geist in diese deutschen Einheiten einziehen könnte, schon durch die Tatsache bedingt, dass ja notwendigerweise deutsche Ausbilder zur Schaffung deutscher Verbände verwendet werden müssten?

Darin liege zweifellos eine Gefahr, entgegnete mir Churchill nach kurzem Zögern. Wir müssen da auf der Hut sein und vorsorgliche Maßnahmen treffen. Bedenken Sie aber auch, dass ja viele deutsche Generäle – und einige haben mich vor dem Krieg vor Hitlers Plänen gewarnt – den Krieg nicht gewollt haben, den hat ja ein Wahnsinniger vom Zaun gebrochen.«

gemeinschaft (EVG) in das Buch der historischen Fehlschläge eingegangen. Manchmal macht das Misslingen eines Projekts den Weg frei für andere und bessere Lösungen. Genauso war es hier.

Am 24. Oktober 1950 schlug der französische Ministerpräsident René Pleven vor der Nationalversammlung in Paris vor, eine europäische Armee unter einer einheitlichen politischen und militärischen Autorität ins Leben zu rufen. Die nationalen Truppenkontingente der beteiligten Staaten sollten multinational durcheinandergewürfelt sein. Fünf Jahre nach dem Ende des Zweiten Weltkrieges war dies ein gewagter und verblüffender Vorschlag, vor allem, da er von Frankreich ausging.

Seitens der französischen Regierung lagen dem Plan, ebenso wie bei der Gründung der Montanunion wenige Monate zuvor, zwei Motive zugrunde: erstens so viele Sicherheitsvorkehrungen wie möglich gegen ein wiedererstarkendes Deutschland einzurichten und alle Ansätze zu einer militärischen Eigenständigkeit der Bundesrepublik Deutschland im Keim zu ersticken; zweitens die kontrollierte Entlastung der eigenen Armee, die damals in einen kraftraubenden Kolonialkrieg in Asien verwickelt war. Adenauer schluckte die Kröte des französischen Misstrauens und mühte sich, den Pleven-Plan als einen wesentlichen Beitrag zur Integration Europas zu preisen. Die Montanunion, also die Vergemeinschaftung der Kohle- und Stahlproduktion von ursprünglich sechs westeuropäischen Staaten (Frankreich, Bundesrepublik Deutschland, Italien, Belgien, Niederlande, Luxemburg), wurde im Übrigen ein großer Erfolg.

Zur Umsetzung des Pleven-Plans setzten sich militärische Experten aus den sechs Ländern in den folgenden Monaten zusammen. Unter zähem Ringen entstand sogar ein Vertrag zur Gründung der EVG. Er wurde von den Regierungsvertretern aller sechs Länder im Mai 1952 unterzeichnet, aber er trat nie in Kraft. Ausgerechnet die französische Nationalversammlung versagte ihm am 30. August 1954 ihre Zustimmung. Damit waren die EVG und die Idee einer europäischen Armee gestorben. Ob sie irgendwann einmal neuen Schwung gewinnt, muss offenbleiben.

Die Schockstarre im Westen nach der französischen Ablehnung hielt nicht lange an. Die konservative britische Regierung schlug Frankreich eine Erweiterung des im März 1948 von Großbritannien, Frankreich und den Benelux-Staaten geschlossenen Brüsseler Pakts um die Neumitglieder Italien und Deutschland vor. Man wollte den jungen deutschen Staat, den man zur Aufbesserung der westlichen Verteidigung dringend benötigte, zum einen einbinden, zum anderen von innen heraus beobachten und überwachen. Die Deutschen würden sich, so der britische Gedanke, mit eigenen Streitkräften an der Verteidigung Westeuropas auch dann gern beteiligen, wenn ihr militärischer Beitrag einer Reihe von Einschränkungen bezüglich der Truppenzahl, der Bewaffnung oder der nationalen Kommandogewalt unterworfen wäre.

Diese Idee nahm den besondersin Frankreich kursierenden starken Vorbehalten gegen deutsche Soldaten viel Wind aus den Segeln, obwohl nun von einer direkten Kontrolle mittels gemischt-nationaler Verbände keine Rede mehr war.

Schon am 23. Oktober 1954, zwei Monate nach dem Scheitern der EVG, wurde ein umfangreiches Paket unterschiedlich weit reichender Abkommen und Verträge, zusammengefasst als Pariser Verträge, von den beteiligten Regierungen unterschrieben. Aus dem Brüsseler Pakt wurde die Westeuropäische Union (WEU) mit der Bundesrepublik als einem ihrer Gründungsmitglieder. Zugleich wurde sie in den Nordatlantikpakt (NATO) aufgenommen. Dies war besonders wichtig, weil die NATO das entscheidende Militärbündnis des Westens war – und bis heute ist.

Und wie sahen die Einschränkungen für den deutschen Wehrbeitrag zur westlichen Verteidigung aus? Festgelegt wurden unter anderem eine Höchstzahl für die neuen deutschen Streitkräfte, der ausdrückliche Verzicht der Bundesrepublik Deutschland auf den Besitz und die Herstellung von atomaren, bakteriologischen und chemischen Waffen (ABC-Waffen) auf ihrem Territorium und die Unterstellung (Assignierung) der deutschen Militärverbände unter den Befehl der integrierten NATO-Stäbe. Diese und noch ein paar weitere Einschränkungen besaßen beträchtliches politisches und militärisches Gewicht.

In der Abwägung der Vorzüge und Nachteile der Pariser Verträge kamen Bundesregierung und Parlament nach ausführlichen Beratungen zu dem Ergebnis, dass die eigenen Interessen trotz allem gut bedient waren. Ende Februar 1955 stimmte der Deutsche Bundestag dem Vertragspaket mit großer Mehrheit zu.

Damit begann ein neues Kapitel der deutschen Nachkriegsgeschichte. Der Aufbau der Bundeswehr konnte beginnen. Dem vorausgegangen waren allerdings auch innerdeutsche Konzepte und Überlegungen zum Aufbau bundesdeutscher Streitkräfte.

Kontakte, Probleme, Beratungen

Es gehörte zu den nach 1945 noch kaum infrage gestellten politischen Selbstverständlichkeiten, dass die Siegermächte für Deutschland als Ganzes einen Friedensvertrag aushandeln würden. Um zu erkunden, wie ein solcher Friedensvertrag aus der Perspektive der Sieger aussehen könnte, und um bei sei-

Gescheiterte Pläne: Der ehemalige Generalleutnant Hans Speidel (links) leitete die deutsche Delegation bei der Konferenz zur Bildung einer Europäischen Verteidigungsgemeinschaft (EVG), hier bei einem Besuch auf dem britischen Militärstützpunkt in Lulworth, 1953.

ner Vorbereitung auch von deutscher Seite Ideen einzubringen, gründeten die Ministerpräsidenten der Länder in der amerikanischen Besatzungszone im April 1947 das Deutsche Büro für Friedensfragen. In den Unterlagen des Büros finden sich seit dem Frühjahr 1947 auch erste sicherheitspolitische und militärstrategische Überlegungen externer Gutachter – sehr vorsichtig und weitgehend unbestimmt.

Politisch wirksam wurden diese Überlegungen durch eine von Hans Speidel, General a. D. der Wehrmacht, Mitte 1948 vorgelegte Denkschrift »Die Sicherheit Westeuropas«, die bei militärpolitisch interessierten Politikern von CDU, SPD und FDP auf Resonanz stieß – auch bei Konrad Adenauer, der Speidel zu weiteren Ausführungen zu diesem Thema ermunterte. So entstand im August 1950 unter Mitarbeit auch anderer früherer Wehrmachtsoffiziere und -generäle wie Adolf Heusinger und Hermann Foertsch die Denkschrift »Gedanken über die Frage der äußeren Sicherheit der Deutschen Bundesrepublik«, die als entscheidende Arbeitsgrundlage für die »Himmeroder Denkschrift« gilt.

Zu dieser Zeit gab es bereits einen wegen des Entmilitarisierungsgebots nur inoffiziellen Berater des Bundeskanzlers in Sicherheitsfragen. General a. D. Gerhard Graf von Schwerin nahm seine Arbeit unter strikter Geheimhaltung auf und konzentrierte sich zunächst auf die Einrichtung eines Netzwerkes von politisch möglichst unbelasteten Wehrmachtsoffizieren sowie eines kleinen Arbeitsstabs, der ab August 1950 als Zentrale für Heimatdienst bezeichnet wurde. Des Weiteren stellte er Überlegungen darüber an, wie ein »deutscher Wehrbeitrag« aussehen könnte. In privaten Zirkeln beschäftigten sich viele ehemalige Soldaten mit der Frage, wie man den Gefahren für die westdeutsche und westeuropäische Sicherheit wirksam begegnen sollte.

Am 29. August 1950 legte Adenauer dem amerikanischen Hohen Kommissar John Jay McCloy unter dem Eindruck des Koreakrieges ein Memorandum vor, in dem es unter anderem hieß:

> *»Die Verteidigung des Bundes nach außen liegt in erster Linie in den Händen der Besatzungstruppen. Der Bundeskanzler hat wiederholt um die Verstärkung dieser Besatzungstruppen gebeten und erneuert diese Bitte hiermit in dringendster Form. Denn die Verstärkung der alliierten Besatzungstruppen in Westeuropa kann allein der Bevölkerung sichtbar den Willen der Westmächte kundtun, dass Westdeutschland im Ernstfall auch verteidigt wird […] Der Bundeskanzler hat ferner wiederholt seine Bereitschaft erklärt, im Falle der Bildung einer internationalen westeuropäischen Armee einen Beitrag in Form eines deutschen Kontingents zu leisten. Damit ist eindeutig zum Ausdruck gebracht, dass der Bundeskanzler eine Remilitarisierung Deutschlands durch Aufstellung einer eigenen nationalen militärischen Macht ablehnt.«*

Diesen Schritt hatte Adenauer ohne Konsultation seines Kabinetts unternommen. Das brachte ihm viel öffentliche Kritik und den Rücktritt von Innenminister Gustav Heinemann ein, fortan ein heftiger Gegner der Wiederbewaffnung.

Die Tage der Zentrale für Heimatdienst und ihres Leiters Graf von Schwerin waren allerdings gezählt, was teils an unterschiedlichen Konzeptionen für die Organisation westdeutscher Sicherheit lag, teils auch an persönlichen Querelen. Im Oktober 1950 wurde er von Adenauer entlassen. Gleichzeitig wurde Theodor Blank vom Arbeitnehmerflügel der CDU zum Leiter der »Dienststelle des Bevollmächtigten des Bundeskanzlers für die mit der Vermehrung der alliierten Truppen zusammenhängenden Fragen« ernannt. Diese Dienststelle, in der Regel als »Amt Blank« bezeichnet, war für den Aufbau westdeutscher Streitkräfte entscheidend. Sie bildete die Keimzelle des späteren Verteidigungsministeriums.

Die Himmeroder Denkschrift

In diese Übergangszeit von der Zentrale für Heimatdienst zum Amt Blank fiel die folgenreiche Expertentagung im Kloster Himmerod in der Eifel vom 5. bis 9. Oktober 1950. Unter Vorsichtsmaßnahmen – ein solches Treffen war nach dem Besatzungsstatut noch nicht erlaubt – kam auf Anweisung Adenauers eine 15-köpfige Gruppe ehemaliger Wehrmachtsoffiziere zusammen, darunter zehn Generäle/Admiräle und fünf Stabsoffiziere. Viele von ihnen sollten später in der Bundeswehr Karriere machen, so die Generäle Speidel, Heusinger, Hans Röttiger und Admiral Friedrich Ruge. Drei der Stabsoffiziere – Wolf Graf von Baudissin, Johann Adolf Graf von Kielmansegg und Horst Krüger – erreichten später ebenfalls den Generalsrang. Niemand konnte das Expertenwissen der Teilnehmer ernsthaft infrage stellen. Kritik an der Zusammensetzung des Gremiums gab es dennoch. Sie konzentrierte sich vor allem auf General Hermann Foertsch (nicht zu verwechseln mit seinem jüngeren Bruder Friedrich, von 1961 bis 1963 Generalinspekteur der Bundeswehr). Hermann Foertsch hatte sich nach 1933 als eifriger Anhänger des nationalsozialistischen Wehrgedankens hervorgetan, wurde später allerdings nicht in die Bundeswehr übernommen. Auch sahen die Kritiker in der Zusammenstellung des Expertenkreises eine allzu deutliche Schuldbefreiung der Wehrmacht.

Ergebnis dieser Tagung war die bereits erwähnte »Himmeroder Denkschrift«, die das Gelände absteckte sowohl für die operativ-strategische Ausrichtung der neuen Streitkräfte als auch für ihr inneres Gefüge. Auf Letzteres wird im vierten Kapitel eingegangen. Hier sollen zunächst die militärpolitischen und die operativ-strategischen Aussagen der Denkschrift kurz zusammengefasst werden.

Die Teilnehmer gingen von einer in Bezug auf Truppenstärke und Bewaffnung klaren Überlegenheit der Sowjetunion in Europa aus: »Die Sowjets können demnach, rein militärisch gesehen, jederzeit ohne langwierige Vorbereitungen einen Angriff gegen Westeuropa beginnen.« Allenfalls Versorgungslücken und entsprechende logistische Schwierigkeiten könnten das rasche Vordringen zur Atlantikküste und in den Mittelmeerraum behindern.

Diese Lagebeurteilung war damals Allgemeingut unter den Offizieren westlicher Staaten. Die Verteidigung Westeuropas, so das Argument der »Himmeroder Denkschrift«, hat nur Erfolgschancen, wenn sie auf einem gemeinsamen operativen Plan beruht. Ein wichtiges – aus westdeutscher Sicht

Vordenker der Wiederbewaffnung: Der spätere Generalinspekteur der Bundeswehr, Adolf Heusinger (l.), und Verteidigungsminister Theodor Blank (r.) im November 1955. Blank war bereits 1950 zum Vorsitzenden des »Amt Blank« ernannt worden, Heusinger war an der Ausarbeitung der Himmeroder Denkschrift maßgeblich beteiligt gewesen.

sogar entscheidendes – Element dieses Plans müsse sein, den westeuropäischen Raum so weit im Osten wie möglich zu verteidigen.

Die Experten folgerten aus dieser Lagebeurteilung, dass es auf dem Gebiet der Bundesrepublik zu einer engen Verzahnung westeuropäischer und amerikanischer Verteidigungskräfte kommen müsse und dass zu deren Verstärkung etwa zwölf deutsche Divisionen plus Luftwaffen- und Marine-Verbände nötig seien. Viel Raum nahmen in der Denkschrift bereits ziemlich detaillierte Vorstellungen über Umfang, Gliederung, Ausbildung und Bewaffnung dieses »Deutschen Kontingents« ein. Mit dieser politisch vorgegebenen Bezeichnung sollte einmal mehr unterstrichen werden, dass man den Bündnisweg einschlagen wolle. Niemand sollte nationale militärische Alleingänge der Bundesrepublik Deutschland befürchten müssen.

Das Paradox, das keines war

Mit Adenauers Strategie der Westintegration schien das in der Präambel des Grundgesetzes festgehaltene Ziel der Wiedervereinigung Deutschlands in weite Ferne gerückt zu sein, jedoch wurde es keineswegs aufgegeben. Im Gegenteil: Adenauer wollte dieses Ziel gerade über die Westintegration und eine »Politik der Stärke« gegenüber der Sowjetunion sowie die Nichtanerkennung der in Ost-Berlin gegründeten DDR erreichen. Allerdings unter klaren Bedingungen: nämlich nur in Frieden und Freiheit. Zum einen war Adenauers Strategie also eine Absage an mögliche Neutralitätslösungen für ein Deutschland zwischen Ost und West, zum anderen unterstrich sie, dass die nationale Einheit nicht mit militärischer Gewalt angestrebt werde.

Für die Kritiker des Bundeskanzlers lief die Trias Westintegration – Wiederbewaffnung – Wiedervereinigung auf ein Paradox hinaus. Sie vertraten die Ansicht, dass erst infolge einer Herauslösung beider deutscher Staaten aus der Ost-West-Konfrontation eine Wiedervereinigung möglich sei. Adenauer hingegen vertiefte in ihren Augen die Spaltung Deutschlands und verriet dadurch das Ziel der nationalen Einheit.

Dieser innenpolitische Streit zwischen Adenauer und der parlamentarischen Opposition besaß für die westdeutsche Sicherheitspolitik und die sich formierenden westdeutschen Streitkräfte besondere Bedeutung. Und zwar gleich dreifach: Erstens war das Offizierkorps in Reichswehr und Wehrmacht in starkem Maße national bis nationalistisch eingestellt gewesen. Würden sich die Offiziere der neuen Streitkräfte mit der offensichtlich längerfristigen bis vielleicht dauerhaften nationalen Teilung abfinden? Ferner würde die Verteidigungsstrategie der Verbündeten das Territorium der Bundesrepublik im Falle einer östlichen Aggression zum Kampfgebiet machen. Eine Verlagerung nach Osten würde zuerst Ostdeutschland betreffen. Wie groß war das Unbehagen unter den Soldaten Westdeutschlands über diesen Sachverhalt?

Zudem blieb die eigene Handlungsfähigkeit aufgrund der festen Einbindung des deutschen Wehrbeitrags in Bündnisstrukturen bislang ungewohnten Beschränkungen unterworfen. Wie würde die Militärführung damit umgehen? Die zweite und die dritte Frage werden uns noch beschäftigen. Was die erste betrifft, so gibt es eine überraschende Antwort: In der Zeit, als sich die Spaltung Deutschlands durch die Gründung von Bundesrepublik und DDR vertiefte, gab es einige wenige, überaus vorsichtige, aber insgesamt unergiebige Kontakte zwischen früheren Wehrmachtsoffizieren hüben und drüben. Zu einer gemeinsamen gesamtdeutschen Initiative in nennenswertem Umfang kam es nicht. Übrigens auch nicht in späteren Jahren. Offensichtlich hatte der Kalte Krieg ab 1947 zu einer tiefen ideologischen Spaltung geführt, die auch das Ziel der nationalen Einheit politisch erst einmal ausrenkte. Eingerenkt wurde es erst am Ende der 1980er-Jahre durch den Zusammenbruch der Sowjetunion.

uchgeschwader
Unsere
BUNDESWEHR
stellt Freiwillige ein!

3
Aufbau und Unbehagen

Die ersten Jahre der jungen Bundeswehr

»Wir wussten, wir hatten das Richtige getan.« Dieser Satz von einem der ersten 550 jungen Männer, die am 2. Januar 1956 als Freiwillige ihren Dienst in der Kaserne in Andernach bei Koblenz aufnahmen, klingt ein bisschen trotzig. Selbstbewusst mussten sie tatsächlich sein, die ersten jungen Soldaten. Denn nicht ein glamouröser Traumberuf wartete auf sie, sondern ein ganzer Haufen von Anfangsschwierigkeiten und Pannen im Berufsalltag. Und das alles unter den skeptischen bis distanzierten Augen der Freunde, Freundinnen und Verwandten. Auf einem Foto von damals, das den Eingangsbereich der Kaserne in Andernach zeigt, sieht man ein großes Schild »Auswandererlager« und nur ganz klein darunter geschrieben: »Funkkaserne«. Dennoch fühlten sich die Neuankömmlinge nicht als Auswanderer, sondern begannen zwar etwas bange, aber frohgemut. Ebenso wie die 450 Soldaten der »Lehrtruppe Luftwaffe« in Nörvenich und der »Lehrtruppe Marine« in Wilhelmshaven.

Knapp zwei Monate zuvor, am 12. November 1955, hatte der seit Anfang Juni 1955 amtierende erste »Bundesminister für Verteidigung«, Theodor Blank, in der Bonner Ermekeil-Kaserne 101 Offizieren und Unteroffizieren ihre Ernennungsurkunden überreicht. Am 20. Januar 1956 folgte ein weiterer feierlicher Anfangsmoment: So gut wie alle Uniformträger der neuen Streitkräfte waren in Andernach zum offiziellen Appell angetreten. Der erste Besuch des Bundeskanzlers Adenauer fand bei kaltem Wetter statt. Ziemlich kühl ist auch der Bericht ausgefallen, der drei Tage später im »Spiegel« darüber zu lesen war:

> *»Rund 1500 westdeutsche Soldaten standen angetreten im offenen Karree. Ihre Stahlhelme wurden überragt von dem schwarzen Homburg*

Neuanfang: Werbeplakat der Bundeswehr aus dem Jahr 1962.

des Bundeskanzlers, der inmitten des uniformierten Gevierts auf einem mit Tannengrün verkleideten Holzpodium Posten gefasst hatte. Angestrahlt von zwei versteckten Heizsonnen, richtete der erkältungsgefährdete Kanzler seinen ersten Appell an die fröstelnde junge Mannschaft der Bundesrepublik: ›Soldaten! Gehen Sie mit der Gewissheit an Ihre Arbeit, dass Ihre Leistungen Anerkennung finden werden. Bewahren Sie sich ein frisches Herz und einen freien Sinn.‹«

Ein kleines Kuriosum dieser Wochen bestand darin, dass es zwar einen für die Verteidigung zuständigen Minister gab, aber seine Truppe noch keinen Namen hatte. Den bekam diese erst im April 1956: Bundeswehr. Schon der Name sollte die Differenz und Distanz zur Wehrmacht signalisieren. Wehrpflichtige gab es zu diesem Zeitpunkt noch nicht. Nach Schaffung der nötigen gesetzlichen Grundlagen wurde der erste Jahrgang Wehrpflichtiger ein Jahr später, im April 1957, eingezogen.

An der Spitze des Ministeriums wurde Mitte Oktober 1956 eine wichtige Veränderung vorgenommen: Auf Theodor Blank, dem fortan die Aura der Überforderung anhing, folgte ein junger, ehrgeiziger und überaus dynamischer Politiker aus der CSU: Franz Josef Strauß.

Im Sommer 1956 hatte sich die Truppenstärke der Bundeswehr noch einmal schubartig um knapp 10 000 Soldaten vergrößert, vor allem weil den Beamten des Bundesgrenzschutzes (BGS) die Option eröffnet worden war, als Soldaten in die Bundeswehr überzutreten. Davon machten ungefähr 60 Prozent von ihnen gern Gebrauch. Der Seegrenzschutz an der Nord- und Ostsee wurde sogar vollständig in die Bundesmarine übernommen. Viele Grenzschützer waren vor 1945 Wehrmachtssoldaten gewesen. Beim Bundesgrenzschutz hatten sich Ansätze eines eigenen Selbstverständnisses ausgebildet, eine Art »Grenzschutzmentalität«, geprägt von einem eher starren Hierarchiedenken. Restbestände dieser Mentalität blieben im Offizier- und Unteroffizierkorps der Bundeswehr noch längere Zeit erkennbar.

Wie immer bei neu zu gründenden staatlichen Organisationen brauchte es zuallererst eine gesetzliche Grundlage für ihre Einbettung in das Gefüge verfassungs- und staatsrechtlicher Ordnungen. Das fiel in die Kompetenz von Regierung und Parlament und ist Thema des nächsten Kapitels. Gleichzeitig waren Regelungen für die innerorganisatorischen Abläufe nötig: für Personalgewinnung, Personalstruktur, Festlegung der Binnenstrukturen, einschließlich der einzelnen Zielvorgaben samt zeitlicher Planung, behördlichen Ver-

Bundeskanzler Adenauer besucht die Soldaten der neu gegründeten Bundeswehr in Andernach am 20. Januar 1956. Links neben Adenauer steht Theodor Blank, rechts Adolf Heusinger.

waltungs- und militärischen Verhaltensregeln. Drittens benötigte die Bundeswehr eine angemessene Ausrüstung und Bewaffnung, um ihre Aufgaben erfüllen zu können. Viertens wurde die Bundeswehr größtenteils von Anfang an in NATO-Kommandos eingebaut. Das heißt, es mussten internationale Kontaktstellen definiert und eingerichtet werden. In den NATO-Stäben schuf man für deutsche Spitzenmilitärs behutsam Platz. So wurde General Speidel, Mitverfasser der Himmeroder Denkschrift, im April 1957 Oberbefehlshaber der alliierten Landstreitkräfte in Mitteleuropa mit Sitz in Fontainebleau bei Paris. Auf diesem Posten, den er bis zum Herbst 1963 einnahm, war er maßgeblich am Einbau der Bundeswehr in das Bündnis beteiligt. Innerhalb des Führungskorps der Bundeswehr entstand im Übrigen ziemlich rasch ein ausgeprägtes »NATO-Bewusstsein«.

Weil die Bundeswehr, anders als viele andere staatliche Organisationen und private Großbetriebe, seit ihrer Gründung im Brennpunkt kritischer Öffentlichkeit stand – prinzipiell zu Recht –, hatten alle Aufbauprozesse Mindeststandards der Transparenz zu genügen. Gegen Nachfragen aus Parlament und Medien konnte man sich nicht abschotten. Ging etwas schief, kam es früher oder später heraus. Derlei ist für Streitkräfte generell ein Problem, werden hier doch die Gebote der Verschwiegenheit und Geheimhaltung schon allein deshalb besonders hochgehalten, um dem militärischen Gegner keine Einsicht in eventuell vorhandene eigene Schwächen zu ermöglichen. In den Anfangsjahren der Bundeswehr entwickelten sich deshalb zwischen Bundeswehr und Öffentlichkeit etliche Reibungspunkte.

Aber zunächst einmal konzentrierte man sich auf den Aufbau der Streitkräfte. Dazu wurden die ehemaligen Soldaten der Wehrmacht mit ihrem Fachwissen gebraucht. Zugleich mussten die politisch und durch ihre Verstrickung in verbotene Kriegshandlungen belasteten Soldaten ausgegrenzt bleiben. Beides war nicht einfach auf einen Nenner zu bringen, wie an dem Nebeneinander der schon erwähnten pauschalen »Ehrenerklärungen für Wehrmachtangehörige« durch Eisenhower 1950 und Adenauer 1952 und dem Wirken des »Personalgutachterausschusses« erkennbar wird. Dieses unabhängige Gremium wurde von der Bundesregierung eingerichtet, um zu verhindern, dass politisch oder kriegsrechtlich belastete ehemalige Wehrmachtsoffiziere höheren Ranges in die Bundeswehr aufgenommen wurden. Im Großen und Ganzen hat das funktioniert.

Das große Unbehagen: Anfangsprobleme, Pannen und Skandale

Die strategischen Vorgaben waren bereits in der »Himmeroder Denkschrift« festgezurrt worden: zwölf Heeresdivisionen, eine taktische Luftwaffe und eine Küstenvorfeldmarine für Nord- und Ostsee. Diese Vorgaben blieben im Kern unverändert. Bis 1959/60 wollte man diese Aufbauziele verwirklichen. Das war nicht nur ambitioniert, sondern schon wirklichkeitsfremd. Und zwar in mehrfacher Hinsicht. Das für solche Ziele nötige Personal war vor dem Hintergrund des »Wirtschaftswunders« ab Mitte der 1950er-Jahre nicht zu rekrutieren, mit der zwölfmonatigen Wehrpflicht schon gar nicht. Im Jahr 1955 wuchs die westdeutsche Wirtschaft real um 10,5 Prozent, so stark wie auch später nicht mehr. Auf dem Arbeitsmarkt herrschte bald Vollbeschäftigung, und das trotz der vielen Millionen Flüchtlinge und Heimatvertriebenen. Mit den zivilen Arbeitsplätzen in Industrie und im Dienstleistungssektor konnte die Bundeswehr nicht mithalten. Damit fehlten ihr aber bald die Unteroffiziere und Feldwebel, die sie für den Alltagsbetrieb dringend benötigte. Außerdem war es schwierig, aus der Masse der Wehrpflichtigen diejenigen zur Weiterverpflichtung zu überzeugen, die die Bundeswehr gern länger in ihren Reihen gesehen hätte. Bei den Offiziersanwärtern mangelte es häufig an den nötigen Bildungsvoraussetzungen, insbesondere an technischen Kenntnissen.

Die Erstausstattung der Bundeswehr am Beispiel des Heeres

Mit konkreten Überlegungen zur Bewaffnung und Ausrüstung der neuen deutschen Streitkräfte begann man 1953 im Amt Blank. Von deutschen Beständen aus der Wehrmachtszeit war nur wenig übrig geblieben. Eine deutsche Rüstungsindustrie existierte nicht mehr. Die Bundesregierung war also auf ausländische Lieferungen angewiesen. Die umfangreichsten kamen als Ausrüstungshilfe aus den Vereinigten Staaten, darunter 10 300 Pistolen M 1 Auto cal. 45, 2450 Maschinengewehre M 1919 cal. 45, 1110 mittlere Kampfpanzer M 47, 300 Bergepanzer M 74, 192 Halbkettenfahrzeuge M 16, 152 leichte Kampfpanzer M 41, 127 leichte Panzerhaubitzen M 7 B 2 105 mm, 100 Schützenpanzer M 39, 350 verschiedene Geschütze und Haubitzen sowie Maschinenpistolen, Karabiner, Mörser, Zugmaschinen, Lastkraftwagen und Fernmeldegerät.

Nach der ersten kostenfreien Militärhilfe aus den USA wurde die Bezahlung der Rüstungsimporte mehr und mehr mit Devisenausgleich und den Stationierungskosten der verbündeten NATO-Truppen verbunden.

Nicht alle Waffen und Geräte (auch die an die Luftwaffe und Marine gelieferten) konnten dem Anspruch genügen, die Bundeswehr schnell zu einer verteidigungsbereiten Qualitätsarmee zu machen. Manche waren veraltet und wurden nach einigen Jahren ausgemustert.

Deshalb entwickelten deutsche Stellen im Frühjahr 1956 Planungen für weitere, modernere und deswegen auch teurere Waffenimporte aus den USA. So wurden in den Folgejahren für mehrere Millionen DM unter anderem der Kampfpanzer M 48, der gepanzerte Mannschaftstransportwagen M 113 und für die Heeresfliegertruppe die Hubschrauber Bell 47 GH 13 und Sikorsky S 58 H 34 beschafft. Auch aus anderen befreundeten Ländern wurden Waffen und Geräte eingeführt, etwa der französische Schützenpanzer Hotchkiss, die belgische Maschinenpistole MP 2A1 (Uzi) oder Mörser aus Israel.

Genug Kasernen gab es zeitweise auch nicht, und viele von ihnen mussten lange auf eine gründliche Renovierung warten.

Die überalterten Offizier- und Unteroffizierkorps erfüllten so häufig nicht die in sie gesetzten Erwartungen, vor allem was Qualitäten wie Menschenführung betraf. Geräte und Waffensysteme wie etwa der Schützenpanzer HS 30 oder der Starfighter F-104 machten von der Beschaffung bis zur Verwendung bei der Truppe große Schwierigkeiten. Zudem begann schon bald das politisch und juristisch nachhaltig gedüngte Wurzelwerk der Bürokratie den Aufbau zu verlangsamen. Vor allem das Ministerium auf der Hardthöhe in Bonn wuchs schon in den Anfangsjahren der Bundeswehr zu einem immer schwerer zu überschauenden Beamtenapparat aus. Der in allen Streitkräften vorhandene strukturelle Konflikt zwischen den hohen Stäben und der Truppe bekam in der Bundeswehr eine besondere Note.

Das Betriebsklima im Heer war auch deshalb starken Belastungen ausgesetzt, weil Verteidigungsminister Strauß auf moderne Waffen drang – womit nicht seine atomaren Ambitionen gemeint sind. Die Truppe musste fast ständig verkraften, dass ein Teil ihres Führungspersonals neu geschult wurde, was häufig mit längerem Ortswechsel verbunden war. Die Folgen für den Dienstbetrieb, aber auch für das Privatleben der Betroffenen kann man sich leicht ausmalen.

Ende der 1950er-, Anfang der 1960er-Jahre verdichteten sich die Pannen und Schwierigkeiten, die Vorwürfe und Skandale zu zähem öffentlichem Misstrauen und zu einer eigentümlichen Kritikempfindlichkeit der Bundeswehrführung. Mehr Gelassenheit wäre auf allen Seiten nötig gewesen.

Es kam, wie es kommen musste: Die Planungsvorgaben wurden geändert. Statt in drei Jahren auf 500 000 Mann anzuwachsen, wurden der Bundeswehr sechs Jahre zugesprochen, um eine Stärke von 350 000 Mann zu erreichen. Die militärischen Planer sahen in äußeren Schwierigkeiten wie fehlenden Unterkünften und veraltetem Material die Hauptgründe für das Verfehlen der ursprünglichen Planziele.

> *»Ein großes Unbehagen herrscht in der Bundeswehr. Die Malaise hat Soldaten, Unteroffiziere und Offiziere erfasst. Viele Wehrpflichtige tragen die Uniform mit mürrischer Resignation. Auch die Gutwilligen stellen sich die Frage, warum gerade sie das Los treffen musste, eingezogen zu werden […] Die Stimmung bei den Unteroffizieren der Bundeswehr ist nicht besser. Es gibt gute Unteroffiziere. Es gibt aber kein Unteroffizierkorps. Die Armee verfügt nicht über eine breite Schicht solider militärischer Unterführer.«*

Und auch bei den Offizieren, so fährt dieser seinerzeit viel beachtete Artikel aus der »Frankfurter Allgemeinen Zeitung« vom Herbst 1963 fort, sehe es nicht gut aus. Man könne den Eindruck gewinnen, die Mehrzahl von ihnen betrachte nicht den militärischen Gegner, sondern die Medien im eigenen Land als ihren Hauptfeind. Zudem treibe sie die doppelte Sorge um, aus den

Verteidigungsminister Strauß spricht mit der Besatzung des Zerstörers Z 1 im März 1961.

Wehrpflichtigen Soldaten zu machen, wie man sie im Atomzeitalter brauche, und wirklich gute Unteroffiziere heranzubilden.

Verfasser dieses fast zwei Zeitungsseiten einnehmenden Berichts war Adelbert Weinstein, damals der Doyen einer kleinen Gruppe von Journalisten überregionaler Zeitungen, die sich beim Thema Militär und Bundeswehr durch ihre Kompetenz viel Respekt erworben haben. Dazu gehörten etwa auch Lutz Mackensen (»Frankfurter Rundschau«) oder Wolfram von Raven (»Die Welt«), später Christian Potyka (»Süddeutsche Zeitung«).

Weinsteins Stichwort vom »großen Unbehagen« traf einen Nerv. Tatsächlich hatte sich das Klima in der Bundeswehr durch den permanenten Aufbaustress, durch das Nebeneinander unterschiedlicher Grundauffassungen vom zeitgemäßen Bild des Soldaten und durch das Offenbarwerden zahlreicher Pannen, die in der Öffentlichkeit häufig als Skandale dargestellt wurden, verschlechtert. Weit verbreitet war unter den Offizieren der Bundeswehr die Vorstellung, die ihnen gebührende gesellschaftliche Anerkennung würde ihnen verweigert. Immer nur Negatives würde über die Streitkräfte berichtet. Dass die Politiker der Regierungsparteien und auch einige aus der sozialdemokratischen Opposition bei allen möglichen Gelegenheiten die Aufbauleistungen der ersten Generation von Bundeswehrangehörigen herausstrichen, wog die kritischen Berichte nicht auf.

Unterbesetzungen, häufige Versetzungen, Probleme der Materialbeherrschung: All das war in der Öffentlichkeit zwar bekannt, wurde aber von Kri-

Das Iller-Unglück am 3. Juni 1957

Die 15 Soldaten des Luftlande-Jägerbataillons 19, die am 3. Juni 1957 beim Überqueren des Flusses Iller in der Nähe von Kempten ertranken, standen erst am Anfang ihres Grundwehrdienstes. Der als Zugführer eingeteilte Stabsunteroffizier befahl diese Übung als ein »Extra« der infanteristischen Ausbildung – Flussüberquerung mit voller Ausrüstung –, ohne sich bei seinen Vorgesetzten vorher abgesichert zu haben. Er unterschätzte die Strömung des an dieser Stelle etwa 50 Meter breiten Flusses, der 19 Soldaten mit sich fortriss. Nur vier von ihnen konnten sich retten.

Das Unglück ereignete sich zwei Monate nach der Einberufung der ersten Wehrpflichtigen. Die Bundeswehrführung, einschließlich des Ministers Strauß, begab sich unverzüglich an die Unglücksstelle, um ihre Verbundenheit mit den Opfern und Hinterbliebenen zu demonstrieren. Sogleich setzte eine öffentliche Debatte ein, in der das schreckliche Unglück als skandalöses Versagen der soldatischen Menschenführung in der Bundeswehr und speziell in der Luftlandedivision behandelt wurde.

Verbreitetes Elitedenken bei den Fallschirmjägern, Kommunikationsfehler innerhalb des Bataillons und der Kompanie, generell zu große Sorglosigkeit und Hast beim Aufbau der Rekrutenausbildung, die Wiederkehr unmenschlicher Schleiferei: Das waren die am häufigsten auftauchenden Vorwürfe in den Medien. Die Wucht dieser Vorwürfe, die später in längeren Untersuchungsberichten und Gerichtsverhandlungen zum Teil relativiert wurden, hat die Bundeswehrführung überrascht. Bis heute hat das Iller-Unglück in der Erinnerungskultur der Bundeswehr seinen Platz. Alljährlich findet an dem in der Nähe des Unglücksorts errichteten Denkmal für die 15 Toten eine Gedenkfeier der Bundeswehr statt.

tikern der Wiederbewaffnung und der Bundeswehr kaum zur Erklärung jener »Skandale« herangezogen, die wie das Iller-Unglück 1957, die Vorfälle bei den Fallschirmspringern in Nagold 1963 und etliche Beschaffungsskandale um Kasernenbau, den Schützenpanzer HS-30 mit seinen erheblichen technischen Mängeln oder das Lockheed-Flugzeug Starfighter das öffentliche Bild der Bundeswehr mitbestimmten.

So gelang es der Luftwaffe lange Zeit nicht, den ab 1960 zugeführten Langstreckenbomber F-104 Starfighter in den Griff zu bekommen. Die Geschichte seiner Beschaffung, seiner Umrüstung und Wartung ist ein Lehrbeispiel für überhöhte Ambitionen und Erfahrungsmangel im Umgang mit hochkomplexer Rüstungstechnik. Den Preis dafür bezahlten viele Piloten mit dem Leben. Dabei waren alle Experten der Luftwaffe und gerade auch ihre Piloten von der Eleganz, Wendigkeit und Schnelligkeit des Starfighters hingerissen. Das Triebwerk mit Nachbrenner leistete bis zu 29 000 PS, es konnte mit mehr als doppelter Schallgeschwindigkeit fliegen und in ca. vier Minuten eine Flughöhe von 25 Kilometern erreichen. Das war außergewöhnlich.

Die Luftwaffenführung schlug also die Beschaffung der F-104 Starfighter vor, ein Produkt der US-amerikanischen Firma Lockheed. Andere Angebote konnten aus ihrer Sicht mit den Fähigkeiten dieses einstrahligen Abfangjägers nicht mithalten. Verteidigungsminister Strauß übernahm diese Empfehlung. Er wollte ein Flugzeug, das auch als Träger von (amerikanischen) Atombomben infrage kam. Außerdem versprach er sich Impulse für die deutsche Luftfahrtindustrie, denn sie sollte einen Teil der Flugzeuge in Lizenz nachbauen. Im November 1958 stimmte der Verteidigungsausschuss des Deutschen Bundestages dieser Entscheidung zu. Es wurden 700 Flugzeuge auf einen Schlag bestellt.

Es stellte sich jedoch rasch heraus, dass der neu entwickelte Starfighter etliche technische Mängel aufwies. Es gab allerdings noch ein weiteres Problem: Das auf die Wetterbedingungen der Vereinigten Staaten eingestellte Jagdflugzeug sollte unter den schwierigeren Wetterbedingungen von Mitteleuropa weitere Funktionen übernehmen. Es sollte als Aufklärungsflugzeug und als Allwetter-Jagdbomber im Tiefflug und mit schwerer Waffenzuladung dienen. Um das zu erreichen, verstärkte man den Rumpf des Starfighters. Er bekam ein anderes Triebwerk und eine andere Navigation. Diese Ausweitung der Aufgabenpalette verstärkte die Schwierigkeiten bei der Mängelbeseitigung und erforderte von den Piloten ein Können, das erst nach unzähligen Flugstunden sicher ausgebildet war.

Im Februar 1960 wurden die ersten F-104G in Dienst gestellt. Das G steht für Germany, meint also die speziell auf die Anforderungen der Bundeswehr zugeschnittene Version des Flugzeugs. In den nächsten Jahren häuften sich Unfälle und Abstürze derart, dass es nicht nur zu bundeswehrinternen Konflikten kam, sondern auch die kritische Aufmerksamkeit der Öffentlichkeit erregt wurde. Hier galt der F-104 bald als »Witwenmacher« und als »fliegender Sarg«.

Als Unfallursachen kamen entweder technische Mängel oder Pilotenfehler infrage. Es gab nicht immer genug Ersatzteile; auch fehlte es an qualifiziertem Bodenpersonal. Die Folge solcher Engpässe war, dass die Flugstunden der Piloten hinter dem Soll zurückblieben. Die aber waren bitter nötig, damit sich die Piloten die unabdingbare Routine im Umgang mit dem F-104 aneignen konnten.

Die letzten der insgesamt 916 F-104 wurden 1991 ausgemustert. Ungefähr ein Drittel davon ging durch Unfälle und Abstürze verloren. Allein 1965 stürzten 26 Maschinen ab, und 15 Piloten kamen dabei ums Leben. Im Zeitraum von 1960 bis 1991 starben insgesamt 116 Piloten.

Wegen der Starfighter-Krise trat der Inspekteur der Luftwaffe, General Werner Panitzki, im August 1966 zurück. Ihm folgte General Johannes Steinhoff. Bald ging die Zahl der Unfälle zurück. Die Meinungen zur Starfighter-Zeit der Luftwaffe sind gespalten. Während sich in der Öffentlichkeit das negative Bild aus den Anfangsjahren gehalten hat, schwärmen die Piloten und andere, die mit dem F-104 zu tun hatten, bis heute von ihm.

Nur nebenbei sei erwähnt, dass es auch noch einen weiteren Grund dafür gab, dass das Unbehagen der Öffentlichkeit gegenüber dem Starfighter immer wieder geweckt wurde. Schließlich sollten die Piloten Allwetter-Tiefflüge üben, was einen höllischen Lärm verursachte. Das sorgte für Beschwerden seitens der Bewohner in Gegenden, die häufig überflogen wurden.

Der schwierige Minister

Viel Streit hatte sich auch um Verteidigungsminister Strauß entsponnen. Sein bulliges Charisma und seine »Hausmacht« CSU sorgten dafür, dass er eine herausgehobene, auch öffentlich besonders sichtbare Rolle in Adenauers Kabinett spielte. Von Anfang an setzte er energische Akzente bei der Änderung der Planungsziele der Bundeswehr. Einerseits profilierte er sich damit als entscheidungsfreudig. Er bot aber auch viel mehr Angriffsflächen als sein Vorgänger, etwa bei dem Versuch, die Bundeswehr mit Atomwaffen auszurüsten. Das brachte auch den Gegnern der Wiederbewaffnung neuen Schwung. Aus der Perspektive der Bundeswehr erschien die Anti-Atom-Bewegung vor allem als militärfeindlich.

Die Zuspitzung des Kalten Krieges durch die Krisen in Berlin (Bau der Mauer seit dem 13. August 1961) und Kuba (sowjetische Raketenstationierung, Herbst 1962) zeigte einmal mehr, wie unsicher die Weltlage war. Im Herbst 1962 fand deshalb die Stabsrahmenübung der NATO »Fallex 62« statt. Dem Planspiel lag die Annahme zugrunde, dass Truppen des Warschauer

»Spiegel-Affäre«: Mitglieder des Verbandes der Kriegsdienstverweigerer protestieren Anfang November 1962 in Remscheid für die Pressefreiheit. In Händen halten sie die Ausgabe des »Spiegel«, an dessen Bericht »Bedingt abwehrbereit« sich die Affäre entzündet hatte.

Paktes Westeuropa angriffen. Das Ergebnis des Szenarios entwickelte sich zu einem militärischen Desaster für die westeuropäischen NATO-Länder. Ihre Truppen waren nicht in der Lage, einen möglicherweise stattfindenden sowjetischen Vormarsch zu stoppen oder gar zurückzudrängen.

Über »Fallex 62« erschien am 10. Oktober 1962 ein längerer Artikel im »Spiegel« mit dem Titel »Bedingt abwehrbereit«. Auf dem Titelblatt prangte ein Porträt von Generalinspekteur Friedrich Foertsch. Ein Kernsatz aus diesem Artikel lautet:

> *»Die Bundeswehr hat heute – nach fast sieben Jahren deutscher Wiederbewaffnung und nach sechs Jahren Amtsführung ihres Oberbefehlshabers Strauß – noch immer die niedrigste Nato-Note: zur Abwehr bedingt geeignet.«*

Eigentlich war diese Note, wenn auch alles andere als schmeichelhaft, so doch nicht gerade überraschend. Sieben Jahre sind für den Aufbau so umfangreicher Streitkräfte wie der Bundeswehr kein langer Zeitraum, zumal, wenn man die besonderen Anfangsschwierigkeiten bedenkt. Auch ein Minister kann dafür nicht verantwortlich gemacht werden. Dennoch reizte der »Spiegel« mit seinen spitzen Formulierungen den Verteidigungsminister ganz persönlich, übrigens nicht zum ersten Mal. Zwischen »Spiegel«-Herausgeber

Rudolf Augstein und Strauß herrschte seit Längerem eine Fehde, die von beiden Seiten mit den ihnen jeweils zur Verfügung stehenden Mitteln angeheizt wurde.

Auf jeden Fall löste der »Spiegel«-Artikel ein politisches Erdbeben in der Bundesrepublik aus, nämlich die »Spiegel-Affäre«, in der Strauß völlig unangemessen agierte. Er verlangte die juristische Verfolgung von Augstein und anderen »Spiegel«-Redakteuren, darunter Conrad Ahlers. Letzterer machte zu dem Zeitpunkt Urlaub im spanischen Torremolinos. Unter Umgehung des Justizministeriums wurde er dort verhaftet. Die Redaktionsräume des »Spiegel« in Hamburg wurden durchsucht.

Ein Sturm des Protests entlud sich gegen Strauß und für die Pressefreiheit. Das Bewusstsein für Grundrechte, insbesondere in der jüngeren Generation, wurde durch die »Spiegel-Affäre« nachhaltig vertieft. Schließlich kostete die Affäre Strauß seinen Posten als Verteidigungsminister. Am 9. Januar 1963 wurde Kai-Uwe von Hassel zu seinem Nachfolger ernannt.

Von Hassel war bemüht, den Aufbau der Bundeswehr zu verstetigen. Eine Phase der Konsolidierung folgte. Trotzdem blieb auch nach der zuweilen fast turbulenten Ära Strauß das Unbehagen in der Bundeswehr groß. Die strukturellen Probleme, die der Weinstein-Artikel aufzählte, verschwanden nicht einfach. Und der Streit um die Innere Führung nahm jetzt richtig Fahrt auf.

Franz Josef Strauß als Verteidigungsminister

Franz Josef Strauß (1915–88) war im Laufe seiner langen politischen Karriere als Mitglied und später langjähriger Vorsitzender der CSU an mehreren Bundesregierungen beteiligt und schließlich ein Jahrzehnt lang Ministerpräsident von Bayern. Seine Amtszeit als Bundesminister der Verteidigung begann am 16. Oktober 1956, als Konrad Adenauer ihn zum Nachfolger des ersten Verteidigungsministers Theodor Blank berief. Das war zu einem schwierigen Zeitpunkt. Erstens hakte es beim organisatorischen Aufbau der Bundeswehr, was verständlich war, aber wegen der von der Regierung etwas zu vollmundig verkündeten Aufbauziele politisch nicht gern gesehen wurde. Zweitens veränderten sich in dieser Zeit die strategischen Prioritäten der USA. Die Einführung von mehr Nuklearwaffen sollte die Reduzierung der Zahl konventioneller Streitkräfte ermöglichen. Diese militärstrategische Akzentverschiebung alarmierte Strauß. Die Bundeswehr konnte dadurch in eine Situation geraten, in der sie als Nichtnuklearmacht bei den strategischen Entscheidungen im Bündnis außen vor blieb.

Gegen viel öffentlichen Protest beschloss die NATO im März 1958 die atomare Bewaffnung der Bundeswehr. Die Bundeswehr sollte aber nicht über eigene Waffen verfügen. Diese blieben vielmehr an den deutschen Standorten unter amerikanischem Verschluss und sollten nur im Verteidigungsfall auf die Trägersysteme der Bundeswehr (in der Hauptsache auf die F-104 Starfighter) montiert und für den Einsatz freigegeben werden. Dazu ist es freilich nie gekommen.

Strauß setzte organisatorische Veränderungen beim Aufbau der Bundeswehr mit großer Zielstrebigkeit durch, machte sich dadurch aber auch viele Feinde. In der Öffentlichkeit hatte sich sein Image als Atomwaffen-Strauß verfestigt. Hinzu kamen allerlei Skandale, etwa bei der Beschaffung von Waffensystemen wie der F-104. Einiges davon blieb an ihm hängen, obwohl ihm nie konkrete Verfehlungen nachgewiesen wurden.

Durch sein Verhalten in der »Spiegel-Affäre« und die dadurch ausgelöste Koalitionskrise zwischen der CDU/CSU und der FDP wurde er für Bundeskanzler Adenauer zur Belastung. Im neu formierten Kabinett vom 14. Dezember 1962 war Strauß deshalb nicht mehr vertreten. Er zog sich auf den Posten des Vorsitzenden der Landesgruppe der CSU im Deutschen Bundestag zurück, feierte aber vier Jahre später ein glänzendes Comeback als Finanzminister der Großen Koalition von CDU/CSU unter Bundeskanzler Kurt Georg Kiesinger.

VOM
KÜNFTIGEN
DEUTSCHEN
SOLDATEN

4
Eine neue politisch-militärische Kultur

Um den außen- und innenpolitischen Rahmenbedingungen für die Wiederbewaffnung gerecht zu werden, mussten deutsche Streitkräfte in vielerlei Hinsicht anders als Reichswehr und Wehrmacht aufgestellt werden: staatsrechtlich, bündnispolitisch, gesellschaftspolitisch. Und dies mit einem Personal, das in der Reichswehr oder der Wehrmacht gedient und dort den Militärberuf erlernt hatte. Die neuen Streitkräfte mussten zum einen so tief in das westliche Bündnis eingebettet werden, dass keinerlei nationale Alleingänge von ihnen zu befürchten waren, also beispielsweise Versuche, die nationale Einheit mit militärischen Mitteln zu erreichen. Befehls- und Kommandostrukturen musste man zum anderen »demokratietauglich« machen, damit eine Entfremdung zwischen Militärführung und demokratischem Staat wie in der Weimarer Republik ausgeschlossen blieb.

Aus dieser außen- und innenpolitischen Zwickmühle gab es nur einen Ausweg: Obwohl damals niemand diesen Begriff auf der Zunge hatte, war eine neue politisch-militärische Kultur gefragt. Diese umfasste nicht nur das Selbstverständnis der Soldaten und die innerhalb der Streitkräfte geltenden strategischen und operativen Grundauffassungen, sondern auch das Bild vom Soldaten, das in der Gesellschaft vorherrscht. Außerdem war es nötig, die Stellung der Streitkräfte im Gefüge von Exekutive und Legislative neu zu verankern. Und schließlich ging es darum, die politische Grundeinstellung der Soldaten gegenüber dem neuen Staat, der Demokratie und der zivilen Gesellschaft neu zu definieren und zu festigen. Ihre Treue und Loyalität sollten vollständig und ohne Hintergedanken Staat und Gesellschaft der Bundesrepublik zukommen. Drei Ebenen sind hier miteinander verflochten, die streitkräfteinterne, die staatlich-gesellschaftliche und die Bündnis-Ebene.

Neue Zeiten: Eine Broschüre von 1955 sollte Aufklärung leisten über die künftige Rolle des Soldaten in Bundeswehr und Gesellschaft.

Demokratische Kontrolle

Nach den Erfahrungen von Demokratiedistanz bis Demokratieverachtung durch die Reichswehr sowie der aktiven und willigen Beteiligung der Wehrmacht an der nationalsozialistischen Aggressionspolitik war eine wirksame Verankerung neuer deutscher Streitkräfte auf dem Boden des Grundgesetzes und der freiheitlich-rechtlichen Grundordnung absolut notwendig. Es brauchte eine effiziente demokratische Kontrolle.

Das heikle Verhältnis zwischen Militär und Demokratie ist keineswegs ein rein deutsches Problem. Militärische Organisationen beruhen nicht zuletzt auf dem Mechanismus von Befehl und Gehorsam, womit Diktaturen und Obrigkeitsstaaten keine Schwierigkeiten haben. Demokratien schon, denn da geht es um Argumente, Diskussionen, Kompromisse, um Abstimmungen mit Mehrheitsentscheidung – undenkbar für das Militär, denn so könnte es in bewaffneten Konflikten nicht angemessen handeln.

Demokratische Staaten benötigen deshalb festgelegte Verfahrensweisen als Schutz- und Kontrolleinrichtung: Schutz vor der »Macht, die aus den Gewehrläufen kommt« und vor einem Übergriff militärischer Denk- und Handlungsroutinen in den Bereich der zivilen Politik. »Demokratische Streitkräfte« aufstellen zu wollen, das wäre eine Eulenspiegelei. »Streitkräfte für die Demokratie« erschienen demgegenüber als eine lösbare Aufgabe. Die Militärreformer um Scharnhorst und Gneisenau verfolgten im frühen 19. Jahrhundert ein ähnliches Ziel, wenn auch unter ganz anderen Voraussetzungen. Aber immerhin konnte man nun auf diese »positiven« Impulse der preußisch-deutschen Militärgeschichte verweisen.

Im Grundgesetz der Bundesrepublik Deutschland vom 23. Mai 1949 und in seinen Ergänzungen vom 19. März 1956 und vom 24. Juni 1968 finden sich demgegenüber eindeutige Aufgabenbestimmungen und deutliche Handlungsbeschränkungen. So sind die Vorbereitung und Führung eines Angriffskrieges verboten (Art. 26). Der Bund kann sich einem System kollektiver Sicherheit einordnen und wird dabei auf einen Teil seiner Hoheitsrechte verzichten (Art. 24). Die Streitkräfte dürfen nur der Verteidigung dienen. Ihre Einsatzoptionen sind genau festgelegt: Abwehr bewaffneter Angriffe von außen, vorbereitende Maßnahmen zur Verteidigung im Spannungs- und Verteidigungsfall, eng beschränkter Rahmen für Einsätze bei der Herstellung und Erhaltung der Inneren Sicherheit und schließlich Einsätze bei Naturkatastrophen oder Unglücksfällen.

Ein Beispiel parlamentarischer Kontrolle: Am 24. März 1966, nach 47 Totalverlusten und 26 verunglückten Piloten, debattierte der Bundestag, wie mit dem Starfighter weiter zu verfahren sei. Soldaten verfolgen die Debatte im Fernsehen.

Eine herausgehobene Rolle bei der demokratischen Kontrolle spielte von Anfang an und spielt bis heute der Deutsche Bundestag. Insofern war die Bundeswehr immer schon eine »Parlamentsarmee«. Die gesamte Wehrgesetzgebung der frühen Jahre kam unter maßgeblicher Beteiligung von Parlamentariern zustande: das Soldatengesetz, die Wehrdisziplinarordnung, die Wehrbeschwerdeordnung oder das Wehrstrafgesetz. Sie sind in den darauffolgenden Jahrzehnten vielfach geändert und ergänzt worden. Aber auch im Rückblick nach mehr als 60 Jahren muss man dem Bundestag bescheinigen, dass ihm mithilfe der Exekutive und militärischen Fachberatern damals ein großer Wurf gelungen ist.

Dazu gehört auch, dass die grundgesetzlichen Bestimmungen zur parlamentarischen Kontrolle der Streitkräfte umfangreicher sind als je zuvor in der deutschen Geschichte. So beschließt der Bundestag jährlich mit dem Haushaltsplan die Grundzüge der militärischen Organisation und ihre personelle Stärke. Das heißt, wesentliche Organisationsveränderungen müssen vom Parlament mitgetragen werden. Über den Eintritt des Spannungs- oder Verteidigungsfalls entscheiden parlamentarische Gremien. In Friedenszeiten ist der Verteidigungsminister in politischer und organisatorischer Hinsicht der oberste Vorgesetzte aller Soldaten; im Verteidigungsfall geht die Befehls- und Kommandogewalt auf den Bundeskanzler über – beide Male unterliegt sie also der parlamentarischen Kontrolle.

Der Verteidigungsausschuss des Deutschen Bundestages besitzt die Rechte eines Untersuchungsausschusses. Er kann jederzeit, auch zwischen zwei Legislaturperioden, tätig werden. Zum Schutz der Grundrechte der Soldaten und als Hilfsorgan des Bundestages bei der Ausübung der parlamentarischen Kontrolle wurde nach skandinavischem Vorbild laut Grundgesetz, Art. 45b, das Amt des Wehrbeauftragten geschaffen. Und schließlich legte man auf der Basis der Entscheidung des Bundesverfassungsgerichtes über die Legalität von Auslandseinsätzen der Bundeswehr vom 12. Juli 1994 über das Parlamentsbeteiligungsgesetz das Verfahren fest, wonach der Einsatz bewaffneter deutscher Streitkräfte außerhalb des Geltungsbereichs des Grundgesetzes der Zustimmung einer Mehrheit des Bundestages bedarf. Dieses Gesetz kam allerdings erst im März 2005 zustande und war seither immer mal wieder Zielscheibe der Kritik, weil das Entscheidungsverfahren zur Beteiligung an Auslandsmissionen umständlicher und zeitaufwendiger ist als bei Deutschlands sicherheitspolitischen Partnern.

Das Amt des Wehrbeauftragten als wirksames Hilfsorgan des Bundestages konnte sich anfangs nur schwer etablieren. Das lag vor allem daran, dass es ein neues staats- und verfassungsrechtliches Instrument war, mit dem es keine praktischen Erfahrungen gab. Die Militärführung betrachtete den Wehrbeauftragten zunächst überwiegend als Ausdruck des Misstrauens gegenüber der Bundeswehr. Dass sich demokratische Kontrolle völlig zu Recht auch als institutionelles Misstrauen äußern darf und soll, wurde dabei nicht in Rechnung gestellt.

Jedenfalls gab es längere Anlaufschwierigkeiten mit dem Amt und seinen ersten beiden Inhabern Helmuth von Grolman und Hellmuth Heye. Der Jahresbericht 1963 des Wehrbeauftragten Heye und vor allem eine darauf beruhende kritische Artikelserie in der damals auflagenstarken Illustrierten »Quick« im Sommer 1964 über Ausbildungsprobleme und schlechte Menschenführung in der Truppe lösten eine hektische öffentliche Debatte aus. Schließlich musste Heye von seinem Amt zurücktreten. Seitdem ist es um die Amtsinhaber und ihre Tätigkeit, darunter ihre dem Bundestag jährlich vorgelegten ausführlichen Berichte, viel ruhiger geworden.

Aus heutiger Sicht hat sich das Amt gleich in mehrfacher Hinsicht bewährt. Es ist eine Art Sammelstelle für Schwierigkeiten und Beschwernisse des soldatischen Alltags geworden und zugleich ein Frühwarnmechanismus für sich verdichtende strukturelle Probleme der Menschenführung in den Streitkräften. Obwohl das Interesse des Bundestages an den Jahresberichten des Wehrbeauftragten im Laufe der Jahre nicht immer gleichermaßen groß war, ist das demokratische Kontrollpotenzial des Amtes nicht zu unterschätzen.

Innere Führung und Staatsbürger in Uniform

Inhaltlich nicht ganz einfach zu fassen und seit den Vorbereitungen zur Gründung der Bundeswehr unter Soldaten und Zivilisten heiß umstritten, sind die Begriffe »Innere Führung« und »Staatsbürger in Uniform« zum Inbegriff des Neuen an den deutschen Streitkräften geworden. Sie stehen für den grundlegenden Wandel der politisch-militärischen Kultur in Deutschland. Sicherheitspolitiker der Bundesrepublik und führende militärische Köpfe der ersten Generation von Bundeswehrsoldaten setzten diesen Wandel gegen hinhaltenden Widerstand der Anhänger eines scheinbar bewährten professionellen Selbstverständnisses durch.

Das war keine einfache Aufgabe. Zwar konnte man an bestimmte, nicht besonders zahlreiche historische Erfahrungen aus der deutschen Militärvergangenheit oder etwa an das amerikanische Konzept des »citizen soldier« (Bürgersoldaten) anknüpfen. Jedoch musste man zum einen beim Aufbau der Bundeswehr den außen- und innenpolitischen Vorgaben entsprechen, zum anderen dem gesellschaftlichen Wandel Rechnung tragen, den man in den 1950er-Jahren zwar spürte, über dessen Ausrichtung es aber viele Kontroversen gab. Anstöße zu diesem Wandel kamen vor allem aus der Arbeitswelt mit ihrem stetig wachsenden Anteil an technischen Anforderungen. Eine wichtige Folge davon war etwa, dass ein autoritärer Führungsstil in den Betrieben immer weniger funktionierte und durch einen kooperativen Führungsstil abgelöst wurde – nicht überall, aber immer häufiger. Und schließlich hatte sich das Kriegsbild gegenüber der Zeit vor 1945 mit dem Ersteinsatz von Atomwaffen in Japan und dem atomaren Wettrüsten im Kalten Krieg verändert und erweitert. Gerade die zuletzt aufgezählten Punkte unterschätzten die Militärplaner der Bundeswehr zunächst.

Bereits in der »Himmeroder Denkschrift« vom Oktober 1950 wurde zwischen der taktisch-operativ-strategischen Ebene (»äußere Führung«) und einer organisationsinternen Ebene (»inneres Gefüge«) der Streitkräfte unterschieden. Eine solche Arbeitsteilung bot sich an; allerdings beruhte die auf den ersten Blick offensichtlich sinnvolle Aufteilung auf einem folgenschweren

Denkfehler, der Konflikte um die Innere Führung der Bundeswehr geradezu vorprogrammiert hat. In dieser Aufteilung sieht es so aus, als umfasse die Innere Führung nur Regeln und Bestimmungen für den internen Dienstbetrieb der Truppe, angefangen von der zeitgemäßen Menschenführung und den entsprechenden Ausbildungsmethoden über den Katalog von Pflichten und Rechten der Soldaten bis hin zu Versorgungsaspekten. Viele Vorgesetzte wollten die Innere Führung darauf beschränken. Umstritten blieb dabei allenfalls, was genau unter »zeitgemäß« zu verstehen sei und ob dieses Gütesiegel bestimmten Führungsgrundsätzen früherer deutscher Armeen nicht auch zukam.

Die innerorganisatorischen Aspekte der Inneren Führung werden in ihrer Tragweite aber überhaupt erst verständlich, wenn man sie in den Rahmen eines aufklärerischen Menschenbildes mit seinen Anforderungen an das individuelle und kollektive Handeln der Soldaten stellt und zugleich das Verhältnis der Streitkräfte zu Staat und ziviler Gesellschaft neu bestimmt. In dieser weiten Perspektive erst wird erkennbar, dass sich die neuen Streitkräfte deutlich von ihren Vorgängern Reichswehr und Wehrmacht zu unterscheiden hatten. Dies war als Signal nach außen, an die Politiker und an die westlichen Verbündeten, politisch opportun, aber bei vielen Soldaten mit ihren Berufserfahrungen in Reichswehr und Wehrmacht führte es zu Unverständnis, Misstrauen und Abwehr.

Dennoch: Ähnlich wie die operativ-strategischen Vorstellungen in der »Himmeroder Denkschrift« übten die darin niedergelegten Ausführungen zum »inneren Gefüge« im folgenden Jahrzehnt und darüber hinaus einen bestimmenden Einfluss auf die Aufbauplanung der Bundeswehr aus. Aber während es sich bei der äußeren Führung um messbare Ziele für festgesteckte, wiewohl später notwendigerweise geänderte Zeitspannen handelte, ging es bei der Inneren Führung neben den gesetzlichen Grundlagen um ideelle Werte, Charakterbildung, ethische Grundüberzeugungen, Pflicht- und Rechtsbewusstsein, um »geistige Rüstung« und um das, was mit dem ebenso griffigen wie letztlich ungreifbaren Wort von der »Integration« der Bundeswehr in die Gesellschaft ausgedrückt wurde – alles Dinge, die vielen militärischen Vorgesetzten angesichts der überambitionierten Zielvorgaben beim Aufbau der Bundeswehr als eher hinderlich galten, weil sie die inneren Abläufe nur komplizierter machten.

Im 1957 vom Bundesministerium für Verteidigung herausgegebenen »Handbuch Innere Führung« werden als Hauptaufgaben der Bundeswehr die

Verfechter eines weit gefassten Begriffs der Inneren Führung: Wolf Graf von Baudissin.

geistige Rüstung und die zeitgemäße Menschenführung herausgehoben. Unter geistiger Rüstung muss man sich die politische Bildung für Soldaten vorstellen, also eine grundlegende Aufklärung über die Werte der Demokratie, für die es einzustehen galt, und über die beiden negativ akzentuierten totalitären Systeme des Nationalsozialismus und des Sowjetsozialismus. Ferner gehörten Informationen über die gegenwärtige Weltlage, über das westliche Bündnis und über die militärische Konfrontation im Kalten Krieg zu diesem Programm, das die »Wehrmotivation« der Soldaten insgesamt festigen sollte. Broschüren und Schriftenreihen mit informierendem, manchmal auch propagandistischem Charakter dienten als Handreichungen für Offiziere und Unteroffiziere.

Das Zeitgemäße an der Menschenführung bestand darin, sich in der Ausbildung der Soldaten und im Truppenalltag nicht auf die alten Kommissstandards von Befehl und Gehorsam zu verlassen, vielmehr die Untergebenen als mitdenkende Soldaten zu behandeln. Führungskräfte sollten einen möglichst kooperativen Führungsstil praktizieren und nicht einen rein autoritären. Beides, geistige Rüstung und zeitgemäße Menschenführung, kam in der Leitfigur des »Staatsbürgers in Uniform« zusammen.

Federführend bei allen Formulierungen zur Inneren Führung war bis 1958 Wolf Graf von Baudissin, der bereits als Major im Generalstab a. D. Mitverfasser der »Himmeroder Denkschrift« war. Ab Mai 1951 bei der Dienststelle Blank tätig, avancierte er im Februar 1956 im Bundesministerium für Verteidigung für gut zwei Jahre zum Leiter der Unterabteilung, die für die Innere Führung zuständig war. Bereits in der Dienststelle Blank und erst recht im Ministerium zeigte sich Baudissin als unermüdlicher Kämpfer für eine weit gefasste und nicht auf innerbetriebliche Aspekte eingedampfte Innere Führung. Damit forderte er allerdings auch scharfe Kritik heraus.

Zu einem der schärfsten Kritiker wurde ein Mitstreiter Baudissins aus dieser Zeit, Heinz Karst, zuletzt bis 1970 General im Truppenamt. Diese Kritik konzentrierte sich auf drei Ansatzpunkte. Erstens akzeptierte ein Großteil der Offiziere und Unteroffiziere der frühen Bundeswehr nicht, dass ihre Erfahrungen in Reichswehr und Wehrmacht abgewertet wurden. Schließlich waren sie im Krieg gewesen, und was, wenn nicht Kriegserfahrungen aller Art, wurde für die neue Konfrontation in Europa gebraucht?

Aus dieser Sichtweise folgte zweitens ein weitgehendes Unverständnis für die strikte, wenn auch nicht immer durchgehaltene Distanz zu Wehrmachtoffizieren, die sich, aus welchen Gründen auch immer, dem Nationalsozialismus angedient und an Kriegshandlungen beteiligt hatten, die das geltende Kriegsrecht verletzten. Allenfalls als Ausnahmen gewertete Exzesse wurden in dieser Sichtweise ausgegrenzt. Aber für die waren, so eine damals beliebte Denkfigur unter den Kritikern der Inneren Führung, sowieso eher die Verbände der SS und der Waffen-SS und nicht die Verbände der Wehrmacht verantwortlich. Drittens schließlich warfen die Kritiker in Bundeswehr und überwiegend konservativer Öffentlichkeit dem Verteidigungsministerium vor, mit dem Leitbild vom Staatsbürger in Uniform blauäugig und idealistisch überhöhte Anforderungen an die wehrpflichtigen Soldaten formuliert zu haben.

Besonders im Heer, der umfangreichsten Teilstreitkraft, bevorzugten viele Vorgesetzte die überlieferten Formen der Ausbildung, um die Ausbildungsziele rascher zu erreichen. Das ist einer der Gründe, warum es zu Vorfällen wie dem Iller-Unglück 1957 oder der Auflösung der Fallschirmjäger-Ausbildungseinheit 6/9 in Nagold 1963 gekommen ist.

Von Anfang an gab es in der Bundeswehr unterschiedliche Meinungen zur Konzeption der Inneren Führung, wie sie sich dank nachdrücklicher politischer Unterstützung durch die großen Parteien im Deutschen Bundestag auf der obersten ministeriellen Ebene und der Öffentlichkeit, wenn auch nicht ohne Dellen, durchsetzte. Seit 1956 gibt es in Koblenz die Schule der Bundeswehr für Innere Führung, 1981 umbenannt in Zentrum Innere Führung. Hier werden Lehrgänge für Angehörige der Bundeswehr, aber auch für zivile Amtsträger angeboten. Als Brücke zwischen Bundeswehr und ziviler Gesellschaft fungiert der 1958 eingerichtete Beirat Innere Führung. Er setzt sich aus Personen des öffentlichen Lebens zusammen und hat die Aufgabe, den Verteidigungsminister in allen Fragen der Inneren Führung zu beraten.

Eine der Schwierigkeiten im soldatischen Verständnis von Innerer Führung war immer das Fehlen einer handlichen Definition, auf die man sich einigen konnte. Die politisch eingefärbten Erläuterungen klangen meist zu pompös und abgehoben. Das galt auch für jene Versuche der Begriffsfestlegung, die sich insbesondere auf Werte und innere Überzeugungen der Soldaten bezogen oder auf die moralische Unterscheidung zwischen Demokratie und Totalitarismus.

Eine enger auf die geistige Rüstung und die zeitgemäße Menschenführung zugeschnittene Definition aus den frühen 1960er-Jahren geht auf den damaligen Kommandeur der Schule für Innere Führung und späteren Generalinspekteur Ulrich de Maizière zurück. Zusammen mit Johann Adolf Graf von Kielmansegg, zuletzt General und NATO-Oberbefehlshaber der Alliierten Streitkräfte Europa-Mitte im französischen Fontainebleau, gehört Ulrich de Maizière zu den herausgehobenen bundeswehrinternen Verfechtern der Inneren Führung. Gemeinsam mit Graf Baudissin und Graf Kielmansegg wurde er für dieses Engagement 1965 in Hamburg mit dem Freiherr-vom-Stein-Preis ausgezeichnet.

Anders als Baudissin von diplomatischer Natur, versuchte de Maizière, der Truppe eine eher pragmatische Definition schmackhaft zu machen. Sie lautet:

> *»Die Innere Führung ist die Aufgabe der militärischen Vorgesetzten, einen Soldaten zu erziehen, der fähig und willens ist, Freiheit und Recht des deutschen Volkes im heißen und kalten Krieg gegen jeden Angreifer zu verteidigen. Hierbei geht sie von den politischen und gesellschaftlichen Gegebenheiten aus, bekennt sich zu den Grundwerten unserer demokratischen Verfassung, übernimmt sie bewährte soldatische Tugenden und Erfahrungen in unsere heutigen Lebensformen und berücksichtigt sie die Folgen der Anwendung und Wirkung moderner technischer Mittel.«*

Irgendwie konnten alle mit dieser Definition leben, auch deshalb, weil sie sich unterschiedlich lesen ließ.

Tradition und Selbstwertgefühl

Der Streit zwischen den, wie man bald sagte, »Reformern« und den »Traditionalisten« war durch diesen Formelkompromiss ein wenig besänftigt, aber keineswegs beigelegt. Nach den öffentlichen Auseinandersetzungen um die Wiederbewaffnung und nach den Kraftanstrengungen beim Aufbau der Streitkräfte hätten die 1960er-Jahre eine Phase der Konsolidierung werden sollen. Das wurden sie aber nicht, auch weil dieses Jahrzehnt von tief greifenden gesellschaftlichen Veränderungen in der Bundesrepublik geprägt wurde. Zudem begannen sich die Rahmenbedingungen für die Austragung des Ost-West-Konflikts nach der Berlinkrise 1961 und der Kuba-Krise im Jahr darauf langsam, aber folgenreich zu verschieben. Nach der gefährlichsten Phase des Kalten Krieges bahnte sich vorsichtig eine Art Ost-West-Entspannung an – zunächst zwischen den beiden nuklearen Supermächten, die trotz aller Gegensätze ein gemeinsames Interesse an einer nuklearen Rüstungskontrolle hatten. Beides hatte Auswirkungen auf die Bundeswehr, und zwar auf ihren strategisch-operativen Auftrag ebenso wie ihr inneres Gefüge.

Nach wie vor quälte sich die Bundeswehr mit ihrem Verhältnis zu Vergangenheit und Tradition. Das war für viele Offiziere und Unteroffiziere der ersten Bundeswehrgeneration kein kaltes akademisches Thema, vielmehr ein ziemlich heißes Eisen, ging es dabei doch auch um ihre eigene Vergangenheit in Reichswehr und Wehrmacht und damit um ihr berufliches Selbstbild. Die Frage nach dem »richtigen« Traditionsverständnis gehörte so in den innersten Kern der Inneren Führung. Wieso, fragten die Verfechter einer prinzipiell ungebrochenen soldatischen Tradition, soll man die militärischen Leistungen früherer deutscher Armeen und ihrer Soldaten nicht würdigen dürfen, nur weil sie unter politischen Vorzeichen erbracht wurden, die aus heutiger Sicht negativ erscheinen? Soldaten gehorchen. Man solle ihnen nicht ankreiden, wenn sie von skrupellosen politischen Führern missbraucht werden.

Soldaten dürfen nicht einfach nur gehorchen, antworteten die Anhänger der Inneren Führung. Sie müssen auch in ihren militärischen Standards und in ihrem soldatischen Tun die Werte der demokratischen Gesellschafft, deren Teil sie sind, anerkennen. Deshalb müsse die Traditionsbildung in der Bundeswehr von den politisch uninteressierten »Nur-Soldaten« ebenso frei bleiben wie von den Soldaten mit nationalsozialistischer Weltanschauung.

Viele ältere Soldaten, gleichviel ob in oder außerhalb der Bundeswehr, wehrten sich vor allem heftig gegen Zeitungsartikel, Radio- oder Fernsehsen-

Traditionspflege: Das Luftwaffenmusikkorp im Fliegerhorst Memmingen, 1968.

dungen, die die Rolle der Wehrmacht völlig falsch darstellten, so ihre Kritik. Nach der einen oder anderen Fernsehsendung über Stalingrad 1942 oder andere Kriegsereignisse gab es erbitterte Leserbriefkontroversen. Die Bewältigung der eigenen nationalstaatlichen und besonders der nationalsozialistischen Vergangenheit war in der westdeutschen Zivilgesellschaft insgesamt zu dieser Zeit nicht besonders weit gediehen. Die neue politische Kultur, ausgerichtet auf die Demokratie, die Marktwirtschaft, die postnationale Perspektive der Integration Europas und die Sonderbeziehungen über den Atlantik hinweg zu den Vereinigten Staaten, wurde keineswegs überall akzeptiert. Insofern ist es keine Überraschung, dass sich der Bundeswehr eine neue politisch-militärische Kultur nicht von heute auf morgen einpflanzen ließ. Tief reichende gesellschaftliche Veränderungen benötigen Zeit.

Die mit wenig rituellem Brimborium gegründete Bundeswehr tat sich jedoch nicht nur mit der verordneten Distanz zu Reichswehr und Wehrmacht schwer. Es fiel ihr in den Anfangsjahren auch nicht leicht, jene Wehrmachtsoffiziere zu würdigen, die zu den Widerstandskreisen gegen die nationalsozialistische Kriegspolitik gehörten und an Planung und Durchführung des Attentats auf Hitler am 20. Juli 1944 beteiligt waren. Diesen Offizieren gilt zwar seit der Gründung der Bundeswehr ein ehrendes Gedenken von Regierung und Parlament. In Bundeswehr und Gesellschaft gab es jedoch vielfach innere Vorbehalte, die allerdings nur bei der extremen Rechten zum Vorwurf des Verrats an Deutschland aufgeblasen wurden.

Im Übrigen stand das Traditionsbedürfnis der Bundeswehr auch immer in Konkurrenz zu dem der DDR-Streitkräfte, der Nationalen Volksarmee. Dort sonderte man einerseits äußerst rigoros alles aus der militärischen Vergangenheit Deutschlands aus, was nicht direkt oder indirekt als Vorläufer der »antifaschistischen« Gegenwart betrachtet werden konnte. Dabei blieb nicht viel übrig. Andererseits übernahm man eine Reihe preußischer Traditionselemente wie etwa den Stechschritt bei Paraden nach dem Vorbild der Roten Armee. Anders gesagt: Die Führung der DDR ging zwar mit der deutschen militärischen Vergangenheit ebenfalls ziemlich rigoros um. Sie erlaubte andererseits aber auch bestimmte äußerliche Kontinuitäten. Die wiederum waren in der westdeutschen Öffentlichkeit eher verpönt. So stießen all jene bei der Bundeswehr Schritt für Schritt eingeführten Traditionselemente wie Truppenfahnen, Orden und Ehrenzeichen, feierliche Gelöbnisse, militärisches Liedgut und anderes mehr auf wenig allgemeines Interesse oder gar Verständnis. Für das Selbstwertgefühl der Offiziere und Unteroffiziere mochte das hingegen als Ausgleich für die vielfach als Kränkung ihrer Person und ihrer Profession empfundene Riual- und Schmucklosigkeit der Bundeswehr aus den Gründungsjahren wirken.

Gelegentlich flammte die Diskussion über Traditionselemente der Bundeswehr noch auf, etwa wenn einzelne Truppenteile in der Wiederbelebung militärischen Brauchtums zu weit gingen, die Wehrmachtsjahre idealisierten oder mit dem Nationalsozialismus verbundenen hohen Offizieren undifferenzierte Verehrung entgegenbrachten. Ein kleiner, aber hartnäckig umkämpfter Punkt der Bundeswehrtraditionsbildung blieb über Jahrzehnte hinweg die Namensgebung für Kasernen der Bundeswehr. Im Laufe der Zeit wurden viele Kasernen umbenannt, weil die militärische Karriere und die politischen Ansichten des einen oder anderen Namensgebers zu viele fragwürdige Flecken aufwiesen. Im Großen und Ganzen hielten sich die Besorgnisse über eine Wiederbelebung konservativer Militärtraditionen mit Besorgnissen über eine zu weit gehende Anpassung der Bundeswehr an zivile Denk- und Verhaltensweisen die Waage.

Bündnisorientierung

Über die Innere Führung und die angemessene Distanz zwischen der militärischen und der zivilen Lebenswelt gab es eigentlich immer Auseinandersetzungen, mal eher leise im Hintergrund, mal aber auch lautstark und polemisch. Sie erwiesen sich als Antriebsmoment für die Durchsetzung der neuen politisch-militärischen Kultur in Deutschland.

Zu dieser neuen Kultur gehört aber auch noch ein anderes wesentliches Element: die uneingeschränkte Loyalität zum demokratischen Staat und zur freiheitlich-demokratischen Grundordnung. Im 19. Jahrhundert entwickelte sich mit dem modernen Nationalismus eine überaus wirksame Integrationsideologie. Sie hatte insbesondere für die Soldaten in den Streitkräften enorme Bedeutung, denn ihnen wurde ja sozusagen als Teil ihrer Arbeitsplatzbeschreibung abverlangt, zu kämpfen, zu töten und das eigene Leben zu riskieren. Darauf wurden sie vereidigt. Und wofür dieser Einsatz? Für das Vaterland, das eigene Volk, die eigene Nation. Das waren und blieben in der Staatenwelt die obersten Bezugspunkte soldatischer Loyalität. Dafür zogen sie in den Krieg und brachten unermessliche Opfer.

Selbstverständlich ist auch die Bundesrepublik Deutschland ein Staat, der von seinen Soldaten äußerste Loyalität erwartet. Jedoch geschieht das auf deutlich andere Weise als früher. Handlungen der Soldaten müssen nämlich mit den Vorschriften des Grundgesetzes und des Völkerrechts übereinstimmen. Ihr Verhalten in Kampf und Krieg unterliegt damit Einschränkungen, die eine Haltung wie »right or wrong, my country« definitiv ausschließen. Zudem war die Bundeswehr seit ihrer Gründung mehr als andere Streitkräfte in die beiden westlichen Verteidigungsbündnisse NATO und WEU eingebunden, was nationalstaatliche Alleingänge ausschloss. Zunächst als strukturelle Schutzmaßnahme vor einem auf dem falschen Fuß erstarkenden Deutschland gedacht, entstand aus dieser Einbindung bald eine allgemein akzeptierte Bündnisorientierung der Bundeswehr, die ihresgleichen sucht.

Diese Bündnisorientierung der Streitkräfte harmonierte über die Jahrzehnte hinweg mit einer behutsamen, wenn auch hartnäckigen Außen- und Sicherheitspolitik, die auf multilaterale Zusammenarbeit setzte. In der westdeutschen Öffentlichkeit, auf jeden Fall bei den wichtigsten meinungsbildenden Parteien und Verbänden, kam dies gut an. Das postnationalsozialistische Deutschland wurde manchmal auch als postnational bezeichnet.

Die Bundeswehr – das ist besonders bemerkenswert – blieb aufgrund ihrer Bündnisorientierung auch immun gegen östliche Lockangebote, die Teilung Deutschlands für den Preis der nationalstaatlichen Neutralität im Ost-West-Konflikt aufzuheben. Hier herrschte große Einigkeit zwischen Bundeswehr, Politik und Gesellschaft.

INDIANA
CONTROL LINE "B"

5
Militärische Aufgaben im Kalten Krieg

Streitkräfte sind Gewaltorganisationen. Ihre Angehörigen tragen und bedienen Waffen und werden ausgebildet, um sie einsetzen zu können, wenn es ihnen befohlen wird. Seit Menschen angefangen haben, sich in Familienclans, Gemeinschaften und schließlich auch in Staaten zusammenzuschließen, gibt es Kriege. Der Zweck des Krieges liegt im Überleben und der Sicherheit der eigenen Gemeinschaft, entweder defensiv in der Abwehr von Bedrohungen oder offensiv in der Überwältigung anderer Gruppen. Diese Grundkonstellation ist trotz der Entwicklung moderner Gesellschaften und trotz des Wandels von Kriegsformen, Waffen, Regeln und strategisch-operativen Grundsätzen unverändert geblieben. Karl von Clausewitz (1780–1831) hat sie in seinem berühmten Buch »Vom Kriege« als einen »erweiterten Zweikampf« beschrieben, in dem Gewalt dazu dient, den Gegner zur Erfüllung des eigenen Willens zu zwingen. Warum das nötig erscheint und wie es im Einzelnen abläuft, hängt von den historischen Umständen ab.

Seit den beiden großen Kriegen im 20. Jahrhundert gilt die offensive Kriegsführung als Aggression und ist völkerrechtlich geächtet, zuletzt in der Charta der Vereinten Nationen. Dort heißt es im Artikel 2:

»Alle Mitglieder unterlassen in ihren internationalen Beziehungen jede gegen die territoriale Unversehrtheit oder die politische Unabhängigkeit eines Staates gerichtete oder sonst mit den Zielen der Vereinten Nationen unvereinbare Androhung oder Anwendung von Gewalt.«

Das bezieht sich auf die Staaten und ihre Regierungen. Das Verbot von Angriffskriegen findet sich im Übrigen auch im Grundgesetz der Bundesrepublik Deutschland (Art. 26, Abs. 1):

Üben für den Ernstfall: Beratungen im Multinationalen Lagezentrum während des NATO-Manövers »Winter Shield« in der Region Oberpfalz im Februar 1960.

»Handlungen, die geeignet sind und in der Absicht vorgenommen werden, das friedliche Zusammenleben der Völker zu stören, insbesondere die Führung eines Angriffskrieges vorzubereiten, sind verfassungswidrig. Sie sind unter Strafe zu stellen.«

So klar die Formulierung der UNO-Charta auch ist, es hat sich nach 1945 herausgestellt, dass sie nicht wirklich dazu beitrug, Kriege zu verhindern. Wann immer ein Staat seither einen Krieg begonnen hat, stellte seine Führung diese Entscheidung als Defensivmaßnahme dar, als gerade noch rechtzeitige Prävention oder als gerechtfertigte Korrektur der Folgen früherer Aggressionen gegen die eigene Seite. In Zonen schwacher Staatlichkeit oder zerbrochener Staaten gelten die Beschränkungen des Völkerrechts ohnehin nur rudimentär, wenn überhaupt.

Nach dem Ende des Zweiten Weltkrieges begannen zwei große strukturelle Konflikte die Weltpolitik zu dominieren. Für den Kampf der Kolonien um ihre staatliche Unabhängigkeit vor allem in Asien und Afrika bürgerte sich die Bezeichnung Nord-Süd-Konflikt ein. Die machtpolitische, wirtschafts- und gesellschaftspolitische Konkurrenz zwischen den sowjetsozialistischen (kommunistischen) und den kapitalistischen Mächten um die Vereinigten Staaten von Amerika hieß demgegenüber Ost-West-Konflikt. An beiden Konflikten waren auch und besonders exponiert europäische Staaten beteiligt.

Deutschland hatte zunächst mit den Entkolonialisierungskriegen nichts zu tun, weil es seine Kolonien bereits nach dem Ersten Weltkrieg eingebüßt hatte. Dafür war es wegen seiner geografischen Lage im geteilten Europa, wegen seiner eigenen nationalen Teilung und wegen der militärischen Explosivität des in einen Kalten Krieg eskalierenden Ost-West-Konflikts besonders gefährdetes Objekt und bald politisch-militärischer Mitspieler in diesem Konflikt.

Militärische Sicherheit

Die Suche nach Sicherheit gilt zu Recht als ein grundlegendes Antriebsmoment der Menschen. In der Moderne soll die Politik der Staaten Sicherheit produzieren: Gewissheit im Blick auf die Zukunft, Geborgenheit gegenüber den Unbilden der Natur und Schutz vor feindlichen Attacken auf das eigene Leben und das eigene Hab und Gut, Stabilität der Lebensverhältnisse. Garan-

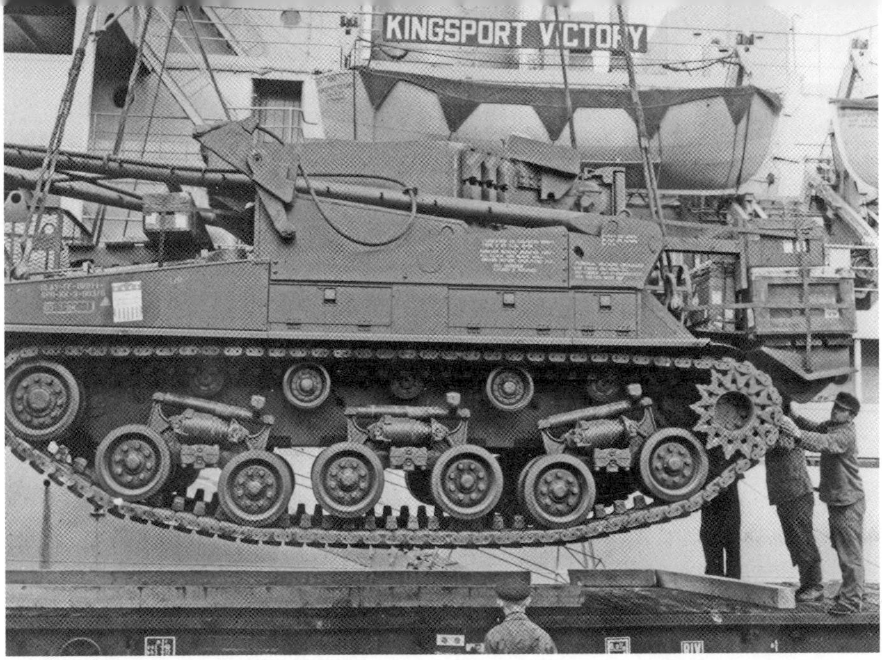

Erste US-Waffenlieferungen für die Bundeswehr in Bremerhaven: Panzer werden von der »Kingsport Victory« abgeladen.

tien auf Sicherheit kann es freilich nicht geben – selbstverständlich auch keine absolute militärische Sicherheit, also der Schutz vor Angriffen auf Leib und Leben und, bezogen auf die Staatenwelt, auf das eigene Territorium.

Unter militärischer Sicherheit wird die Sicherheit durch militärische Mittel verstanden, in erster Linie also durch die Streitkräfte eines Landes. Die äußere Sicherheit eines Staates, die *nationale Sicherheit*, wird in aller Regel nicht nur durch militärische Mittel angestrebt, sondern auch durch Diplomatie und kluge Außenpolitik. Unabhängig davon lassen sich im zwischenstaatlichen Bereich Bedrohungen, Gefahren und Risiken niemals ganz neutralisieren. Dabei kommt es nicht nur auf »objektive« Sachverhalte an, sondern, wie immer in der Politik, auch darauf, wie Bedrohungen *wahrgenommen* werden.

Nach der Einschätzung der meisten westlichen Sicherheitsexperten bestand mit Beginn des Kalten Krieges 1946/47 für Westeuropa eine erhebliche militärische Bedrohungslage. Die Sowjetunion erweiterte in dieser Zeit ihr westliches Vorfeld und baute die dort gelegenen Länder zu kommunistischen Satellitenstaaten aus, darunter die SBZ in Deutschland. Ein militärisches Ausgreifen weiter nach Westen, politisch verbrämt als Fortführung des Kampfes gegen Überbleibsel oder ein neues Erwachen des Faschismus und in Kooperation mit kommunistischen Gruppierungen in den westlichen Ländern, konnte nicht ausgeschlossen werden. Angesichts dieser Bedrohung erschienen die militärischen Abwehrkräfte der Westeuropäer als völlig ungenügend. Einzig die nuklearen Waffensysteme der Vereinigten Staaten von Amerika glichen diese Unterlegenheit aus. Die umstrittene Wiederbewaffnung der Bundesrepublik steht genau in diesem Kontext, schließlich wäre die Bundesrepublik das erste Opfer eines solchen Angriffs in Europa gewesen.

Bundesrepublik und Bundeswehr standen allerdings zwei besonderen Schwierigkeiten gegenüber. Zum einen war Deutschland »mehr Objekt als Mitspieler«. Die zweite Schwierigkeit ergab sich aus der Entwicklung von Nuklearwaffen und ihren Trägersystemen (Langstreckenbomber und Lang- sowie Mittelstreckenraketen), die diese Waffen mit immer weniger zeitlichem Aufwand und immer größerer Zielgenauigkeit über Tausende von Kilometern transportieren konnten. Das bedeutete nichts anderes als eine nachhaltige Veränderung des Kriegsbildes gegenüber dem Krieg mit »konventionellen« Waffen. Mit dieser Veränderung ging eine Erweiterung des militärstrategischen Denkens einher.

Der Kalte Krieg erweiterte sich dadurch von einer macht- und gesellschaftspolitischen Konfrontation zu einem Konflikt, der von nuklearem Wettrüsten zwischen den USA und der UdSSR geprägt war und der bei einer Eskalation in den Atomkrieg unvorstellbare Zerstörungen anrichten und letztlich nur Verlierer zurücklassen würde. Auch Großbritannien, später Frankreich, China und einige wenige andere Mächte (zu denen heute auch das Schreckensregime in Nordkorea gehört) gelangten in den Besitz von nuklearen Waffen. Aber diese blieben quantitativ und qualitativ weit hinter den Waffenarsenalen Washingtons und Moskaus zurück. Bis heute ist dieses Gefälle geblieben.

Landesverteidigung und nukleare Abschreckung

Die Verteidigung des eigenen Territoriums, die Landesverteidigung, gehört zu den Basisaufgaben von Streitkräften. Nach Ansicht der politischen Führung der Bundesrepublik und der Öffentlichkeit war das der einzige Zweck der Bundeswehr. Weder sollte sie in innergesellschaftliche Auseinandersetzungen eingreifen dürfen, falls es je zu solchen kommen sollte, und der Angriffskrieg war sowieso verboten. In der Ergänzung des Grundgesetzes vom Mai 1968, den Notstandsgesetzen, legte man immerhin auch ein paar Prozeduren für Katastrophenfälle im eigenen Lande fest. So dürfen, wenn eine Naturkatastrophe oder ein Unglücksfall das Gebiet mehrerer Bundesländer gefährdet, auch die Streitkräfte zur Unterstützung der Polizei eingesetzt werden (Art. 35). Das ist auch für die Bekämpfung organisierter und militärisch bewaffneter Aufständischer möglich (Art. 87a, Absatz 4). Ansonsten aber blieb es dabei, dass die Bundeswehr – gemeinsam mit den Verbündeten – *nur* für die äußere Sicherheit zuständig ist, trotz einiger Versuche in jüngster Zeit, die rechtlichen Möglichkeiten für einen Einsatz der Bundeswehr im Innern leicht zu erweitern.

Das »Weißbuch 1970 zur Sicherheit der Bundesrepublik Deutschland und zur Lage der Bundeswehr«, das zweite Weißbuch der Bundesregierung zu diesem Thema, präsentierte der Öffentlichkeit ein ausführliches Panorama der sicherheitspolitischen Lage und einen nur wenig geschönten Blick auf das Innenleben der Bundeswehr. Als Zentralaufgabe der Bundeswehr ist dort die Wahrung bzw. Wiederherstellung des eigenen Hoheitsgebietes bei maximaler Schadensbegrenzung aufgeführt. Für das Heer insbesondere gelte es, fähig zu sein, »die Grenzen der Bundesrepublik kämpfend zu verteidigen und das übrige Bundesgebiet gegen einen luftgelandeten oder durchgebrochenen Gegner zu schützen«. Die Luftwaffe sei vor allem für die (Luft-)Aufklärung zuständig und solle die Landstreitkräfte mit konventionellen Mitteln unterstützen (also ohne Atomwaffen). Und die Marine habe den Auftrag, »feindliche Seestreitkräfte in beweglich geführten Operationen mit Schwerpunkt in der Ostsee zu bekämpfen, die Seeflanke der Bundesrepublik von See her zu schützen und ihren Beitrag zur Verteidigung der Ostseezugänge zu leisten«.

Diese Sätze drücken den Zweck der Bundeswehr in den Jahrzehnten des Kalten Krieges einigermaßen nüchtern aus. Der auf die militärische Defensive beschränkten Auftragsformulierung lag die Vorstellung zugrunde, dass der Verteidigungsfall für die Bundesrepublik *ausschließlich* als Folge der aggressiven Politik der Sowjetunion und des Warschauer Paktes eintreten und auch die NATO sich insgesamt trotz gelegentlicher *roll-back*-Rhetorik defensiv verhalten würde. Wenn in den östlichen Hauptstädten von westlichen Provokationen und Aggressionsabsichten die Rede war, dann war klar: Das konnte nur kommunistische Propaganda sein.

Auf den Verteidigungskampf sollte sich die Bundeswehr also vorbereiten, falls Plan A versagt hätte. Dieser NATO-weite Plan A sah vor, es gar nicht erst zum Kampf kommen zu lassen. Um noch einmal das »Weißbuch 1970« zu zitieren:

»Die Bundeswehr muss – gemeinsam mit den Truppen unserer Bündnispartner – im Frieden durch ihre Existenz und ihre ständige Einsatzbereitschaft einen möglichen Gegner von der Androhung oder Anwendung militärischer Gewalt abhalten. In der Krise und im Spannungsfall stellt sie eine Plattform dar, von der aus die politische Führung handeln und verhandeln kann, ohne befürchten zu müssen, dass ihr ein fremder politischer Wille aufgezwungen wird.«

Die Bezeichnung »Plan A« für die Abschreckung mit Nuklearwaffen und das Etikett »Plan B« für die Landesverteidigung mit konventionellen Waffen dürfen nicht so verstanden werden, als hätten sie für zwei eindeutig voneinander zu trennende, weil aufeinander folgende Zeitabschnitte gegolten, die ansonsten wenig miteinander zu tun hatten. Das Gegenteil ist der Fall: Tatsächlich überschnitten und durchkreuzten sie sich auf eigentümliche Weise. Die Strategie der nuklearen Abschreckung durchlief seit den frühen 1950er-Jahren infolge politischer und waffentechnischer Entwicklungen eine Reihe von Änderungen. Die konventionelle Kampfkraft der Bundeswehr für den Fall des Versagens der nuklearen Abschreckung wurde – auch wenn das paradox klingt – selbst zu einem Teil der Abschreckung. »Kämpfen können, um nicht kämpfen zu müssen«, so lautete der etwas verdrehte Slogan aus den 1960er-Jahren.

Man kann sich leicht vorstellen, dass diese strategische Lage eine harte Nuss für das überlieferte soldatische Selbstverständnis war. In den Vorbereitungs- und den Anfangsjahren der Bundeswehr dominierten ehemalige Wehrmachtsoffiziere die Debatten über Sinn und Zweck und die Modalitäten der neuen Streitkräfte. Wer sonst verfügte über militärfachliches Wissen? Allerdings gründeten sich ihre Vorstellungen von einem künftigen Waffengang in Mitteleuropa hauptsächlich auf ihren Erfahrungen im Zweiten Weltkrieg. Abschreckung als Kriegsverhinderung und das »Kämpfen können« als Teil der Abschreckung, das waren Gedanken und Anforderungen an das militärische Denken und Handeln, für das die Erfahrungen aus den Weltkriegen der Vergangenheit nicht hinreichten.

Das nationalsozialistische Deutschland war bei der Entwicklung von Atomwaffen recht weit, wenn auch nicht ans Ziel gekommen. Von den Neuerungen der nuklearen Rüstungstechnologie und von den amerikanischen Debatten über die Nuklearstrategie war der Führung der neuen deutschen Streitkräfte zwar einiges bekannt, aber häufig fehlten ihnen genauere Informationen. Hinzu kam, dass die Nuklearwaffen seit ihrem ersten Einsatz in Japan 1945 politisch-moralisch immer hoch umstritten und für Deutschland nach allgemeiner Übereinkunft aller vier Siegermächte absolut tabu waren. Beides benutzte der sowjetische Propagandaapparat im Kalten Krieg. Er unterstellte den USA einen nuklearen Imperialismus und der Bundesrepublik eine Art nuklearen Revanchismus.

Gleichgewicht des Schreckens

Gewaltmittel dienten schon immer zur Abschreckung. Häufig war die Abschreckung aber auch ein Schlag ins Wasser. Entweder war die Demonstration eigener Stärke nicht überzeugend genug. Oder der Gegner ignorierte die Warnung und ließ sich aus einem Gemisch irrationaler Gründe – Wut, Rachsucht, Selbstüberschätzung – dennoch auf einen Kampf ein. Oder, wenn er rational kalkulierte, überlegte er sich, dass er vielleicht erst einmal aufrüsten müsse, um später, wenn das Kräfteverhältnis für ihn günstiger sein würde, doch noch erfolgreich anzugreifen.

Daraus lässt sich schlussfolgern: Abschreckung muss *glaubwürdig* sein und die Entschlossenheit zeigen, dass man Gewaltmittel gegen einen irrational handelnden Gegner auch wirklich einsetzen werde. Abschreckung kann zu einem Wettrüsten führen, in dem der eine sein Übergewicht behalten, der andere mit ihm gleichziehen oder ihn überholen möchte.

Bei der nuklearen Abschreckung bekommen alle Aspekte der »normalen« Abschreckung eine neue Qualität, die sich aus der enormen Zerstörungskraft der Nuklearwaffen ergibt. Ist erst einmal die nukleare Einsatzebene erreicht, droht eine Eskalation mit schrecklichen Folgen. In den Worten des amerikanischen Nuklearstrategie-Experten Robert E. Osgood:

> *»Das nukleare Dilemma besteht darin, dass der Frieden und die Sicherheit der Vereinigten Staaten und ihrer Verbündeten ganz wesentlich auf dem Abschreckungseffekt ihrer Nuklearwaffen beruhen und darauf, dass diese Waffen, falls eingesetzt, mit hoher Wahrscheinlichkeit zur Selbstzerstörung führen würden, wahrscheinlich sogar auch zu einer ökologischen Katastrophe für die gesamte Zivilisation.«*

Dieses Zitat stammt aus dem Jahr 1988, gegen Ende des Ost-West-Konflikts – obwohl man zu diesem Zeitpunkt noch nicht wusste, wie nah dieses

Ende war. Innerhalb von 20 Jahren hatte sich ein fragiles »Gleichgewicht des Schreckens« zwischen der NATO und dem Warschauer Pakt herausgebildet. Das nukleare Wettrüsten brachte immer wieder Fort- und Neuentwicklungen in der Technologie nuklearer Sprengmittel und ihrer Trägersysteme hervor, was wiederum die geltenden Richtlinien oder Doktrinen der Nuklearstrategie veränderte. In diesem Prozess der Fort- und Neuentwicklung lagen zwar die USA immer vorn, aber die UdSSR machte alle erdenklichen Anstrengungen, um bei der nuklearen Rüstungstechnologie nicht abgehängt zu werden. Bei den Trägersystemen war sie sogar zeitweise den USA voraus, wie der Abschuss des ersten erdumkreisenden Satelliten Sputnik Anfang Oktober 1957 zeigte. Diese sogenannte Raketenlücke bewirkte aber letztlich nur, dass die USA auch auf diesem Feld der Rüstung wieder in Führung gingen.

Das militärische Verhältnis der beiden nuklearen »Supermächte« zueinander wurde aber auch von geografischen Faktoren bestimmt. Der räumliche Abstand zwischen ihnen war beträchtlich, selbst im hohen Norden. Solange die UdSSR über keine weitreichenden Raketen verfügte – also bis 1957 –, stellte sie für die USA keine direkte Bedrohung dar. Ein sowjetischer Angriff mit konventionellen Waffen auf den nordamerikanischen Kontinent galt als völlig unwahrscheinlich. Gerade deswegen sind die nuklearen Waffensysteme und ihre Trägermittel so entscheidend geworden für die militärischen Beziehungen zwischen den USA und der UdSSR.

Seit Mitte der 1960er-Jahre nämlich verfügten beide über weitreichende Raketen mit nuklearen Sprengköpfen, von denen zumindest ein bestimmter Teil durch einen überraschenden Nuklearangriff (Erstschlag) nicht ausgeschaltet werden konnte. Man nannte diesen Teil folgerichtig die Zweitschlagskraft. Sie machte jeden Erstschlag zu einem Selbstmordunternehmen für den Angreifer. Wer als Erster schießt, stirbt als Zweiter, hieß es zu Recht. Die »gegenseitig gesicherte Zweitschlagskapazität« der beiden Supermächte galt ihnen als paradoxe Garantie für den Erfolg nuklearer Abschreckung.

Für Europa und speziell für Deutschland stellte sich dieser Sachverhalt ganz anders dar. Die konventionelle Überlegenheit von Roter Armee und verbündeten östlichen Streitkräften machte hier den frühen Rückgriff auf Nuklearwaffen zur Abschreckung geradezu notwendig. Erst so ließ sich das östliche Übergewicht einigermaßen ausgleichen.

Komplexer wird die Sache, wenn man das (strategische) Abschreckungs-Duopol USA/UdSSR in Zusammenhang bringt mit der regionalen

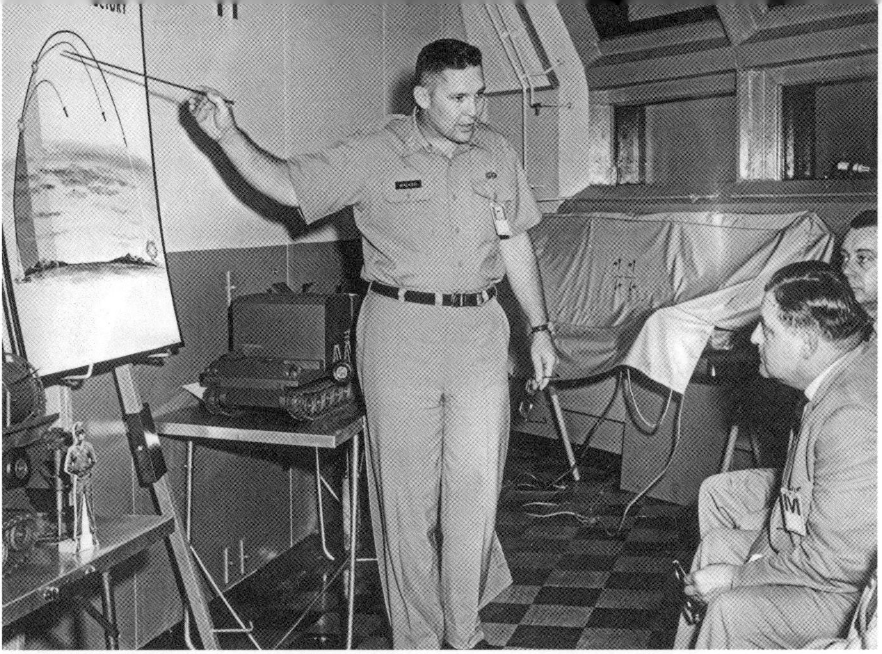

Während seines Aufenthalts in den USA 1962 lässt sich Verteidigungsminister Strauß (r.) in Cape Canaveral die Flugbahn der ballistischen Rakete Pershing I erläutern.

europäischen (eurostrategischen) Bedrohungssituation. Denn dann erscheint die Androhung eines Nukleareinsatzes, um einen mit konventionellen Mitteln vorgetragenen Angriff des Warschauer Paktes von erklärtermaßen geografisch begrenzten Zielen zu verhindern, hochproblematisch. Ist die Eskalationsstufe von konventionell zu nuklear erst einmal überschritten, ist ein (zunächst ebenfalls begrenzter) Nukleareinsatz des östlichen Angreifers nur logisch – entweder auf dem westeuropäischen Gefechtsfeld oder zur Demonstration eigener Entschlossenheit anderswo auf dem europäischen Kontinent (zum Beispiel über Großstädten). Spätestens dann stellt sich die Frage: Riskieren die USA weitere Eskalationsschritte und gefährden dadurch ihr eigenes Territorium oder geben sie nach und überlassen Westeuropa seinem Schicksal, ungern zwar, aber aus nachvollziehbaren Gründen der eigenen nationalen Sicherheit?

In der Fachliteratur wurde dieses Problem als das der Ankoppelung oder Abkoppelung bezeichnet, nämlich der USA an bzw. von Westeuropa. Im Gleichgewicht des Schreckens auf der strategischen Ebene funktionierte die nukleare Abschreckung nach beiden Seiten in gleicher Weise. Darauf konnte man sich verlassen, politisches und militärisches Rationalitätskalkül auf beiden Seiten vorausgesetzt. Zumindest so lange, bis politische oder rüstungstechnologische Entwicklungen dieses Gleichgewicht wieder in eine Schieflage brachten. Die Lage zwischen den »Supermächten« war zwar höchst ungemütlich, aber genügend stabil. In und für Europa gab es aber von Anfang an ein Ungleichgewicht des Schreckens, und zwar zuungunsten der NATO.

Sicherheitspolitisches Dilemma

Wenn die nukleare Abschreckung einen mit konventionellen Waffen durchgeführten Angriff des Warschauer Paktes auf die Bundesrepublik nicht hätte verhindern können, hätte der Westen zu nuklearen Waffen greifen müssen, um einen solchen Angriff zurückzuschlagen – so sah es die NATO-Doktrin vor. Denn mit den eigenen konventionellen Waffen hätte es der Westen nicht vermocht. Und nur wenn die politische und militärische Führung in Moskau diesen angedrohten Eskalationsschritt nicht als bloße, unglaubwürdige Behauptung auffasste, sondern ihn als möglich ansah, nur dann konnte die Androhung dieses Eskalationsschrittes helfen, die Abschreckung stabil zu halten.

Die NATO spielte im Lauf der Jahre mehrere Versionen einer »nuklearen Teilhabe« ihrer wichtigsten nichtnuklearen Mitgliedsstaaten durch, was aber entweder auf politischen Widerstand stieß oder nur unwesentlich über symbolische Teilhabe hinausging. Für die USA blieb es immer wichtig, einen östlichen Angriff auf Europa, falls er denn erfolgen würde, möglichst auf den Kriegsschauplatz Europa zu begrenzen. Dazu brauchte es für diesen Schauplatz Kriegsführungsstrategien unterhalb der strategischen nuklearen Abschreckung USA/UdSSR.

Im Interesse der Bundesrepublik lag es freilich vor allem, dass es zu keinem östlichen Angriff käme, denn er würde ja vor allem westdeutsches Territorium in Mitleidenschaft ziehen. Einem potenziellen Angreifer im Osten sollte deutlich gemacht werden, dass er es jedenfalls nicht allein mit der konventionell ausgestatteten Bundeswehr zu tun bekommen würde. Deshalb drängten alle Bundesregierungen bis 1989/90 immer auf die Stationierung möglichst vieler und möglichst gut, auch nuklear ausgerüsteter Truppen der Verbündeten auf ihrem Territorium. Diese galten längst nicht mehr als Besatzungstruppen, sondern als eine Art Versicherung gegen jeden Versuch Moskaus, die Bundesrepublik aus dem multilateralen westlichen Bündnis herauszubrechen. Um dessen operative Einheit zu demonstrieren, waren die deutschen und die ausländischen Truppen der Amerikaner, Briten, Franzosen, Niederländer, Belgier und Kanadier so auf

Nukleare Teilhabe

Unter den Präsidenten Eisenhower und Kennedy bauten die Vereinigten Staaten ihre Nuklearrüstung aus, jedoch war zu bezweifeln, dass das atomare »Schwert« der USA nach einem östlichen Angriff auf Europa zum Einsatz kommen würde. Frankreich zog aus dieser Situation den Schluss, eigene Atomwaffen anzuschaffen. Großbritannien war bereits eine Nuklearmacht. Andere NATO-Mitglieder konnten oder durften (wie Deutschland) diesen Schritt nicht vollziehen.

Um die Glaubwürdigkeitslücke zwischen den Verbündeten zu schließen, schlugen die USA die Einrichtung einer multilateralen NATO-Atomstreitmacht (Multilateral Force, MLF) auf Schiffen im Atlantik vor. Das bedeutete zumindest die symbolische nukleare Teilhabe der Nichtnuklearstaaten. Jedoch blieb dieser Plan aus praktischen Gründen unausgeführt.

Stattdessen entstanden Pläne für ein hochrangiges Beratungsgremium im NATO-Hauptquartier, an dem die Nuklearstaaten und die Nichtnuklearstaaten über die Nuklearpolitik, Nuklearstrategie und schließlich auch über detailliertere Fragen der nuklearen Zielplanung beteiligt sein würden. Frankreich winkte ab, ging seinen eigenen Weg und verließ die militärische Ebene der NATO. Die anderen NATO-Staaten gründeten 1967 die Nukleare Planungsgruppe. Damit war zumindest die Einbindung der Nichtnuklearstaaten bei der Beratung dieser Fragen gewährleistet, in erster Linie eine Art bündnisinterne vertrauensbildende Maßnahme.

Bereits Mitte der 1950er-Jahre statteten die USA ihre Stationierungsstreitkräfte in Westeuropa mit taktischen Atomwaffen aus. Zeitweise waren es mehrere Tausend. Seit der Ära Strauß wurden auch auf dem Territorium der Bundesrepublik taktische Atomwaffen stationiert, die im Ernstfall von der Bundeswehr eingesetzt werden sollten – allerdings erst nach ihrer Freigabe durch den amerikanischen Präsidenten. Bis dahin bleiben sie unter strenger amerikanischer Bewachung.

Zwischenzeitlich verfügte die Bundeswehr über fast 500 taktische Atomwaffen, darunter die Raketenwerfer »Sergeant« und »Honest John«, weitreichende Haubitzen, »Pershing«- und »Nike Herkules«-Raketen und die F-104-Jagdbombengeschwader. Das Arsenal taktischer Nuklearwaffen auf deutschem Territorium wurde nach 1990 kräftig ausgedünnt, aber nicht vollständig abgeschafft.

dem westdeutschen Territorium verteilt, dass ein östlicher Angriff immer auf verschiedene nationale Kontingente stieß. Die Bundesregierungen ließen sich die Stationierung von NATO-Truppen auch einiges kosten und wirkten allen

Das nationale Verteidigungskonzept 1970

»Innerhalb des Bündnisses wahrt die Bundesregierung die besonderen deutschen Interessen. Sie sind mit vier Stichworten gekennzeichnet: Vorneverteidigung, international gemischte Präsenz, Integration der militärischen Führung und Zurückhaltung beim Einsatz nuklearer Waffen.

(1) Das Gebiet der Bundesrepublik ist schmal [...] Die Möglichkeiten zur beweglichen Kampfführung bis in die Tiefe des Raumes sind dadurch beschränkt. Für die Bürger der Bundesrepublik liegt Sicherheit allein in der Gewissheit einer grenznahen Verteidigung. Deshalb kann keine Bundesregierung auf das Prinzip der Vorneverteidigung verzichten.

(2) Von gleicher Bedeutung ist das Prinzip der international gemischten Präsenz. Das heißt: Ein Angreifer muss in Mitteleuropa von Anfang an auf die Truppen einer möglichst großen Zahl von Verbündeten treffen. Die international gemischte Präsenz ist der sichtbare Ausdruck für die Unteilbarkeit des Bündnisses.

(3) Das Prinzip der Integration bedeutet dreierlei: bereits im Frieden gemeinsame Kommandostruktur mit multinationalen Kommandobehörden; gemeinsame Operationsplanung und regelmäßige Manöverzusammenarbeit; im Verteidigungsfall – und bei der Luftverteidigung zum Teil schon im Frieden – gemeinsame operative Führung [...]

(4) Angesichts der nuklearen Bewaffnung des Warschauer Paktes sind nukleare Waffen gegenwärtig ein unverzichtbares Mittel zur Abschreckung. Als Mittel der Verteidigung können sie wegen ihrer eskalierenden und zerstörerischen Wirkung jedoch nur im äußersten Falle eingesetzt werden und auch dann jeweils restriktiv und selektiv [...].«

(Quelle: Weißbuch 1970 zur Sicherheit der Bundesrepublik Deutschland und zur Lage der Bundeswehr, Bonn 1970, S. 40.)

Bestrebungen der Verbündeten, ihre Stationierungstruppen in der Bundesrepublik zu reduzieren, mit Nachdruck entgegen.

Da eigene Atomwaffen für die Bundesrepublik nicht zur Debatte standen – alle tastenden Versuche etwa in der Ära des Verteidigungsministers Strauß liefen sich rasch fest –, wollten die Bundesregierungen zumindest aber amerikanische Atomwaffen auf dem Gebiet der Bundesrepublik stationiert und mit möglichst frühen Einsatzbefehlen ausgestattet haben. Das heißt also,

Atomare Abschreckung: Eine Mace-Atom-Rakete der US-Armee in der Nähe von Sembach in Rheinland-Pfalz, 1963.

einem Angriff aus dem Osten sollte nicht erst für längere Zeit nur unterhalb der nuklearen Schwelle begegnet werden. Die Androhung eines frühen Nukleareinsatzes sollte die westliche Abschreckung wirksamer machen. Zugleich jedoch erhöhte sie das Zerstörungsrisiko, falls die Abschreckung versagen würde. Dies also war das Dilemma der Bundeswehr im Kalten Krieg: Sie hatte einen militärischen Auftrag, der im Wesentlichen der Abschreckung diente, aber auch eine Verteidigungskomponente umfasste, die gebraucht wurde, um die Abschreckung zu erhärten. Das ging in Ordnung, solange die Abschreckung funktionierte. Falls sie scheiterte, musste man mit dem Allerschlimmsten rechnen. Anfang der 1970er-Jahre wurde hierzulande eine wissenschaftliche Studie über Kriegsfolgen und Kriegsverhütung in Europa veröffentlicht, die unter dem Namen »Weizsäcker-Studie« kurzzeitig große Aufmerksamkeit erregte. Ihre Kernaussagen lassen sich so zusammenfassen: Mit konventionellen Waffen ist die Bundesrepublik nicht zu verteidigen. Der Einsatz von Nuklearwaffen zu ihrer Verteidigung würde zur Zerstörung dessen führen, was verteidigt werden soll.

Eine strategisch und operativ sinnvolle Alternative dazu fand sich aber nicht. »Kämpfen können, um nicht kämpfen zu müssen« – im Rückblick betrachtet, ging das gut. Aber es stellte sehr schwer nachzuvollziehende Anforderungen an das soldatische Selbstverständnis. Wer lernt schon einen Beruf, nur um ihn in einer Situation auszuüben, die schon nicht mehr zu retten ist?

bedroht
uns
alle
KEINE ATOMRAKETEN
KREFELDER APPELL

6

Gegenwind aus der Gesellschaft

1954 und 1955 erregte Hans Hellmut Kirst mit seiner Romantrilogie »08/15« großes Aufsehen. Alle drei Bücher über die Erlebnisse des Wehrmachtgefreiten Asch vor und im Zweiten Weltkrieg wurden auch sogleich verfilmt, mit Joachim Fuchsberger in der Hauptrolle – ebenfalls ein Riesenerfolg. Die Redewendung 08/15 war im allgemeinen Sprachgebrauch als Kurzformel für »nichts Besonderes« oder »immer der gleiche Mist« fest verankert. Und die extrem unsympathische Figur des Wachtmeisters Platzek trat als Prototyp des hirn- und rückgratlosen Schleifers der Soldaten an die Stelle des Unteroffiziers Himmelstoß aus dem Roman »Im Westen nichts Neues« von Erich Maria Remarque. Erwähnenswert ist das hier deshalb, weil in Kirsts Romanen und ihren Verfilmungen ein harm- und gedankenloser Antimilitarismus zum Ausdruck kam, der im Nu die öffentlichen Debatten über die Wiederbewaffnung einfärbte.

Innere Distanz zur Wiederbewaffnung

Aber wie lässt sich die innere Distanz gegenüber der Wiederbewaffnung in den Köpfen einer Mehrheit der Deutschen begründen? In den ersten Jahren nach 1945 hat sie sich relativ rasch in der Bevölkerung ausgeprägt und ist zu einem Grundelement der neuen zivil-politischen und politisch-militärischen Kultur der Bundesrepublik geworden. Einfache Erklärungen gibt es dafür nicht. Bei der Meinungsbildung sind eine ganze Reihe von Einflussmechanismen wirksam, von den Widersprüchlichkeiten der subjektiven Erfahrung des Einzelnen über die Beeinflussung durch Medien und Gruppenloyalitäten bis hin zu einer inneren Haltung des Abwartens.

Plakat des Krefelder Appells 1980: Die Friedensinitiative protestierte gegen die im NATO-Doppelbeschluss vorgesehene Stationierung von Mittelstreckenraketen in Europa. Den Appell unterzeichneten bis 1983 über vier Millionen Bundesbürger.

Die Niederlage, selbst eine so totale Niederlage wie die von 1945, kann jedenfalls nicht allein für die grundsätzliche Distanz gegenüber dem Militär verantwortlich gemacht werden. Dagegen sprechen Vergleiche mit der Reaktion der Deutschen auf die Niederlage 1918/19 und mit anderen Völkern, die in ähnlichen Situationen genau gegenteilig reagierten: Die als Schande und Demütigung empfundene Niederlage sollte in einem neuen Anlauf und nach womöglich geschickterer Kriegsvorbereitung durch einen umso triumphaleren Sieg aus dem Gedächtnis der Nation getilgt werden.

Der Umschwung muss sich in den letzten Monaten des Zweiten Weltkriegs vorbereitet haben. Die Zerstörungen in Deutschland wirkten sich immer verheerender auf das Alltagsleben aus. Der Druck des Regimes wurde immer unerträglicher. An der Oberfläche schien alles weiterzugehen, aber darunter zerbröselte das Fundament der herkömmlichen politisch-militärischen Kultur Preußens und Deutschlands und bekam im Bewusstsein der Bevölkerung tiefe Risse. Nichts hatte dem niederschmetternden Gang der Dinge etwas entgegensetzen können. Alles, woran man sich bis zum bitteren Ende geklammert hatte, war weggebrochen.

Nicht erst die von den Siegermächten betriebene Aufklärung über die Verbrechen des Nazi-Regimes und aller, die daran beteiligt waren, nicht die Entnazifizierung oder die Re-education stehen am Anfang des Umbruchs der politischen Kultur. Außer für eine Minderheit waren Glanz und Gloria der Soldaten verschlissen und Streitkräfte als Mittel nationaler Politik nicht mehr hoch geachtet. Die gebündelten Erfahrungen mit einer militärgestützten Politik aus der ersten Hälfte des 20. Jahrhunderts leiteten nun für seine zweite Hälfte eine Ära militärenthaltsamer deutscher Politik ein.

Die Aussicht auf eine Wiederbewaffnung wurde deshalb in der Bundesrepublik nur widerwillig zur Kenntnis genommen. Dennoch folgten die Deutschen letztlich dem in seinem Habitus militärfremd auftretenden Bundeskanzler und seiner Regierung in dieser Frage. Sie schluckten die Wiederbewaffnung wie eine Kröte – nicht zuletzt deshalb, weil Adenauer nicht nur den Siegermächten und den Nachbarstaaten, sondern auch der eigenen Bevölkerung immer wieder versicherte, die neuen Streitkräfte würden niemals für abenteuerliche nationale Ziele eingesetzt werden. Das Verbot des Angriffskrieges im Grundgesetz erschien glaubwürdig. Politisches Kapital ließ sich jedenfalls aus einer revanchistischen und militärgestützten Politik nach 1949 nicht mehr schlagen.

Vor dem Koreakrieg 1952 war die Ablehnung der Wiederbewaffnung am größten, danach nahm die Zahl ihrer politisch entschlossenen Gegner lang-

Kritik: Die SPD warnte vor einer Bewaffnung auf beiden Seiten des Eisernen Vorhangs.

sam ab. Vor allem gelang es nicht, die verschiedenen Grundeinstellungen und politischen Motive der Wiederbewaffnungsgegner zusammenzuführen. Die »Ohne-mich-Bewegung« 1949/50 als Ausdruck einer politisch eher diffusen Stimmungslage verband sich mit der politisch bewussten Lobbyarbeit kleinerer Gruppen, etwa der Soldatenverbände. Das passte nicht recht zusammen.

Die »Volksbefragungsbewegung« 1951/52 war demgegenüber von Anfang an politisch ausgerichtet: halb klassenkämpferisch und DDR-freundlich, halb linksnationalistisch gegen die Westintegration und auf ein »neutrales« (Gesamt-)Deutschland zwischen den Blöcken ausgerichtet. Die Bundesregierung schätzte diese Bewegung als ziemlich gefährlich ein und bekämpfte sie mit politischen und rechtlichen Mitteln. So versuchte man zum Beispiel, die Führung des Deutschen Gewerkschaftsbundes (DGB) von der Westintegrations- und Wiederbewaffnungspolitik zu überzeugen. Als eine Art Gegengabe sicherte Adenauer dem DGB erweiterte Mitbestimmungsmöglichkeiten der Gewerkschaften in der Montanindustrie zu. Das FDJ-Verbot im Juni 1951 und der zu dieser Zeit vorgelegte Antrag der Bundesregierung, die KPD zu verbieten, gehörten ebenfalls zu den Maßnahmen gegen die Volksbefragungsbewegung. Zum KPD-Verbot durch das Bundesverfassungsgericht kam es zwar erst 1956, aber in der Zwischenzeit hing das Verfahren wie ein Damoklesschwert über der Partei der Kommunisten und über allen, die sich mit ihr einließen.

Befürworter der Wiederbewaffnung: Konrad Adenauer während seiner Rede gegen die vor allem von der SPD initiierte Paulskirchenbewegung und das Deutsche Manifest in der Frankfurter Messehalle am 8. Februar 1955.

Ein dritter Anlauf oppositioneller Kräfte gegen die Wiederbewaffnung und vor allem gegen die aus ihrer Sicht dadurch zementierte Westintegration war die »Paulskirchenbewegung«. Sie wurde in der Hauptsache von der Sozialdemokratie, dem DGB, politisch eher links orientierten Mitgliedern des deutschen Protestantismus und der kleinen, aber programmatisch wichtigen Gesamtdeutschen Volkspartei (GVP) getragen. Gustav Heinemann hatte Letztere 1952 – bis dahin CDU-Mitglied – ins Leben gerufen, nachdem er am 9. Oktober 1950 seinen Posten als Innenminister im Kabinett von Bundeskanzler Adenauer aus Protest gegen dessen Politik der Wiederbewaffnung aufgegeben hatte.

Zum Grunddokument der Paulskirchenbewegung wurde das sogenannte Deutsche Manifest von 1955, das die Integration der beiden deutschen Staaten in die antagonistischen Bündnissysteme beklagt. Dadurch verspiele man die Chancen auf eine Wiedervereinigung Deutschlands auf lange Sicht. 1955 war ja in der Tat das Jahr, in dem diese Integrationsprozesse deutlich vorangetrieben wurden, im Westen durch die Pariser Verträge und die Aufstellung der Bundeswehr, im Osten durch die Gründung des Warschauer Paktes, zu dessen Gründungsmitgliedern die DDR zählte. Im gleichen Jahr wurde zwar auch der Österreichische Staatsvertrag unterzeichnet, der die Besatzung des Landes durch die vier Siegermächte beendete und ein unabhängiges, zur »immerwährenden Neutralität« verpflichtetes Österreich wiederherstellte. Eine ähnliche Lösung für Deutschland kam aber nicht ernsthaft in Frage. Das tiefe Misstrauen der Alliierten und Nachbarn gegenüber Deutschland schloss das aus. Wegen des wirtschaftlichen Aufschwungs der Bundesrepublik seit dem ersten Drittel der 1950er-Jahre hatte die Westintegration für ihre Bürger erheblich an Attraktivität gewonnen, sodass sich ohnehin nur eine Minderheit etwas von der Neutralität Deutschlands versprach.

Die öffentlichen Debatten über die Westintegration und die Wiederbewaffnung der Bundesrepublik wurden mit großem Ernst und großer Leidenschaft geführt – in erster Linie im Deutschen Bundestag, wo so manche Redeschlacht über diese für das Land enorm wichtigen Themen manchmal bis spät in die Nacht ausgetragen wurde. Die Übertragungen im Rundfunk wiesen immer hohe Einschaltquoten auf. Aber auch nichtstaatliche Organisationen und Verbände, Jugendverbände, Kirchenverbände, Gewerkschaften, kurz: das, was man später Zivilgesellschaft nennen sollte, beteiligten sich miteinander, freilich auch gegeneinander daran. Alles zusammen trug zur Festigung der jungen Demokratie bei.

Anti-Atombewegung

Wenn auch die gesellschaftsweite Debatte über die Wiederbewaffnung nach vollzogener Aufstellung der Bundeswehr an ihr Ende gelangt war, so bedeutete das dennoch keineswegs gleich Ruhe. Im Laufe der Auseinandersetzungen hatten sich die Fronten verfestigt sowie Bündnisse und Netzwerke gebildet, die nicht einfach zerfielen, nachdem die Entscheidungen über die Streitfragen gefallen waren. Einige oppositionelle Gruppen konnten ihre antimilitärische Haltung in einen festeren organisatorischen Rahmen überführen. So bildete sich seit der Mitte der 1950er-Jahre in der Bundesrepublik ein Gefüge von meist kleineren Gruppen aus, deren Mitglieder die sicherheits- und militärpolitische Entwicklung der Ost-West-Konfrontation kritisch verfolgten und vor Gefahren des Rüstungswettlaufs zwischen Ost und West lautstark warnen wollten. Die Anhänger der 1956 endgültig verbotenen KPD, die sich nun in verschiedenen politischen Clubs zusammentaten, waren bei solchen Aktionen immer dabei und versuchten dabei mehr oder weniger offen, den sicherheitspolitischen Prioritäten Moskaus und Ost-Berlins Gehör zu verschaffen.

Wie im letzten Kapitel beschrieben, strukturierte der Westen seine Abschreckungs- und Verteidigungsstrategie zwei Jahre nach der Entscheidung über die Aufstellung der Bundeswehr um und setzte auf »nukleare Teilhabe«

Das Deutsche Manifest der Paulskirchenbewegung vom 29. Januar 1955

»Aus ernster Sorge um die Wiedervereinigung Deutschlands sind wir überzeugt, dass jetzt die Stunde gekommen ist, Volk und Regierung in feierlicher Form zu entschlossenem Widerstand gegen die sich immer stärker abzeichnenden Tendenzen einer endgültigen Zerreißung unseres Volkes aufzurufen.

Die Antwort auf die deutsche Schicksalsfrage der Gegenwart – ob unser Volk in Frieden und Freiheit wiedervereinigt werden kann oder ob es in dem unnatürlichen Zustand der staatlichen Aufspaltung und einer fortschreitenden menschlichen Entfremdung leben muss – hängt heute in erster Linie von der Entscheidung über die Pariser Verträge ab.

Die Aufstellung deutscher Streitkräfte in der Bundesrepublik und in der Sowjetzone muss die Chancen der Wiedervereinigung für unabsehbare Zeit auslöschen und die Spannung zwischen Ost und West verstärken. Eine solche Maßnahme würde die Gewissensnot großer Teile unseres Volkes unerträglich steigern. Das furchtbare Schicksal, dass sich die Geschwister einer Familie in verschiedenen Armeen mit der Waffe in der Hand gegenüberstehen, würde Wirklichkeit werden.

In dieser Stunde muss jede Stimme, die sich frei erheben darf, zu einem unüberhörbaren Warnruf vor dieser Entwicklung werden. Unermesslich wäre die Verantwortung derer, die die große Gefahr nicht sehen, dass durch die Ratifizierung der Pariser Verträge die Tür zu Viermächteverhandlungen über die Wiederherstellung der Einheit Deutschlands in Freiheit zugeschlagen wird.

Wir appellieren an Bundestag und Bundesregierung, alle nur möglichen Anstrengungen zu machen, damit die vier Besatzungsmächte dem Willen unseres Volkes zur Einheit Rechnung tragen.

Die Verständigung über eine Viermächtevereinigung zur Wiedervereinigung muss vor der militärischen Blockbildung den Vorrang haben. Es können und müssen die Bedingungen gefunden werden, die für Deutschland und seine Nachbarn annehmbar sind, um durch Deutschlands Wiedervereinigung das friedliche Zusammenleben der Nationen Europas zu sichern.

Das deutsche Volk hat ein Recht auf seine Wiedervereinigung!«

der nichtnuklearen NATO-Mitgliedsstaaten, was die Kritiker für sich nutzen konnten. Die USA hatten schon vor 1955 in Europa damit begonnen, ihre konventionellen Truppen zu verringern und gleichzeitig mehr atomare Waffen zu stationieren. Das geschah teils aus Kostengründen, teils weil sie sich dadurch einen höheren Abschreckungseffekt versprachen. In der Sprache der amerikanischen Militärstrategen hieß das der »New Look«. Konventionelle Truppen sollten die anrollenden Angriffswellen kurzzeitig aufhalten, und dann sollte das atomare »Schwert« die feindlichen Kräfte vernichten (Strategie der massiven Vergeltung). Das Problem dabei war freilich, dass der Einsatz dieses »Schwerts« aus Atomgeschützen mit der Sprengkraft der Hiroshimabombe für die Bundesrepublik katastrophale Folgen haben musste. Das im Sommer 1955 durchgeführte Stabsmanöver »Carte Blanche« machte dies allen Beteiligten klar. Das fiktive Ergebnis dieser Übung war inakzeptabel: Ein militärischer Konflikt auf den Territorien der Bundesrepublik, der Benelux-Staaten und Teilen Nordfrankreichs würde binnen kürzester Zeit den Einsatz mehrerer hundert nuklearer Sprengköpfe zur Folge haben mit über fünf Millionen zivilen Opfern.

Dennoch kam eine nachhaltige öffentliche Diskussion über die Strategie der massiven Vergeltung erst 1957/58 in Gang. Bundeskanzler Adenauer bemühte sich um die rasche Stationierung nuklearer amerikanischer Gefechtsfeldwaffen auf dem Territorium der Bundesrepublik – damit dadurch das Abschreckungsversprechen der NATO glaubwürdiger erschien. Verteidigungsminister Strauß verfolgte aus demselben Grund die Absicht, die Bundeswehr mit Nuklearwaffen auszurüsten, bei deren Einsatz die deutsche Führung mindestens ein Mitspracherecht, wenn nicht sogar die alleinige Entscheidungsgewalt haben sollte. Das war zwar nicht das »deutsche Streben nach Atomwaffen« zu sinistren machtpolitischen Zwecken, was Strauß immer wieder unterstellt worden ist. Aber Adenauer wie Strauß verlegten durch ihre Initiativen den Brennpunkt der öffentlichen Auseinandersetzungen über die Bundeswehr auf die Nuklearwaffen. Sie boten dadurch ihren Kritikern beträchtliche Angriffsflächen.

Angefacht wurden diese Auseinandersetzungen von einer Reihe deutscher Atomphysiker, darunter Otto Hahn, Werner Heisenberg und Carl Friedrich von Weizsäcker, die sich aufgrund der misslungenen Formulierung Adenauers über taktische Atomwaffen als bloße Weiterentwicklung der herkömmlichen Artillerie bewogen fühlten, vor der unvergleichlichen Zerstörungskraft dieser Waffen eindringlich zu warnen. An der Entwicklung von nuklearen

Auf der Straße: Protestmarsch gegen atomare Bewaffnung am 15. April 1958 vom Berliner Wittenbergplatz zum Funkturm.

Waffen wollten sie sich nicht beteiligen, wohingegen sie der Verwendung der Kernkraft für friedliche Zwecke eine Zukunft vorhersagten.

Ihre Warnung vor Atomwaffen, gar solchen in deutscher Hand, muss man als Zeichen eines deutlich erhöhten Unbehagens gegenüber Nuklearrüstung, Nuklearstrategie und nuklearer Kriegsgefahr in der bundesrepublikanischen Gesellschaft ansehen. Auch die SPD schloss sich dem Bündnis zahlreicher, meist linker Gruppen und kirchlicher Kreise an, das nun die Kampagne »Kampf dem Atomtod« aufzog. In den Wahlen zum dritten Deutschen Bundestag am 15. September 1957 schlug sich die Kritik an der regierungsamtlichen Sicherheits- und Militärpolitik allerdings nicht in entsprechenden Stimmenzuwächsen für die Opposition nieder. Im Gegenteil: Die CDU/CSU gewann die absolute Mehrheit im Parlament, was sie jedoch weniger einer gesellschaftlichen Zustimmung zur nuklearen Rüstungspolitik als vielmehr dem kräftig in Schwung gekommenen »Wirtschaftswunder« zu verdanken hatte.

Trotz der heftigen Proteste, der unzähligen Demonstrationen, Resolutionen, Unterschriftenlisten, Mahnwachen, Plakat- und Flugblattaktionen, Belegschaftsversammlungen und Warnstreiks, kam die Kampagne nicht recht vom Fleck. Eine angestrebte Volksbefragung wurde am 30. Juli 1958 vom Bundesverfassungsgericht verboten. Kurz zuvor hatten auch die Landtagswahlen in Nordrhein-Westfalen der CDU die absolute Mehrheit gebracht. Die vage Furcht vor einem »Atomkrieg« war weit verbreitet, aber sie schlug sich nicht in Wählerstimmen nieder. Die Führungen von SPD und DGB zogen sich deshalb behutsam aus der Kampagne zurück. Diese verlor auch dadurch rasch ihren Schwung. Ein Überbleibsel dieses Protestes war die auch von britischen Vorbildern inspirierte »Ostermarschbewegung«, die bis heute existiert, wenn auch eher in Form politischer Folklore.

Autoritätskrise

Als Franz Josef Strauß 1962 nach der Spiegel-Affäre zurücktreten musste, hatte die Bundeswehr die organisatorischen Veränderungen, die in seiner Ära als Verteidigungsminister beschlossen worden waren, noch kaum richtig umsetzen können: die Umstrukturierung des Heeres mit dem Ziel, mehr Flexibilität für den Verteidigungskampf unter nuklearen und nichtnuklearen Bedingungen zu erreichen (»Heeresstruktur 2«), die Verlängerung der Wehrpflicht von zwölf auf 18 Monate, der Aufbau und die zahlreichen Standortwechsel der Jagd- und Jagdbombengeschwader der Luftwaffe, der Ausbau der Marine. Sein Nachfolger Kai-Uwe von Hassel war weniger umtriebig und hätte es gern gesehen, wenn seine Amtszeit zu einer Phase der Konsolidierung geworden wäre. Stattdessen ging es weiter turbulent zu. Aus den Vorfällen von Nagold erwuchs der Konflikt um den Wehrbeauftragten Heye, der spektakulär und öffentlich den Niedergang der Inneren Führung beklagte und deshalb gehen musste. Die Abstürze des F-104 Starfighters vertieften das Misstrauen in die Rüstungsbeschaffungspolitik des Verteidigungsministeriums und in die Fähigkeit der Luftwaffe, die komplexe Technik ihrer Fluggeräte zu beherrschen.

Zugleich baute sich in der Bundeswehr ein Reformstau auf. Dafür gab es hauptsächlich zwei Gründe. Das Führungspersonal der Bundeswehr war überaltert. Das machte sich besonders auf der Ebene der Kompaniechefs bemerkbar. Es fehlten genügend Bewerber für die Offiziers- und die Unteroffizierslaufbahn. Und viele von denen, die sich bewarben, konnten die Anforderungen nur knapp erfüllen. 1963/64 war etwa ein Viertel der Offiziersstellen nicht besetzt. Unter solchen Bedingungen konnte keine Konsolidierung stattfinden.

Diese Alltagsprobleme und das langsam wachsende Unbehagen über die Folgen von trotz der »Operation Carte Blanche« zunächst noch relativ unbe-

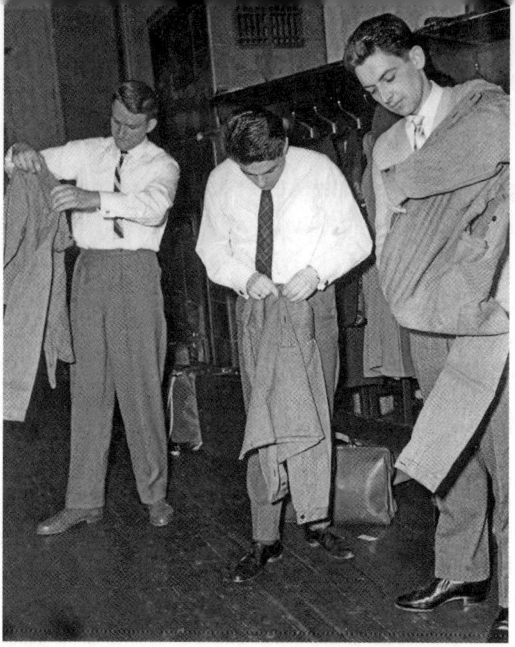

Zivildienst: Am 10. April 1961 traten die ersten Kriegsdienstverweigerer in Krankenhäusern und karitativen Einrichtungen ihren Dienst an, hier in der diakonischen Einrichtung Bethel in Bielefeld.

fangen in Manövern und Simulationen geübten Nukleareinsätzen auf dem Territorium der Bundesrepublik wurden seit den frühen 1960er-Jahren in der Öffentlichkeit allenfalls als eine Art Hintergrundrauschen wahrgenommen. Das änderte sich, als sich in den Jahren der ersten CDU/SPD-Koalition von 1966 bis 1969 in der westdeutschen Gesellschaft eine Autoritätskrise ausbreitete. Sie ging von der jungen Generation aus, weshalb sie sich besonders dort bemerkbar machte, wo junge Leute herkömmlichen Autoritätsstrukturen unterlagen: in der Familie, der Schule, der Universität, selbstverständlich auch in der Bundeswehr. Die Gründe dieser Autoritätskrise waren ebenso vielfältig wie die Methoden und die Ziele der Protestbewegung. Sie richtete sich gegen die »Ordinarienuniversität«, gegen die Nichtanerkennung der DDR, gegen den amerikanischen Krieg gegen das kommunistische Regime in Nordvietnam, gegen die als überholt empfundene Sexualmoral und überhaupt gegen den bürgerlichen »Muff« der Elterngeneration. Außerdem wurden, zuweilen etwas selbstgerecht, die Verstrickungen der Väter in die Nazi-Vergangenheit thematisiert. In anderen westlichen Ländern kam es zu ähnlichen Protestbewegungen mit ähnlichen Zielen und Ausdrucksformen.

In diesem Klima des politisch-kulturellen Wandels war die 18-monatige Wehrpflicht selbstverständlich alles andere als populär. Viele versuchten sie zu umgehen, beispielsweise durch einen Umzug nach West-Berlin. Weil West-Berlin immer noch einen besonderen politischen Status hatte, galt für seine Bewohner die Wehrpflicht nicht. Es gab noch andere Ausnahmeregelungen, aber als entscheidender Weg, den eigenen moralischen oder politischen Unmut über die Wehrpflicht auszudrücken, entpuppte sich seit 1966/67 die Kriegsdienstverweigerung. Hatte es bis dahin jährlich nie mehr als 4500 Anträge auf Kriegsdienstverweigerung gegeben, so explodierte iese Zahl nach 1966. 1967 wurden fast 6000 Anträge gestellt, 1968 gleich die doppelte Zahl und 1969 bereits über 14000. Weder das anfangs noch schwierige Anerkennungsverfahren, die Zurückweisung eines Teils der Anträge und auch nicht die Aussicht auf den im Falle der Anerkennung ersatzweise abzuleistenden Zivildienst konnten eine abschreckende Wirkung entfalten.

Manche mutmaßten nicht ganz zu Unrecht, dass der Bundeswehr durch die ständig steigende Zahl an Kriegsdienstverweigerern ganze Abiturklassen junger Männer verloren gingen. Die Jugendoffiziere der Bundeswehr standen in schulischen Diskussionen häufig auf verlorenem Posten. Bei der Bundeswehr reagierte man mit Ratlosigkeit. Wieso versagte sich die junge Generation in so großer Zahl? Etwas musste sich ändern, um den Dienst bei der Armee attraktiver zu machen, aber was?

Die bundeswehrinterne, teilweise aber auch in die zivile Gesellschaft überschwappende Auseinandersetzung um die Ausrichtung der politisch-militärischen Kultur nahm erneut Fahrt auf. Angesichts des gesellschaftlichen Wandels in der Bundesrepublik forderten manche, wie etwa der erste Generalinspekteur der Bundeswehr Adolf Heusinger, der Staat und die staatstragenden Kräfte müssten den »Aufweichungstendenzen« in der Bevölkerung entgegentreten. Diese Perspektive bestimmte auch die Argumentationsrichtung einer Denkschrift der Heeresführung von 1969. Die sogenannte Schnez-Studie zählte besonders bedenkliche Symptome für die inneren Schwierigkeiten der Bundeswehr auf: fehlender Verteidigungswille im Volk, unzureichende Integration der Bundeswehr in das Volk, Anzeichen mangelnder Disziplin in der Truppe, Mangel an soldatischem Selbstbewusstsein, Resignationstendenzen im Führerkorps sowie unzureichende Ausbildung der Führer aller Dienstgrade. Es bedürfe einer Reform an Haupt und Gliedern, an Bundeswehr und Gesellschaft.

Innerhalb und außerhalb der Bundeswehr wurde über die zahlreichen Änderungsvorschläge der Studie eine Zeit lang heftig diskutiert. Aus der jungen Offiziersgeneration meldeten sich die Gruppen »Leutnant 70« und die »Hauptleute von Unna« mit manifestähnlichen Bekenntnissen zu Wort, beide im Ton recht forsch, erstere in Opposition zur Heeresführung, letztere die

Kenner der westlichen Sicherheitspolitik: Verteidigungsminister Helmut Schmidt besucht am 9. September 1970 die Truppen in Munster und Seedorf.

konservativ-gesellschaftskritische Sichtweise ihrer obersten Vorgesetzten noch etwas zuspitzend.

1969 ging die erste Große Koalition zu Ende. Ihr folgte eine SPD/FDP-Regierung unter Willy Brandt. Sie war angetreten mit einem ambitionierten Modernisierungsprogramm auf allen Ebenen der Regierungstätigkeit – Stichwort: »Mehr Demokratie wagen« – und mit dezidierten, sehr umstrittenen Vorstellungen über eine neue Ost- und Deutschlandpolitik. Verteidigungsminister Gerhard Schröder (CDU) wurde von Helmut Schmidt (SPD) abgelöst. Schmidt, ähnlich dynamisch wie Strauß und dazu ein exzellenter Kenner der westlichen Sicherheitspolitik und Nuklearstrategie, begann sofort nach seinem Amtsantritt mit der Planung struktureller Reformen der Bundeswehr. Als Planungsinstrument wurden vier Sachverständigen-Kommissionen eingesetzt, die 1971 ihre Gutachten vorlegten. Am spektakulärsten war das Gutachten der Bildungskommission »Neuordnung der Ausbildung und Bildung in der Bundeswehr«. Es wurde zur Grundlage einer Akademisierung des Offizierberufs, für die zwei Hochschulen der Bundeswehr in Hamburg und München neu gegründet wurden. Die Ausbildung des Offizier- und Unteroffiziernachwuchses in den Hochschulen und anderen Ausbildungseinrichtungen sollte insgesamt so gestaltet werden, dass die Absolventen ihre Kenntnisse nicht nur im militärischen Bereich, sondern, nach Ende ihrer Dienstzeit in der Bundeswehr, auch für eine zivile Karriere anwenden konnten.

Insgesamt wirkte sich die kurze Ära des Verteidigungsministers Schmidt als kräftiger Modernisierungsschub für die Streitkräfte aus und sorgte zudem für eine »Durchlüftung« ihres Spitzenpersonals.

Die Zahl der Kriegsdienstverweigerer ging dennoch nicht zurück. Und manche Versuche der Bundeswehrführung, sich dem Zeitgeist der jungen Generation anzunähern, waren unfreiwillig komisch. Beispielsweise der Haarnetzerlass vom Februar 1971, der den Soldaten eine längere Haartracht erlaubte, wenn sie denn zur Bändigung ihrer Mähne ein olivfarbenes Haarnetz anlegten, das von der Kleiderkammer gestellt wurde. Nach einem Jahr und viel Spott aus dem Inland und von den verbündeten Streitkräften wurde der Erlass wieder zurückgenommen.

Gegen die Neutronenbombe und den NATO-Doppelbeschluss

1982 publizierte die Redaktion der »Frankfurter Hefte« ein Sonderheft mit dem Titel »Abermals: Kampf dem Atomtod«. Das war auf dem Höhepunkt der innenpolitischen Auseinandersetzungen über den NATO-Doppelbeschluss von 1979 (auch Nachrüstungsbeschluss genannt) inner- und außerhalb des Parlaments. 1982 war zudem das Jahr, in dem Bundeskanzler Helmut Schmidt (SPD) zurücktrat, auch weil ihm seine eigene Partei in der Sicherheitspolitik nicht länger folgen wollte. Sein Nachfolger wurde Helmut Kohl (CDU), dessen Kanzlerschaft erst 1998 endete.

»Abermals: Kampf dem Atomtod« – dieser Titel knüpfte an die Kampagne der Atomrüstungsgegner von 1958 an. Und in der Tat konzentrierte sich die in den Jahren 1980 bis 1984 zu einer in der Geschichte der Bundesrepublik bis dahin beispiellosen politischen und sozialen Bewegung anwachsende »Friedensbewegung« auf das Thema Atomwaffen. Jetzt allerdings, ohne der nichtmilitärischen Verwendung der Nuklearenergie einen Kranz zu winden wie seinerzeit die Verfasser der »Göttinger Erklärung«. Vor dem Hintergrund der wenn auch holprigen und durch viele Rückschläge angekratzten Entspannungspolitik, um die sich die sozialliberale Koalition unter den Bundeskanzlern Brandt und Schmidt sehr verdient gemacht hatte, strahlten die Pläne der nuklearen Supermächte USA und UdSSR zur Weiterentwicklung der nuklearen Rüstung und Strategie etwas sehr Beunruhigendes aus.

Im Sommer 1977 hatte US-Präsident Jimmy Carter den europäischen NATO-Partnern die noch in der Entwicklung befindlichen Neutronenbomben zur Stationierung angeboten. Nuklearwaffen wirken auf dreierlei Weise: Ihre Explosion löst eine enorm zerstörerische *Druckwelle* aus, die verstärkt wird von der ebenfalls äußerst zerstörerischen *Hitzeentwicklung*. Drittens setzt eine solche Explosion *nukleare Strahlung* frei, die für alles organische Leben in ihrer Reichweite verheerende Folgen hat. Bei der Neutronenbombe sind nun Druck- und Hitzewelle abgeschwächt, die Strahlung indes ist im Verhältnis dazu verstärkt. Folglich werden Gebäude und überhaupt alle leblosen Dinge weniger in Mitleidenschaft gezogen, wohingegen alle Organismen großen Schaden erleiden.

Als in der NATO erörtert wurde, solche Waffen in Europa einzuführen, erhob sich in der Bundesrepublik ein Sturm der Entrüstung. Kanzler Schmidt rang sich dennoch im Frühjahr 1978 auf amerikanisches Drängen die Zustimmung zu den Stationierungsplänen ab, was ihm Sympathien in seiner Partei und der deutschen Öffentlichkeit kostete. Als Präsident Carter sein Stationierungsangebot bald darauf zurückzog, fühlte sich Schmidt von ihm schmählich im Stich gelassen.

Die öffentliche Debatte um die Neutronenbombe vertiefte die weit verbreitete Furcht vor all jenen Atomwaffen, die von der NATO auf dem Territorium der Bundesrepublik stationiert worden waren. Auch die studentischen Protestaktionen gegen den Vietnamkrieg Ende der 1960er- und zu Beginn der 1970er-Jahre waren nicht vergessen. Die Distanz zwischen der Bundeswehr und der zivilen Gesellschaft, speziell der jungen Generation, vergrößerte sich. Die Zahl der Kriegsdienstverweigerer stieg weiter dramatisch an, und öffentliche Äußerungen der Militärführung über einen Verlust des Wehrwillens in der Gesellschaft waren ebenfalls wenig zielführend.

Mit dem Aufstieg der Friedensforschung als akademischer Disziplin reifte außerdem eine neue Art von Rüstungs- und Militärkritik heran. Deren wichtigste Vertreter, etwa Dieter Senghaas, formulierten diese sozialwissenschaftlich fundierte Kritik an Abschreckung und Nuklearstrategie so, dass sie in den Medien breitere Beachtung fand. Nicht nur fällten sie über die herrschenden militärstrategischen Konzepte ein vernichtendes Urteil, sie machten auch Gegenvorschläge für andere Formen der Verteidigung, für kooperative Sicherheitskonzepte oder auch eine Verteidigungsstrategie, in der Atomwaffen eine sehr viel geringere Rolle spielten. Das alles unterschied sich deutlich von den bis dahin geläufigen Abrüstungsforderungen.

Der öffentliche Aufschrei über die Neutronenbombe war noch weitgehend frei von nuklearstrategischen Kalkülen und hauptsächlich moralisch moti-

NATO-Doppelbeschluss: Protestkundgebung 1983 gegen atomare Aufrüstung. Darunter befinden sich auch Soldaten in Uniform mit dem Schild: »Ich bin Soldat und sage Nein«.

viert. Die Bundesregierung geriet dadurch aber bereits in eine recht schwierige Situation, die aufgrund einer neuerlichen Erweiterung des nuklearstrategischen Arsenals der USA und der UdSSR noch verschärft wurde: die weitreichenden Mittelstreckenwaffen. Die UdSSR hatte 1977 mit der Stationierung dieser Waffensysteme in ihren damaligen Republiken Ukraine und Weißrussland begonnen, die im Sprachgebrauch der NATO SS-20 hießen. Diese Raketen mit großer Sprengkraft konnten Ziele in ganz Westeuropa erreichen, nicht aber in den USA. Deshalb stellten sie auch keine direkte Bedrohung für die USA dar. Zugleich erhöhten sie genau dadurch das politische Risiko der Abkoppelung Westeuropas von den USA, was den westeuropäischen Regierungen mehr als unbehaglich war.

Auf die Gefahr, dass der Warschauer Pakt mit der Kombination von konventioneller und taktischer (oder eurostrategischer) nuklearer Überlegenheit das strategische Gleichgewicht für den europäischen Teil der NATO außer Kraft setzen würde, machte Bundeskanzler Schmidt in einer berühmt gewordenen Rede vor dem Londoner »International Institute for Strategic Studies« am 28. Oktober 1977 aufmerksam. Diese Rede legte den Grundstein für den NATO-Doppelbeschluss zwei Jahre später. Darin forderten die NATO-Mitglieder die UdSSR zum Abbau der SS-20-Raketen auf. Sollten die Verhandlungen darüber nach vier Jahren nicht zu einem Erfolg geführt haben, so sah es der zweite Teil dieses Beschlusses vor, würde die NATO ihrerseits in Westeuropa weitreichende Mittelstreckenraketen stationieren, nämlich Pershing-II-Raketen und – eine wichtige Neuerung – sogenannte Marschflugkörper *(cruise missiles)*, nichtballistische, d.h. permanent angetriebene Raketen mit vorprogrammierter Zielfindung.

Moskau lehnte das ziemlich druckvoll vorgetragene Verhandlungsangebot erst einmal ab. Die Verschärfung des weltpolitischen Ost-West-Klimas wirkte sich in vielfacher Hinsicht verhängnisvoll aus. So begann die sowjetische Führung beispielsweise, in Afghanistan zugunsten einer kommunistischen Regierung mit eigenen Streitkräften zu intervenieren. Zunächst jedoch löste der NATO-Doppelbeschluss in vielen westlichen Ländern und besonders in der Bundesrepublik eine Protestwelle ungeahnten Ausmaßes aus. Dieser Protest richtete sich in allererster Linie nicht gegen die sowjetische Regierung, sondern gegen die Nuklearstrategie der USA und der NATO. Außerdem erschien es vielen Westeuropäern so, dass die USA ihre Nuklearstrategie für Westeuropa von der Abschreckung auf eine offensive Kriegsführungsstrategie umgestellt hätten, nicht zuletzt wegen der rasanten Weiterentwicklung nuklearer Waffensysteme (vor allem auch ihrer elektronischen Steuerungsfähigkeit). Dies war auch in den USA selbst sehr umstritten. Viele Menschen fühlten sich durch diese amerikanischen Gedankenexperimente noch mehr bedroht als von den sowjetischen SS-20-Raketen.

Die Proteste gegen den Nachrüstungsbeschluss und die Nuklearstrategie der NATO ließen quasi über Nacht eine vielgestaltige und bis tief ins bürgerliche Lager hineinreichende Aktivistenbewegung entstehen, die viel stärker als früher über nationale Grenzen hinweg Resonanz fand. Neu daran war, dass jetzt nicht nur aus einer moralisch begründeten Ablehnung von Rüstung und Militär oder auf der Basis linker Ideologie gegen den »militärisch-industriellen Komplex« der kapitalistischen Staaten argumentiert wurde. Für die westliche Sicherheitspolitik war viel entscheidender, dass nunmehr auch eine wachsende Zahl von militärstrategischen »Gegenexperten« die geltende NATO-Strategie mit Fachargumenten attackierte und damit die Glaubwürdigkeit der nuklearen Abschreckungsdoktrin infrage stellte.

In zahlreichen Artikeln und Büchern wurden die logischen Unstimmigkeiten einer Abschreckungsstrategie herausgearbeitet, die auf nur behaupteter Verteidigungsfähigkeit beruhte, Selbstzerstörung notfalls in Kauf zu nehmen schien und die Wirksamkeit der Abschreckung dennoch als verlässlich ansah – aber nur wegen des unkalkulierbaren Risikos für einen Angreifer aus dem Osten. Genau dieser Gedanke bildete ja den Kern der seit 1967/68 in der NATO geltenden Strategie der flexiblen Antwort *(flexible response)*, die an die Stelle der Strategie massiver Vergeltung getreten war. Die neue Strategie sah

Erklärung von 18 deutschen Atomwissenschaftlern vom 12. April 1957 (Göttinger Erklärung)

»Die Pläne einer atomaren Bewaffnung der Bundeswehr erfüllen die unterzeichnenden Atomforscher mit tiefer Sorge. Einige von ihnen haben den zuständigen Bundesministern ihre Bedenken schon vor mehreren Monaten mitgeteilt. Heute ist eine Debatte über diese Frage allgemein geworden. Die Unterzeichnenden fühlen sich daher verpflichtet, öffentlich auf einige Tatsachen hinzuweisen, die alle Fachleute wissen, die aber der Öffentlichkeit noch nicht hinreichend bekannt zu sein scheinen.

1. Taktische Atomwaffen haben die zerstörende Wirkung normaler Atombomben. Als »taktisch« bezeichnet man sie, um auszudrücken, dass sie nicht nur gegen menschliche Siedlungen, sondern auch gegen Truppen im Erdkampf eingesetzt werden sollen. Jede einzelne taktische Atombombe oder -granate hat eine ähnliche Wirkung wie die erste Atombombe, die Hiroshima zerstört hat. Da die taktischen Atomwaffen heute in großer Zahl vorhanden sind, würde ihre zerstörende Wirkung im Ganzen sehr viel größer sein. Als »klein« bezeichnet man diese Bomben nur im Vergleich zur Wirkung der inzwischen entwickelten »strategischen« Bomben, vor allem der Wasserstoffbomben.

2. Für die Entwicklungsmöglichkeit der lebensausrottenden Wirkung der strategischen Atomwaffen ist keine natürliche Grenze bekannt. Heute kann eine taktische Atombombe eine kleinere Stadt zerstören, eine Wasserstoffbombe aber einen Landstrich von der Größe des Ruhrgebietes zeitweilig unbewohnbar machen. Durch Verbreitung von Radioaktivität könnte man mit Wasserstoffbomben die Bevölkerung der Bundesrepublik wahrscheinlich schon heute ausrotten. Wir kennen keine technische Möglichkeit, große Bevölkerungsmengen vor dieser Gefahr sicher zu schützen.

Wir wissen, wie schwer es ist, aus diesen Tatsachen die politischen Konsequenzen zu ziehen. Uns als Nichtpolitikern wird man die Berechtigung dazu abstreiten wollen; unsere Tätigkeit, die der reinen Wissenschaft und ihrer Anwendung gilt und bei der wir viele junge Menschen unserem Gebiet zuführen, belädt uns aber mit einer Verantwortung für die möglichen Folgen dieser Tätigkeit. Deshalb können wir nicht zu allen politischen Fragen schweigen. Wir bekennen uns zur Freiheit, wie sie heute die westliche Welt gegen den Kommunismus vertritt. Wir leugnen nicht, dass die gegenseitige Angst vor den Wasserstoffbomben heute einen wesentlichen Beitrag zur Erhaltung des Friedens in der ganzen Welt und der Freiheit in einem Teil der Welt leistet. Wir halten aber diese Art, den Frieden und die Freiheit zu sichern, auf die Dauer für unzuverlässig, und wir halten die Gefahr im Falle des Versagens für tödlich. Wir fühlen keine Kompetenz, konkrete Vorschläge für die Politik der Großmächte zu machen. Für ein kleines Land wie die Bundesrepublik glauben wir, dass es sich heute noch am besten schützt und den Weltfrieden noch am ehesten fördert, wenn es ausdrücklich und freiwillig auf den Besitz von Atomwaffen jeder Art verzichtet. Jedenfalls wäre keiner der Unterzeichnenden bereit, sich an der Herstellung, der Erprobung oder dem Einsatz von Atomwaffen in irgendeiner Weise zu beteiligen. Gleichzeitig betonen wir, dass es äußerst wichtig ist, die friedliche Verwendung der Atomenergie mit allen Mitteln zu fördern, und wir wollen an dieser Aufgabe wie bisher mitwirken.

Fritz Bopp, Max Born, Rudolf Fleischmann, Walther Gerlach, Otto Hahn, Otto Haxel, Werner Heisenberg, Hans Kopfermann, Max v. Laue, Heinz Maier-Leibnitz, Josef Mattauch, Friedrich-Adolf Paneth, Wolfgang Paul, Wolfgang Riezler, Fritz Straßmann, Wilhelm Walcher, Carl Friedrich Frhr. v. Weizsäcker, Karl Wirtz.«

vor, dass der Westen auf einen Angriff der Roten Armee flexibel reagieren würde – mit konventionellen oder nuklearen Waffen. Der Angreifer blieb im Unklaren darüber, welches Risiko er mit seinen Aktionen eingehen und wie die NATO ihre Reaktion dosieren würde. Freilich wusste das auch die eigene Bevölkerung nicht, und die Beunruhigung darüber spielte der Friedensbewegung in die Hände.

Ein wenig im Schatten der Proteste gegen die Nachrüstung entstanden außerdem zahlreiche Studien von Friedensforschern, zivilen Militärexperten, aber auch von (dann schon meist pensionierten) Offizieren der Bundeswehr, in denen alternative Konzepte erörtert wurden. Viel Konkretes ist dadurch allerdings nicht zustande gekommen. Die Ost-West-Verhandlungen führten bis 1984 zu keinem Ergebnis, sodass die NATO wie angekündigt ihre ballistischen und nichtballistischen Raketen in der Bundesrepublik und einigen anderen westeuropäischen Ländern stationierte.

Erst gut ein Jahr später setzte wieder eine Ost-West-Annäherung ein, bei der Michail Gorbatschow, die neue Nummer Eins in der UdSSR, und Ronald Reagan in seiner zweiten Amtszeit als amerikanischer Präsident auf Fortschritte bei der nuklearen Rüstungskontrolle zusteuerten. Im Jahr 1987 einigten sich beide Seiten auf die sogenannte Doppel-Null-Lösung, also den weitgehenden Abbau der US-amerikanischen Mittelstreckenraketen in

Europa und die Reduzierung und den Abzug der sowjetischen Mittelstreckenraketen aus den Gebieten westlich des Urals. Als die 1980er-Jahre zu Ende gingen, hatte sich der Ost-West-Konflikt aufgelöst. Mit ihm verschwand die spezifische Bedrohungskonstellation durch das Gleichgewicht des Schreckens.

Die Bundeswehr selbst und die Soldaten standen nicht so sehr im Mittelpunkt der Kontroversen um die Nachrüstung. Die Truppe hatte aber immer noch mit etlichen innerorganisatorischen Alltagsschwierigkeiten zu kämpfen: Bürokratie, Beschaffungsprobleme, Gammeldienst, die Ausgestaltung der eigenen Tradition und der Inneren Führung, um nur einige zu nennen. Das gesellschaftliche Ansehen der Kriegsdienstverweigerer, die ihren Zivildienst ableisteten, war längst mindestens ähnlich hoch wie das der Soldaten. »Friedensdienst mit und ohne Waffen«, so lautete die harmonisierende Formel, die Soldaten und Zivildienstleistende zusammenband.

Einerseits war die Bundeswehr zu einem Teil der Gesellschaft geworden, was sich besonders im Verhältnis der kommunalen Politiker zu den Garnisonen ablesen ließ. Die Bundeswehr war auch ein wichtiger Wirtschaftsfaktor: So manche Gemeinde konnte sich zum Beispiel nur ein beheiztes Freibad oder eine Schwimmhalle leisten, weil die Bundeswehr zivile Arbeitsplätze schuf und direkt und indirekt zum Wohlstand der Gemeinde beitrug. Das gute Verhältnis auf dieser Ebene und das willkommene Engagement von Soldaten als Gemeindevertreter oder als Ehrenamtliche in der Lokalpolitik hatten jedenfalls einen höheren Stellenwert als die oftmals mechanisch abgespulten »Bekenntnisse zu unserer Bundeswehr« von Spitzenpolitikern der Parteien. Andererseits verhärtete sich die Gegnerschaft kleinerer Gruppen zur Bundeswehr. Bei öffentlichen Gelöbnissen der Bundeswehr kam es wie etwa in Bremen im Mai 1980 zu gewalttätigen Ausschreitungen. Derlei stieß in der Bevölkerung auf Ablehnung.

Im Übrigen gab es einen nach der Vereinigung Deutschlands wie Schnee in der Sonne schmelzenden Grundkonsens in Politik und Gesellschaft: Alle waren sich einig, dass ein Militäreinsatz der Bundeswehr, der auch nur ein paar Millimeter über den Verteidigungs- und Abschreckungsauftrag im Rahmen des Ost-West-Konflikts hinausreichte, überhaupt nicht infrage kam, weil vom Grundgesetz nicht zugelassen.

7 Bundeswehr und Wiedervereinigung

Am 11. Oktober 1986 trafen sich US-Präsident Reagan und der sowjetische Generalsekretär Gorbatschow in Reykjavík. An diesem Samstag wurde ein weltpolitischer Hebel umgelegt: Die beiden Weltmächte machten in der Frage der nuklearen Rüstungskontrolle und Abrüstung einen großen Schritt aufeinander zu. Ab jetzt nahmen die sicherheitspolitischen Spannungen zwischen dem Westen und der Sowjetunion ab.

Das kam für viele überraschend. Die Probleme mit den eurostrategischen Waffensystemen waren bald vom Tisch. Eine Reihe international verabredeter vertrauensbildender Maßnahmen entfalteten ihre Wirkung. Seit 1985 hatte sich Michail Gorbatschow mit dem Slogan »Zurück zu Lenin« verzweifelt um eine innere Reform des Sowjetsozialismus bemüht, stieß aber sehr bald auf unüberwindliche Hindernisse. Es war schon kurios: Während die politische Öffentlichkeit in den USA und Westeuropa damals mit Verve die These des britischen Historikers Paul Kennedy über den Niedergang Amerikas als Weltmacht debattierte, zerbröselten zusehends die gesellschaftspolitischen Grundvorstellungen des Sowjetsozialismus, und die machtpolitischen Handlungsmöglichkeiten seiner Führung schrumpften dramatisch.

Das Ende des Ost-West-Konflikts bahnte sich an. Wie rasch dies geschehen würde, ob auf friedliche Weise oder in einem letzten Gewaltausbruch, konnte niemand vorhersagen. Ebenso wenig, welche Folgen der strukturelle Umbruch für die Weltpolitik sowie für die bestehenden und weitestgehend auf den Ost-West-Konflikt ausgerichteten militärischen Bündnisse und ihre Streitkräfte haben würde. Europa und die beiden deutschen Staaten als die Frontstaaten der Militärbündnisse NATO und Warschauer Pakt standen im Brennpunkt der weltpolitischen Veränderungen. In rasantem Tempo, binnen vier Jahren, kam es zum Umbruch in den ost- und südostmitteleuropäischen Satellitenstaaten Moskaus, zum Fall der Berliner Mauer am 9. November 1989, der Vereinigung

Vereint: Soldaten hissen nach der Vereinigung von Bundeswehr und NVA beim ersten Appell des Bundeswehrkommandos Ost am 4. Oktober 1990 in Straußberg die bundesdeutsche Fahne.

Deutschlands am 3. Oktober 1990, zur »notariellen Beendigung« des Ost-West-Konflikts in der »Charta von Paris« am 21. November 1990 sowie schließlich zur Auflösung der UdSSR am 21. Dezember 1991.

Was bedeutete das für die Bundeswehr und ihre Soldaten, deren Abschreckungs- und Verteidigungsauftrag ganz auf Szenarien eines vom Osten ausgehenden militärischen Angriffs zugeschnitten war? Was sollte aus den Streitkräften der DDR werden, der Nationalen Volksarmee? Und wie sollte man sich eine europäische Sicherheitspolitik nach dem Ende des Ost-West-Konflikts vorstellen? Als diese Fragen akut wurden, gab es kaum Pläne und Blaupausen in den Schubladen der strategischen und sicherheitspolitischen Denkfabriken, auf die man hätte zurückgreifen können. Alles musste rasch überlegt, womöglich noch rascher entschieden werden. Zuweilen, so hatte man den Eindruck, waren die Entscheidungsträger selbst überrascht über die Ergebnisse ihrer Entscheidungen. Es war eine aufregende Zeit.

Die Nationale Volksarmee am Ende

Schon seit Mitte 1948 hatte man in der SBZ kasernierte Polizeibereitschaftseinheiten aufgestellt. Sie bildeten die paramilitärische Vorform der Anfang 1956 – nach der Gründung der Bundeswehr – durch einen Volkskammerbeschluss ins Leben gerufenen Nationalen Volksarmee (NVA). Die allgemeine Wehrpflicht wurde 1962 eingeführt, nach dem Bau der Berliner Mauer und der innerdeutschen Grenzbefestigung. Die Truppenstärke der NVA hat sich seit ihrer Gründung mehrfach geändert. Ende 1986 verfügte die NVA über eine Gesamtstärke von 244 000 Soldaten plus knapp 53 000 Zivilangehörige. Die Landstreitkräfte umfassten etwa 119 000 Soldaten, die Luftstreitkräfte etwa 38 000 Soldaten, die Volksmarine ungefähr 16 000 Soldaten. Die Grenztruppen brachten es auf fast 40 000 Uniformträger.

Die NVA unterstand dem DDR-Ministerium für Nationale Verteidigung, das wiederum durch das Politbüro und die Abteilung Sicherheitsfragen des Zentralkomitees (ZK) der SED kontrolliert wurde. Die »militärischen Politorgane« hatten die ideologische Schulung der Soldaten durchzuführen. Zugleich sollten sie die Kommandeure beraten und deren Entscheidungen im militärischen Alltag im Sinne der SED beeinflussen. Nach dem Willen der SED sollte die NVA eine »Armee neuen Typs« werden, durchdrungen von Klassenbewusstsein und der unverbrüchlichen Treue zur Sowjetunion und den anderen Verbündeten. Entsprechend sollte der Hass auf die westlichen »Militaristen und Imperialisten« sowie die inneren Feinde des Volkes die Soldaten motivieren.

Militärisch wichtiger noch als die DDR-interne politische Kontrolle der NVA war ihre Einbindung in die Kommandostrukturen des Warschauer Paktes. Zudem waren auf dem Territorium der DDR über 300 000 Soldaten der Roten Armee stationiert, die sogenannte Gruppe der Sowjetischen Streitkräfte in Deutschland (GSSD).

Die sachliche und personelle Gefechtsbereitschaft der NVA wurde durchgehend auf einem ungewöhnlich hohen Niveau gehalten. So befand sich etwa ein Drittel der Luftstreitkräfte in ständiger Gefechtsbereitschaft, Ähnliches gilt für die Landstreitkräfte. Das bis in die späten 1980er-Jahre gültige Grundszenario bestand darin, dass die Truppen des Warschauer Paktes nach einem Angriff des Westens die Kriegshandlungen umgehend auf das Territorium des Angreifers verlegen und seine Kräfte zerschlagen sollten – eine Art Vorwärtsverteidigung Richtung Westen also. Man rechnete damit, dass ein solcher Angriff der NATO jederzeit zu gewärtigen und deshalb die gespannte Gefechtsbereitschaft notwendig sei.

Die Ost-West-Entspannung seit 1986/87 ging Hand in Hand mit einem immer stärker werdenden Legitimitätsverlust der DDR-Führung. Das wirkte sich auch auf die NVA und vor allem die politischen Kader in der NVA aus. Seit November 1989 standen mit einem Mal weitreichende militärische Reformen auf der Tagesordnung – was den militärischen Auftrag betraf, die Stellung der Armee in der Gesellschaft und nicht zuletzt das innere Gefüge der Streitkräfte mit mehr Mitgestaltungsmöglichkeiten. Diese Reformen wurden von Hans Modrow, dem letzten Minister, den das Politbüro der SED einsetzte, noch angestoßen, gerieten aber, wie so viele Anpassungsversuche des alten Regimes an die neue Situation, schnell ins Trudeln, weil die Dynamik der Tagesereignisse keine Zeit mehr ließ für kleine Schritte in Richtung großer Reformen.

Nicht zuletzt aus der Truppe selbst kamen deutliche Signale, dass fundamentale Veränderungen unumgänglich seien. Die Wehrpflichtigen forderten eine Verkürzung des Wehrdienstes und mehr Wehrsold. An manchen Standorten wurden Soldatenräte gebildet – immer ein deutliches Symptom, dass die Autorität der militärischen Führung zerbröselt. Im Winter 1989/90 drehte sich die Diskussion um Militärreformen im Kreise. Den einen dauerte alles zu lange, was im Blick auf die Veränderungen in der DDR-Gesellschaft verständ-

Ende einer Ära: Verteidigungsminister der DDR, Rainer Eppelmann, Verteidigungsminister der Bundesrepublik, Gerhard Stoltenberg, und Generalleutnant Jörg Schönbohm (v. l. n. r.) bei der Übernahme der NVA in Strausberg am 3. Oktober 1990.

lich ist. Die anderen wollten möglichst viel vom alten Militärregime und insbesondere die Parteiaufsicht über die NVA erhalten. Immerhin entstanden im Diskussionsprozess am »Runden Tisch« und im Ministerium Pläne zur Reduzierung der NVA-Truppenstärke, zur Verkürzung des Wehrdienstes und zur Einführung eines Zivildienstes. Bis dahin hatten Kriegsdienstverweigerer einen Ersatzdienst als Bausoldaten zu leisten. Bausoldaten wurden im Straßen- und Gebäudebau sowie in Katastrophensituationen eingesetzt, eine Art Arbeitsdienst in Uniform, aber ohne Waffen.

Im Winter 1989/90 dachte man in der DDR-Regierung unter Modrow durchaus noch an die Möglichkeit, DDR und NVA zu reformieren. Damit war es nach den ersten freien Wahlen zur Volkskammer am 18. März 1990 vorbei.

Nachdem am 1. April 1990 Rainer Eppelmann (Demokratischer Aufbruch) das Ministerium für Nationale Verteidigung übernommen hatte, das man jetzt etwas plakativ in Ministerium für Abrüstung und Verteidigung umbenannte, wurde die organisatorische Desorientierung aufgrund des Personalschwunds in der NVA deutlich. Viele Wehrpflichtige blieben einfach weg. Manche überzeugte SED-Anhänger im Offizier- und Unteroffizierkorps schieden aus der Armee aus, weil sie sich in ihr nicht mehr zu Hause fühlten. Eppelmann verfolgte zunächst den Plan, Warschauer Pakt und NATO im Gleichschritt aufzulösen. Daraus wurde nichts.

Am 2. Oktober 1990, dem letzten Tag der DDR und der NVA, verfügte Letztere noch über knapp 89 000 Soldaten und über etwas mehr als 48 000 zivile Mitarbeiter. Die Grenztruppen waren bereits am 21. September aufgelöst worden, und die DDR war drei Tage danach aus dem Warschauer Pakt ausgetreten.

Die Soldaten der NVA gehörten, wenn man von den Wehrpflichtigen absieht, in ihrer großen Mehrheit zu denjenigen in der DDR, die von der politischen Führung überzeugt und von der sowjetsozialistischen Weltanschauung und Ideologie durchdrungen waren. Insofern brach mit dem Ende der DDR und der Sowjetunion ihre Welt zusammen. Das Feindbild von der revanchistischen und imperialistischen Bundesrepublik hatte sich bis auf Restbestände in den Köpfen der alten DDR-Elite aufgelöst.

Für die Offiziere und Unteroffiziere der NVA gab es nun fünf Möglichkeiten. Erstens: Sie verweigerten sich der politischen Entwicklung und versuchten, ihr politisches Weltbild intakt zu halten, was aber angesichts der Vorgänge in Deutschland und Europa immer schwieriger wurde und außerdem keine griffige Handlungsperspektive eröffnete. Zweitens: Sie trauerten der »verlorenen Sache« nostalgisch nach, schlossen sich in Erinnerungsgruppen zusammen und hielten, bald als Frührentner, die Fahne der NVA hoch. Drittens: Die Jüngeren ließen häufig die NVA-Vergangenheit hinter sich und versuchten, in anderen Berufen Fuß zu fassen. Viertens: Sie verlagerten ihre beruflichen Fähigkeiten in nichtstaatliche Sicherheitsbereiche, zumal im In- und Ausland der Bedarf privater Sicherheitsfirmen an gut geschultem Personal stetig stieg. Fünftens: Für NVA-Soldaten eröffnete sich die Option, ihre militärische Karriere nach dem Knick von 1989/90 in der Bundeswehr fortzusetzen. Das allerdings setzte nicht nur voraus, dass die alte DDR-Loyalität vollständig abgebaut, sondern auch eine neue Loyalität zu den Grundwerten und dem Grundgesetz der Bundesrepublik aufgebaut wurde.

Bundeswehr – Armee der Einheit?

In den ersten Jahren nach der Vereinigung Deutschlands hatte die Bundeswehr gleich zwei Herkulesaufgaben zu bewältigen. Zum einen die Übernahme der NVA mit ihrem Personalbestand von etwas mehr als 22 000 Offizieren (aber keine Generäle und Admiräle), fast ebenso vielen Unteroffizieren und knapp 39 000 Grundwehrpflichtigen. Waffen, Munition und Geräte wurden

Tagesbefehl zur Eingliederung der Nationalen Volksarmee in die Bundeswehr

»Meine Herren Soldaten, Unteroffiziere, Fähnrichschüler und Offiziersschüler, Fähnriche und Offiziere! Meine Herren Generale und Admirale! Meine Damen und Herren Zivilbeschäftigte!

[...] Mit dem 2. Oktober, 24.00 Uhr, hört die Nationale Volksarmee auf zu bestehen, aber nicht ihre Soldaten und Zivilbeschäftigten.

Mit dem Beitritt der Deutschen Demokratischen Republik zur Bundesrepublik Deutschland beginnt am 3. Oktober 1990 ein neuer Abschnitt in der Geschichte des deutschen Volkes. Nach 40-jähriger unnatürlicher Trennung wächst wieder zusammen, was zusammen gehört.

Sie, als Soldaten und Zivilbeschäftigte der Nationalen Volksarmee, gehören mit dem Wirksamwerden des Beitritts entsprechend dem Einigungsvertrag zur Bundeswehr. Unter Ihrer Mitwirkung vollzieht sich ein historisch einmaliger Akt. Die Nationale Volksarmee stand unter der Vormundschaft einer Partei, die sich als unfähig erwiesen hat, den Interessen der Bürger der Deutschen Demokratischen Republik gerecht zu werden. [...]

Seit dem Herbst 1989 haben Sie verantwortungsbewusst Ihren Beitrag dazu geleistet, dass der Umgestaltungsprozess in unserem Lande friedlich verlaufen ist und sich Freiheit und Demokratie auch in diesem Teil Deutschlands den Weg bahnen konnten. [...] Für die Erfüllung Ihrer militärischen Pflichten gegenüber dem Vaterland und Ihre Bereitschaft, persönliche Interessen sowie die Belange Ihrer Familienangehörigen sehr oft hinter die des Volkes zu stellen, gebührt Ihnen, meine Damen und Herren, mein aufrichtiger Dank. [...]

Von allen erwarte ich, dass Sie, solange Sie dienen, die Ihnen übertragenen Pflichten in Ehre und Würde erfüllen und mit allen Ihren Kräften zum Schutz von Freiheit und Demokratie in einem geeinten Deutschland und zur Aufrechterhaltung des Friedens in Europa beitragen. Hiermit entlasse ich Sie als Angehörige oder Zivilbeschäftigte der Nationalen Volksarmee aus Ihren Verpflichtungen, die Sie gegenüber der Deutschen Demokratischen Republik zu erfüllen hatten.

Sie sind ab 3. Oktober 1990, 00.00 Uhr, Soldaten bzw. Zivilangestellte der Bundeswehr und unterstehen damit dem Zuständigkeitsbereich des Bundesministers der Verteidigung der Bundesrepublik [...].

Strausberg, den 2. Oktober 1990
Rainer Eppelmann, Minister für Abrüstung und Verteidigung«

verschrottet, an andere Streitkräfte verkauft oder in das eigene Inventar eingegliedert. Bei Garnisonen und Truppenübungsplätzen musste man entscheiden, ob und in welcher Weise sie erhalten oder abgewickelt werden sollten.

Die zweite Herkulesaufgabe, der sich die Bundeswehr in diesen Jahren stellen musste, ergab sich aus dem Zwei-plus-Vier-Vertrag vom 12. September 1990, dem »Vertrag über die abschließende Regelung in Bezug auf Deutschland«. Er ist das Grunddokument für die Vereinigung Deutschlands, eine Art nachgeholter Friedensvertrag, der nach 1945 wegen der vielen offenen politischen Fragen und Konflikte zwischen den Siegermächten nicht zustande gekommen war. Die beiden deutschen Staaten und die vier Siegermächte handelten in diesem Vertrag nun endgültig den Verzicht der Siegermächte auf alle aus der Niederlage 1945 herrührenden Rechte zur Einschränkung der deutschen Souveränität aus. Im Gegenzug verpflichtete Artikel 3 dieses Vertrags Deutschland, innerhalb von drei bis vier Jahren den Personalumfang der Streitkräfte auf 370 000 Soldaten zu reduzieren.

Damals umfasste die Bundeswehr ungefähr 490 000 Soldaten. Hinzu kamen die etwa 89 000 Soldaten der NVA. Diese Verpflichtung bedeutete demzufolge, dass die Bundeswehr innerhalb kurzer Zeit einen von drei Militärangehörigen entlassen musste. So etwas bekommt kaum eine Organisation hin, ohne dass es gewaltig knirscht. Vor allem, wenn sie sich nicht nur mit sich selbst beschäftigen, sondern auch einer Reihe »äußerer« Aufgaben nachkommen muss. Außerdem verursacht eine solch personelle Verkleinerung eine Menge Kosten – Entlassungs- und Übergangsgelder dürfen nicht zu sparsam eingesetzt werden, um den Unmut der Betroffenen in Grenzen zu halten. Wer geht? Wer bleibt? Wie wirkt sich die personelle Verkleinerung auf die Beförderungschancen aus? Welche Standorte werden aufgegeben? Die Personalplanung der Bundeswehr war damals fast so schwierig wie bei ihrer Gründung.

Schon bald nach der Übernahme der NVA wurde der Bundeswehr das Etikett »Armee der Einheit« angeheftet. Gemeint war damit, dass die Bundeswehr sich nicht als Sieger aufspielte und die NVA nicht als Verlierer brandmarkte. Der erste Befehlshaber im Bundeswehrkommando Ost, General Jörg Schönbohm, drückte das seinerzeit mit dem Satz aus: »Wir kommen nicht als Sieger zu Besiegten, sondern als Deutsche zu Deutschen.« Vor allem aber kamen Fachleute zu Fachleuten. Die harten Bedingungen des Alltagslebens in der NVA und der hohe Grad der Gefechtsbereitschaft der NVA-Soldaten fan-

Vorbereitung: Offiziere der NVA werden in der Führungsakademie der Luftwaffe in Fürstenfeldbruck im September 1990 auf die Vereinigung von NVA und Bundeswehr vorbereitet.

den durchaus professionelle Anerkennung. Das mag viele NVA-Soldaten vor allzu dramatischen Einbrüchen ihres Selbstwertgefühls geschützt haben.

Freilich konnten nicht alle NVA-Soldaten, die am 3. Oktober 1990 zunächst einmal en bloc in die Bundeswehr eingegliedert wurden, ebenso wie die übernommenen Zivilkräfte der NVA in der Bundeswehr verbleiben. Viele wollten es auch gar nicht und betrachteten die Übernahme auf Zeit als Möglichkeit, sich auf ein Berufsleben außerhalb der Streitkräfte vorzubereiten.

Wer sich als Offizier der NVA für ein längerfristiges Dienstverhältnis in der Bundeswehr bewarb, durchlief ein besonderes Ausbildungsprogramm und absolvierte längere Truppenaufenthalte in westdeutschen Garnisonen, um die rechtlichen Rahmenvorgaben, die Grundsätze der Menschenführung und den Alltag in der Truppe sowie den Stäben kennenzulernen. Parallel dazu wurden die Wehrpflichtigen aus den »neuen Bundesländern« auf Garnisonen in den »alten Bundesländern« (und umgekehrt) verteilt, womit man auch den Prozess des Zusammenwachsens von Ost und West in Deutschland beschleunigen wollte.

Wer aufgrund seiner politischen Einstellung und vielleicht auch wegen seiner Verstrickung in Aktionen von Staatssicherheit und SED keine Chance besaß, in die Bundeswehr aufgenommen zu werden, betrachtete die westdeutschen Streitkräfte kritisch-ablehnend oder fühlte sich ungerecht behandelt. Wer die Aufnahme in die Bundeswehr schaffte, musste damit rechnen, dass der mitgebrachte NVA-Dienstgrad meist herabgestuft wurde. Das schmerzte, auch weil empfindliche Gehaltseinbußen die Folge waren. Ganz so reibungslos, wie es etwa im regierungsoffiziellen »Weißbuch 1994 zur Sicherheit der Bundesrepublik Deutschland und zur Lage und Zukunft der Bundeswehr« zu lesen ist, gingen die Übernahme und Integration der NVA in die Bundeswehr also nicht vonstatten.

In den Bonner Amtsstuben und im Parlament sowie bald auch in der Öffentlichkeit überwogen dennoch die positiven Einschätzungen. Die Bundeswehr steckte viel Energie in die Integration ehemaliger NVA-Soldaten, und das, obwohl bereits deutlich war, wie tief die Einschnitte in den eigenen Personalbestand sein würden. Andere Agenturen und Ämter der Bundesrepublik haben sich jedenfalls gegenüber den Angehörigen ihrer früheren Widerparts in der DDR nicht so offen gezeigt.

Ende 1998 dienten noch etwa 9300 ehemalige NVA-Soldaten in den Reihen der Bundeswehr. Nicht gerade eine hohe Zahl, aber immerhin. Von Konflikten zwischen ihnen und den »indigenen« Bundeswehrsoldaten ist nichts bekannt.

Kurioserweise drängt sich hier eine Parallele zwischen der frühen Bundeswehrgeschichte und der nach der Wiedervereinigung auf. Die Bundeswehr muss ja nicht nur im Staat fest verankert, sondern auch in der zivilen Gesellschaft akzeptiert und respektiert werden. Bei der Gründung der Bundeswehr wurden ihr gesellschaftliche Anerkennung und Respekt zunächst nur in überschaubaren Dosen entgegengebracht. Das änderte sich erst merklich nach der großen Flutkatastrophe in Hamburg 1962 und dem Rettungseinsatz der Bundeswehr. Nach der Vereinigung Deutschlands waren es wiederum zwei Überschwemmungskatastrophen, nämlich an der Oder 1997 und an der Elbe und ihren Nebenflüssen 2002, bei denen die Hilfseinsätze der Bundeswehr in den neuen Bundesländern einen schubartigen Anstieg ihrer Akzeptanz und des ihr entgegengebrachten Respekts bewirkten.

Europäische Sicherheit nach 1990

Die Bundeswehr hatte es in den frühen 1990er-Jahren nicht leicht, mit den beiden großen innerorganisatorischen Herausforderungen fertigzuwerden. Alles in allem gelang das gut, obwohl manche Erwartungen von Vorgesetzten

Zwei-plus-Vier-Vertrag vom 12. September 1990 (Auszug)

»Artikel 2

Die Regierungen der Bundesrepublik Deutschland und der Deutschen Demokratischen Republik bekräftigen ihre Erklärungen, dass von deutschem Boden nur Frieden ausgehen wird. Nach der Verfassung des vereinten Deutschland sind Handlungen, die geeignet sind und in der Absicht vorgenommen werden, das friedliche Zusammenleben der Völker zu stören, insbesondere die Führung eines Angriffskrieges vorzubereiten, verfassungswidrig und strafbar. Die Regierungen der Bundesrepublik Deutschland und der Deutschen Demokratischen Republik erklären, dass das vereinte Deutschland keine seiner Waffen jemals einsetzen wird, es sei denn in Übereinstimmung mit seiner Verfassung und der Charta der Vereinten Nationen.

Artikel 3

(1) Die Regierungen der Bundesrepublik Deutschland und der Deutschen Demokratischen Republik bekräftigen ihren Verzicht auf Herstellung und Besitz von und auf Verfügungsgewalt über atomare, biologische und chemische Waffen. Sie erklären, dass auch das vereinte Deutschland sich an diese Verpflichtungen halten wird. Insbesondere gelten die Rechte und Verpflichtungen aus dem Vertrag über die Nichtverbreitung von Kernwaffen vom 1. Juli 1968 für das vereinte Deutschland fort.

(2) Die Regierung der Bundesrepublik Deutschland hat in vollem Einvernehmen mit der Regierung der Deutschen Demokratischen Republik am 30. August 1990 in Wien bei den Verhandlungen über konventionelle Streitkräfte in Europa folgende Erklärung abgegeben: »Die Regierung der Bundesrepublik Deutschland verpflichtet sich, die Streitkräfte des vereinten Deutschland innerhalb von drei bis vier Jahren auf eine Personalstärke von 370 000 Mann (Land-, Luft- und Seestreitkräfte) zu reduzieren. Diese Reduzierung soll mit dem Inkrafttreten des ersten KSE-Vertrags beginnen. [...]«

und Untergebenen unerfüllt blieben. Aber wenn auch das Ende des Ost-West-Konflikts einen tiefen Einschnitt in der Nachkriegsgeschichte Deutschlands, Europas und des gesamten internationalen Systems mit sich brachte, eines bedeutete es gewiss nicht: eine Stunde null oder das Ende der Geschichte von Konkurrenz, Konflikten oder Kriegen zwischen oder innerhalb von Staaten.

Während der Abzug der auf dem Gebiet der ehemaligen DDR stationierten Truppen der Roten Armee – immerhin noch etwa 380 000 Soldaten plus Familien, insgesamt also ca. 600 000 Sowjetbürger – erstaunlich pannenfrei und sogar etwas rascher verlief als geplant, diskutierte man innerhalb des westlichen Bündnisses, wie künftig die Sicherheit Europas am günstigsten zu organisieren wäre. Dabei verstanden viele unter *günstig* vor allem *kostengünstig.* Ein Schlüsselbegriff dieser Zeit war das Wort »Friedensdividende«. Tatsächlich standen nicht nur in Deutschland die Signale auf Verkleinerung des Umfangs der Streitkräfte und Reduzierung des Rüstungsetats. In den Staaten und Gesellschaften, die sich im Kalten Krieg feindselig gegenübergestanden hatten, machte sich das Gefühl breit, das proklamierte Ende der gegenseitigen Bedrohungssituation könnte der Ausgangspunkt für weitgehende Rüstungskontroll- und Abrüstungsvereinbarungen sein.

Mehr als ein vielleicht verständliches Gefühl war es aber nicht. Die Bundesregierung und Bundeskanzler Kohl hielten nichts von Vorschlägen, die Konferenz über Sicherheit und Zusammenarbeit in Europa (KSZE) zum Fundament für die Sicherheit Europas »von Wladiwostok bis Vancouver« auszubauen. Eine andere Frage war, ob und wie die außen-, sicherheits- und verteidigungspolitische Handlungsfähigkeit der Europäischen Union (EU) grundlegend verbessert werden sollte. Der im November 1993 in Kraft getretene Maastrichter Vertrag sah eine »Gemeinsame Außen- und Sicherheitspolitik« (GASP) vor, wenn auch eher in vagen Formulierungen.

Mit der Westeuropäischen Union (WEU) gab es bereits eine seit Langem existierende Bündnisorganisation, die sich als Verteidigungskomponente der EU anbot. Sie hatte allerdings jahrzehntelang im Schatten der NATO gestanden und war ein Papiertiger geblieben. 1992 beschloss der Ministerrat der WEU ein Upgrade. Der WEU wurden nunmehr eine Reihe neuer Aufgaben übertragen, die sogenannten Petersberg-Aufgaben. Dieser Katalog umfasste Rettungs- und humanitäre Einsätze, Kampfeinsätze in Krisengebieten und friedenserhaltende Missionen (*peacekeeping*), für die multinationale Truppenkontingente der europäischen Staaten bereitgehalten werden sollten. Als Beispiel für multinationale Truppenverbände diente nicht zuletzt die deutsch-französische Brigade, die 1989 aufgestellt worden war und von manchen als eine Art Pilotprojekt für ähnliche europäische Gemeinschaftspläne angesehen wurde.

Und die NATO? Bis 1990 erwies sie sich vor allem auch deshalb als erfolgreiches Sicherheitsbündnis, weil sie eine Klammer zwischen Westeuropa und den beiden nordamerikanischen Mächten USA und Kanada bildete. Im Kalten Krieg galt politisch und militärisch gleichermaßen: ohne die USA keine europäische Sicherheit. Nach dessen Ende war die NATO zunächst arbeitslos. Beiderseits des Atlantiks gab es Stimmen, die für ihre Auflösung plädierten. Andererseits war nicht zu leugnen, dass sich weder die KSZE noch die GASP und WEU als europäisches Sicherheitssystem eigneten. Außerdem war die Erleichterung über das Ende der militärisch gestützten Ost-West-Konfrontation von Anfang an überschattet von militärischen Konflikten, einige davon sogar direkt in Europa oder an seinem Rande. Sie entfalteten zwar nicht dieselbe Bedrohung wie der Kalte Krieg mit seiner nuklearen Konfrontation, hatten jedoch sehr wohl direkte und indirekte Auswirkungen für Europa. Es entwickelte sich in ihrem Verlauf ein in dieser Form neues Kriegsbild, auf das die westlichen Streitkräfte unzureichend vorbereitet schienen.

Der 1991 einsetzende Zerfall Jugoslawiens betraf Deutschland bereits direkt: erstens wegen der zahlreichen Flüchtlinge vom Balkan und zweitens, weil die Staaten Europas vor eine erste Probe ihrer politischen und militärischen Deeskalationsfähigkeiten gestellt wurden. Rasch stellte sich heraus, dass es ohne die NATO nicht ging.

Anfang August 1990 besetzte der irakische Diktator Saddam Hussein Kuwait. An dem von Mitte Januar bis Anfang März 1991 dauernden Militäreinsatz einer von der UNO legitimierten internationalen Koalition unter US-amerikanischer Führung gegen Hussein (Zweiter Golfkrieg) hatte die Bundesrepublik, die mitten im Prozess der Einheit steckte, keinen Anteil. Bonn beteiligte sich allerdings im Nachhinein mit etwa 17 Milliarden DM an den Kriegskosten. Die deutsche Regierung vertrat zu diesem Zeitpunkt noch die Ansicht, dass Deutschlands Streitkräften militärische Einsätze, die nicht unmittelbar der Verteidigung des eigenen oder des Territoriums der NATO-Verbündeten dienten, vom Grundgesetz kategorisch verboten seien.

Zur selben Zeit suchte der UNO-Generalsekretär Boutros-Ghali händeringend nach Truppen, die mit dem Mandat des Sicherheitsrates in den vor allem in Somalia, Ruanda und im Kongo hochkochenden Gewaltkonflikten zum

»Peacekeeping« eingesetzt werden könnten. Dass Bonn hier erst einmal abzublocken schien, kam nicht gut an.

Diese Gewalteruptionen auf anderen Kontinenten gefährdeten die regionale europäische Sicherheit zwar nicht unmittelbar, aber seit 1990 wurden die Entwicklungen in der internationalen Politik insgesamt dynamischer, konfliktreicher und unübersichtlicher. Die Globalisierung bewirkte eine engere Vernetzung und intensivierte Kommunikation der Staaten, aber vor allem auch der Gesellschaften und ihren vielen nichtstaatlichen Organisationen. Lokale und regionale Konflikte konnten so fast umstandslos in andere Weltgegenden exportiert werden und ließen sich immer weniger auf ihr ursprüngliches Territorium begrenzen.

Hand in Hand mit der Globalisierung erweiterte sich das moderne Kriegsbild. Die Bundeswehr und die NVA hatten ihren militärischen Auftrag für eine territorial exakt definierte Konfliktsituation bezogen, in der die Sicherung gegen einen Angriff im Vordergrund stand. Nach 1990 sah das Kriegspanorama ganz anders aus. Auf die Bundeswehr kamen völlig neue Aufgaben zu. Das bedeutete, dass neben den innerorganisatorischen Umbau in relativ kurzer Zeit eine noch viel tiefer gehende Strukturreform der Streitkräfte treten musste, bei der es um strategische und operative Grundsätze, Taktik, Ausbildung, Bewaffnung und Ausrüstung sowie das professionelle Selbstverständnis der Soldaten ging, kurz: eine Reform »an Haupt und Gliedern«.

Nach 1990 war das noch nicht sofort allen klar. Aber den meisten Experten zumindest dämmerte es: Es würde eine ganz andere, eine neue Bundeswehr geben müssen.

UNITED NATIONS
NATIONS UNIES
AusbKdo Libanon
لبنان

8
Runderneuerung

Der Weg zu einer Runderneuerung der Bundeswehr war beschwerlich. Zuweilen hätte man sich gewünscht, dass die einzelnen Wegstrecken etwas rascher zurückgelegt werden würden. Allerdings lagen die anzugehenden Herausforderungen nicht immer vollständig überschaubar auf dem Tapet. Sie entstanden vielmehr schrittweise. Entsprechend setzten sich die Konzepte, ihnen zu begegnen, ebenfalls nur ruckweise durch. Manchmal stocherten die Vordenker und Planer mit der Stange im Nebel, weil sie selbst kaum abschätzen konnten, wie wichtig bestimmte Veränderungen sind, die vielleicht zunächst nebensächlich erscheinen, dann aber große Bedeutung bekommen.

Die Bundesrepublik als »Sicherheitsproduzent«

Durch die Globalisierung wurden nationale und regionale Grenzen zwar nicht ganz aufgelöst, aber doch erheblich durchlässiger für Daten und Waren. Als Folge davon erwiesen sich manche Begriffe des sozialen und politischen Lebens als überholungsbedürftig – zum Beispiel Sicherheitskonzepte für die Innen- und Außenpolitik. Diese wurden, was die Außenbeziehungen betrifft, früher vorwiegend auf ihre militärische Komponente reduziert: äußere Sicherheit als Schutz von Staat und Gesellschaft gegen einen militärischen Angriff von außen. Schutz vor Missachtung von Recht und Gesetz im Inneren hieß folgerichtig innere Sicherheit. Beide Dimensionen blieben getrennt voneinander. Für die äußere Sicherheit waren die Streitkräfte, für die innere Sicherheit Polizei und Justiz zuständig.

Das Panorama neuartiger Krisen, Gefahren und Bedrohungen, das sich nach 1990 herausbildete, verlangte eine Erweiterung des Sicherheitskonzepts

Blauhelmeinsatz im Libanon. Nach 1990 sah sich die Bundeswehr einem neuen Aufgabenspektrum gegenüber.

und neue Ansätze, um die immer komplexer und fragiler gewordenen modernen Gesellschaften zu schützen. Nach wie vor spielten die Streitkräfte eine wichtige Rolle, jedoch kamen weitere Mitspieler hinzu. Außerdem wurden die althergebrachten Rollenbilder aufgeweicht. Eine strikte Trennung zwischen äußerer und innerer Sicherheit gibt es nicht mehr. In der Sprache des »Weißbuchs zur Sicherheit der Bundesrepublik Deutschland und zur Zukunft der Bundeswehr 2006« wird das so ausgedrückt:

> *»Nicht in erster Linie militärische, sondern gesellschaftliche, ökonomische, ökologische und kulturelle Bedingungen, die nur in multinationalem Zusammenwirken beeinflusst werden können, bestimmen die künftige sicherheitspolitische Entwicklung.«*

Im Grunde bestimmte dieser Strauß von Bedingungen schon länger die sicherheitspolitische Entwicklung, allerdings wurde die Lage im Vergleich zur Zeit des Kalten Krieges mehr und mehr unübersichtlich: Ethnische Konflikte und Bürgerkriege, gewaltsame religiöse Auseinandersetzungen, Zerfallsprozesse von Staaten, das Aufkommen lokaler und regionaler Machthaber (*warlords*), organisierte Bandenkriminalität (Drogen, Menschenhandel, Piraterie), Terroraktionen und zunehmend die Cyberattacken staatlicher und nichtstaatlicher Akteure sind, nicht selten in einem gefährlichen Mix, zu ernsthaften Bedrohungen des Friedens und der internationalen Sicherheit geworden.

Diese Unübersichtlichkeit machte es in der deutschen Außen- und Sicherheitspolitik zu Beginn der 1990er-Jahre nicht leichter, klare Prioritäten für die Reform der Bundeswehr festzulegen. Klar war nur, dass die Bündnispartner Deutschlands und die Vereinten Nationen von der Bundesrepublik erwarteten, dass diese angesichts der zahlreichen Krisenherde in der Welt einen größeren und nicht nur finanziellen Beitrag zu deren Eindämmung und Deeskalation leisten sollte. Deutschland müsse, so das Urteil in vielen Hauptstädten des Westens, von einem Sicherheitskonsumenten zu einem Sicherheitsproduzenten werden. Mit dem Slogan »Wir produzieren Sicherheit« hatte die Bundeswehr bereits in früheren Jahrzehnten für sich geworben, aber das blieb auf das eigene Territorium beschränkt. Nun sollte sie sich daran beteiligen, Sicherheit in der und für die Weltpolitik zu produzieren.

In der deutschen Öffentlichkeit kam dies nicht sonderlich gut an. An ihrem linken Rand kursierten Überlegungen zur drastischen Reduzierung oder gar einer Abschaffung der Bundeswehr, inspiriert von einer Volksabstimmung in

Hilfseinsatz: Schon vor 1990 war die Bundeswehr im Ausland präsent, hier in Äthiopien 1974 im Rahmen der UN-Missionen in der Sahel-Zone.

der Schweiz Ende November 1989. Da aber ohnehin eine Verkleinerung des Umfangs der Bundeswehr durch den Zwei-plus-Vier-Vertrag beschlossen war, gab es für weitergehende Forderungen nur wenig Fürsprache.

Dagegen war die Vorstellung einer verstärkten deutschen Beteiligung an Friedensmissionen schon populärer. Deutschland sollte sich darauf konzentrieren, unkriegerische Beiträge zu liefern: Logistik, Sanitätsdienst, Nachsorge. Die meisten Bundesbürger stellten sich unter diesen Friedensmissionen eher eine Art gewaltfreie Konfliktvermittlung vor, wobei Waffen möglichst nicht, allenfalls in Ausnahmesituationen als Selbstschutz, zum Einsatz kommen dürften. Angesichts der tatsächlichen Gewaltlage in den Krisenregionen war das freilich ein bisschen weltfremd. Für die Bundeswehr galt – und gilt teilweise heute immer noch –, dass ihre Einsätze im Ausland immer dann viel öffentliche Zustimmung erhielten, wenn sie möglichst wenig mit Kampfhandlungen zu tun hatten. Das mag verständlich sein, aber in sich widersprüchlich ist es auch.

Die Bundesregierung versuchte, die verschiedenen innen- und außenpolitischen Erwartungen an ihre Sicherheitspolitik auszutarieren. Dabei war ihr klar, dass die Bundeswehr früher oder später an internationalen Friedensmissionen teilnehmen würde. Aber wie und unter welchen politischen Voraussetzungen? Bis zur Vereinigung galt als eherner Grundsatz aller Bundesregierungen, dass es für die Bundeswehr keine militärischen Aufgaben außerhalb des NATO-Territoriums geben dürfe. Als Ausnahmen waren nur Hilfseinsätze bei Naturkatastrophen zugelassen. Davon hat es gar nicht so wenige gegeben: seit

Fern der Heimat: Ein bewaffneter deutscher Blauhelmsoldat in Belet Uen in Somalia, 1993.

1960 bis 1990 mehr als 100 Einsätze. Die meisten davon waren ziemlich unspektakulär. Da ging es etwa um Erdbebenhilfe (Marokko 1960), Hilfe bei Dürre (Südjemen 1963) oder Überschwemmungen (Nigeria 1970). Die Bundeswehr beteiligte sich an der internationalen Hilfe nach dem verheerenden Erdbeben im damals zur Sowjetunion gehörenden Armenien 1988. Das war übrigens das erste Mal, dass die Sowjetunion Soldaten westlicher Staaten solche Hilfseinsätze auf ihrem Territorium erlaubte.

Die Bundesregierung und Volker Rühe (CDU), seit 1992 Verteidigungsminister, begannen bald, das Einsatzspektrum der Bundeswehr in aller Behutsamkeit zu erweitern. Dafür stehen exemplarisch die Beteiligung an den Friedensmissionen UNTAC in Kambodscha vom März 1992 bis zum November 1993 und UNOSOM II in Somalia vom August 1993 bis März 1994.

UNTAC (*United Nations Transitional Authority in Cambodia*) war eine typische Wiederaufbaumission, in diesem Fall nach einem jahrelangen, staatenübergreifenden Bürgerkrieg, in dessen Verlauf die Roten Khmer an Teilen der eigenen Bevölkerung Völkermord begingen. Die Bundeswehr baute in der Hauptstadt Phnom Penh ein Lazarett auf und übernahm die medizinische Versorgung der Soldaten und Zivilkräfte anderer an UNTAC beteiligter Nationen. Mehr als 400 Bundeswehrsoldaten, am wichtigsten natürlich Kräfte des Sanitätsdienstes, waren an diesem Auslandseinsatz beteiligt. Er unterschied sich von früheren Hilfseinsätzen, weil er im Rahmen einer UN-Friedensmission stattfand.

UNOSOM II (*United Nations Operation in Somalia*) war eine Mission unter mehreren, mit deren Hilfe die humanitäre Katastrophe im vom Bürgerkrieg zerrissenen Somalia aufgehalten werden sollte. Die Bundeswehr war am Betrieb einer Luftbrücke von Kenia nach Somalia beteiligt und als logistische Unterstützung für eine indische Brigade in Belet Uen vorgesehen. Auch hier handelte es sich also um eine Mission, die nicht direkt mit den Kämpfen selbst zu tun hatte. Allerdings galt der UNOSOM-Einsatz schon damals als eine Art Vorschule für künftige Stabilisierungseinsätze der Bundeswehr unter kriegerischen Bedingungen, auch wenn immer wieder unterstrichen wurde, dass es sich dabei um einen kampffernen Einsatz nur zu humanitären Zwecken handelte. Letztlich war die indische Brigade nach etlichem Hin und Her gar nicht gekommen, aber immerhin haben etwa 1500 Bundeswehrsoldaten ganz neue Erfahrungen in einem Einsatz machen können, wie es ihn vor 1990 nicht hatte geben können.

Die Parlamentsarmee

Es brauchte eine tragfähigere politische und rechtliche Grundlage für künftige Einsätze, die, davon war die Regierung überzeugt, auf die Bundeswehr zukommen würden. Eine solche Grundlage musste aber tief im politischen Gefüge der Bundesrepublik Deutschland verankert sein, am besten in seinem Grundgesetz.

Dafür boten sich zwei Wege an: Infrage kam zum einen eine Grundgesetzänderung, der allerdings mindestens zwei Drittel aller Abgeordneten im Bundestag und im Bundesrat zustimmen mussten – bei einem so umstrittenen Thema wie der Aufgabenerweiterung der Bundeswehr war diese Mehrheit schwer zu erreichen. Zum anderen konnte man einschlägige Grundgesetzartikel autoritativ neu auslegen. Dazu reichten Parteitagsbeschlüsse, Petitionen oder Regierungserklärungen aber nicht aus. Die einzige Institution in Deutschland, die über die unangefochtene Autorität verfügt, das Grundgesetz bindend auszulegen, ist das Bundesverfassungsgericht.

In diesem Falle wurden beide Wege eingeschlagen. Eine Gemeinsame Verfassungskommission des Deutschen Bundestages und des Bundesrates sondierte 1992/93 die Möglichkeiten, das westdeutsche Grundgesetz durch eine gesamtdeutsche Verfassung abzulösen, die in weiten Teilen dem Grundgesetz gleichen sollte. Es gab aber auch viele Änderungsvorschläge. Einige davon betrafen die Bundeswehr und ihre Aufgaben. Zu einer tragfähigen gemeinsamen Mehrheitsentscheidung kam es nicht – dieser Weg erwies sich als Sackgasse. Gleichzeitig lagen dem Bundesverfassungsgericht einige Klagen über die Verfassungsmäßigkeit verschiedener kleinerer Bundeswehreinsätze im ehemaligen Jugoslawien und auch des Somalia-Einsatzes vor. Das Urteil fiel am 12. Juli 1994 – ein historisches Datum in der Geschichte der Bundeswehr!

Das Gericht stützte seine Entscheidung zugunsten der Bundeswehreinsätze vor allem auf den Artikel 24 (2) des Grundgesetzes, dessen erster Satz lautet: »Der Bund kann sich zur Wahrung des Friedens einem System kollektiver Sicherheit einordnen ...« Dieser Artikel erlaubt nach Meinung des Gerichts auch Einsätze der Bundeswehr, die im Rahmen und nach den Regeln eines solchen Systems gegenseitiger kollektiver Sicherheit stattfinden. Damit waren auch Einsätze außerhalb des NATO-Territoriums gemeint, die auf einen Beschluss des UNO-Sicherheitsrats oder einer anderen internationalen Organisation wie der OSZE oder der NATO zurückgehen. Ohne eine solche Grundlage sind Bundeswehreinsätze zur Wahrung des Friedens nicht erlaubt, ebenso wenig solche, die andere Ziele als die Wahrung des Friedens oder die Verteidigung des eigenen Territoriums verfolgen.

Zur entscheidenden Prüfinstanz der Legitimität und der Angemessenheit eines Bundeswehreinsatzes jenseits ihres herkömmlichen Verteidigungsauftrags machte das Gericht den Deutschen Bundestag. Vor jedem Einsatz dieser Art muss die Bundesregierung die konstitutive Zustimmung des Bundestages einholen. Dieser vom Gericht vorgeschriebene Entscheidungsweg wurde in einem Parlamentsbeteiligungsgesetz weiter ausgebaut. Es dauerte allerdings gut ein Jahrzehnt, bis der Gesetzestext verabschiedet wurde und in Kraft trat. Dennoch hat der Bundestag seit 1994 über alle Auslandseinsätze der Bundeswehr beraten. In aller Regel erteilt der Bundestag das Einsatzmandat für ein Jahr. Dauert der Einsatz länger, wird aufs Neue entschieden.

Die Bundeswehr war schon seit ihrer Gründung eine Parlamentsarmee gewesen. Aber jetzt wurde diese Kennzeichnung voll und ganz in den öffentlichen Sprachgebrauch übernommen. Ohne eine Veränderung des Grundgesetzes hatte man im Juli 1994 die Tür für ganz andersartige Bundeswehreinsätze aufgestoßen, für Einsätze an Orten, die weit von Deutschland entfernt liegen. Seither haben sich die Aufträge der Bundeswehr kontinuierlich verschoben, weg von der territorial gebundenen Verteidigung und hin zu internationalen Krisenreaktionseinsätzen und militärischem Eingreifen aus (vornehmlich) humanitären Gründen.

Parlamentsbeteiligungsgesetz vom 18. März 2005 (Auszug)

»§ 1 Grundsatz

(1) Dieses Gesetz regelt Form und Ausmaß der Beteiligung des Bundestages beim Einsatz bewaffneter deutscher Streitkräfte im Ausland. Artikel 115a des Grundgesetzes bleibt davon unberührt.

(2) Der Einsatz bewaffneter deutscher Streitkräfte außerhalb des Geltungsbereichs des Grundgesetzes bedarf der Zustimmung des Bundestages.

§ 2 Begriffsbestimmung

(1) Ein Einsatz bewaffneter Streitkräfte liegt vor, wenn Soldatinnen oder Soldaten der Bundeswehr in bewaffnete Unternehmungen einbezogen sind oder eine Einbeziehung in eine bewaffnete Unternehmung zu erwarten ist.

(2) Vorbereitende Maßnahmen und Planungen sind kein Einsatz im Sinne dieses Gesetzes. Sie bedürfen keiner Zustimmung des Bundestages. Gleiches gilt für humanitäre Hilfsdienste und Hilfsleistungen der Streitkräfte, bei denen Waffen lediglich zum Zweck der Selbstverteidigung mitgeführt werden, wenn nicht zu erwarten ist, dass die Soldatinnen oder Soldaten in bewaffnete Unternehmungen einbezogen werden.

§ 4 Vereinfachtes Zustimmungsverfahren

(1) Bei Einsätzen von geringer Intensität und Tragweite kann die Zustimmung in einem vereinfachten Verfahren erteilt werden. Die Bundesregierung hat begründet darzulegen, aus welchen Gründen der bevorstehende Einsatz von geringer Intensität und Tragweite ist. Die Präsidentin oder der Präsident des Deutschen Bundestages übermittelt den Antrag an die Vorsitzenden der Fraktionen sowie die Vorsitzenden des Auswärtigen Ausschusses und des Verteidigungsausschusses und je einen von jeder in diesen Ausschüssen vertretenen Fraktionen benannten Vertreter (Obleute) und lässt den Antrag als Bundestagsdrucksache an alle Mitglieder des Bundestages verteilen. Die Zustimmung gilt als erteilt, wenn nicht innerhalb von sieben Tagen nach der Verteilung der Drucksache von einer Fraktion oder fünf vom Hundert der Mitglieder des Bundestages eine Befassung des Bundestages verlangt wird. Wird die Befassung des Bundestages verlangt, entscheidet dieser.«

Es spricht für das hohe Ansehen des Bundesverfassungsgerichtes, dass die Entscheidung vom Juli 1994 die bis dahin recht kontroverse Debatte über Auslandseinsätze der Bundeswehr mit einem Schlag beendete. Kritik an der Gerichtsentscheidung gab es kaum. Im Bundestag konnten alle Parteien mit Ausnahme der PDS gut damit leben. Auch in der Öffentlichkeit hörte man nur noch wenige Stimmen gegen die Erweiterung des Auftragsspektrums der Bundeswehr. Künftig wurden Kontroversen um Auslandseinsätze nicht mehr auf der allgemeinen Ebene geführt, sondern um das Pro und Contra bestimmter Einsätze wie etwa der Bundeswehrbeteiligung an der ISAF-Mission in Afghanistan.

Kleine Schritte zur Transformation

Neuartige Bundeswehreinsätze waren also nach 1994 möglich, aber die Soldaten waren noch nicht angemessen gerüstet, weder materiell noch strategisch-operationell. Dazu brauchte es mehr als nur oberflächliche Veränderungen in Ausbildung, Bewaffnung und Ausrüstung der Bundeswehr. Mehr Geld für die Bundeswehr ließ sich politisch jedoch schwer durchsetzen, schließlich waren die Kosten für die Eingliederung der neuen Bundesländer in die Bundesrepublik Deutschland schon hoch genug. Außerdem nahmen die Übernahme der NVA-Soldaten und die Umfangsreduzierung nach dem Zwei-plus-Vier-Vertrag einen beachtlichen Teil des Wehrbudgets ein. Wie sollte man nun noch neue Aufgaben schultern? Im bereits im April 1994 veröffentlichten »Weißbuch 1994« hieß es dazu, es gelte, »Risiken schon am Ort ihres Entstehens und vor ihrer Eskalation zu einem akuten Konflikt mit einer vorbeugenden Politik abzufangen […] Konfliktverhütung und Krisenbewältigung im erweiterten geographischen Umfeld unter einem völkerrechtlich legitimierenden Mandat müssen […] im Vordergrund der Sicherheitsvorsorge stehen.«

Vorbeugende Politik und Konfliktverhütung sind bis heute ein Mantra der deutschen Sicherheitspolitik geblieben. Unter diesem Gesichtspunkt ist die in der Publizistik gängige Kennzeichnung der Bundeswehr nach dem Kalten Krieg als *Einsatzarmee* nachvollziehbar – im Gegensatz zur »alten« Bundeswehr mit ihrem Verteidigungs- und Abschreckungsauftrag.

Die Bundeswehr als effiziente Einsatzarmee – das wurde das oberste Ziel bei allen Reformschritten. Die Bundeswehr sollte fortentwickelt werden zu einer flexiblen Streitmacht, die für die verschiedensten Arten von Auslandseinsätzen befähigt ist. Allerdings sollte auch die Verteidigungsfähigkeit der Bundeswehr nicht gegen null zurückgefahren werden, nur weil an Deutschlands Außengrenzen keine gegnerischen Streitkräfte mehr existierten. Auch wenn Deutschland, nach einem flotten Diktum von Verteidigungsminister Rühe, »von Freunden umzingelt« war, so gab es doch an den Außengrenzen der NATO weiterhin aktuelle oder potenziell gefährliche Konflikte. Aber auch diese, so die vorherrschende Einschätzung, würden nur nach längeren Vorwarnzeiten akut werden. Demgegenüber mussten die Kräfte zur Krisenintervention und Friedenssicherung in der Regel schnell an die lokalen Konfliktherde transportiert werden und einsatzbereit sein, auch um Gewalteskalationen so früh wie möglich zu verhindern oder wenigstens einzudämmen.

Die konservativ-liberale Koalitionsregierung unter der Kanzlerschaft Helmut Kohls hatte diese Verschiebung der Prioritäten erkannt und begann 1994, die Bundeswehr entsprechend zu verändern und die Öffentlichkeit auf diese Veränderungen vorzubereiten. Beides kam trotz energischer Ansätze des Verteidigungsministeriums nur schleppend in Gang.

Angesteuert wurde eine neuartige organisatorische Unterscheidung von drei Streitkräftekategorien. Die für die Auslandseinsätze vorgesehenen *Krisenreaktionskräfte* (KRK) sollten sich durch eine hohe Präsenz (= jederzeitige Einsatzbereitschaft) auszeichnen und mussten für Krisenstabilisierungen und Friedensmissionen in multinationalen Truppenkontingenten vorbereitet und entsprechend ausgerüstet sein. Die weitgehend mobilmachungsabhängigen *Hauptverteidigungskräfte* (HVK) aus aktiven Soldaten und Reservisten waren in der Hauptsache für die herkömmliche Landesverteidigung vorgesehen. Schließlich gab es noch die *Militärische Grundorganisation* (MGO). Sie sollte den Alltagsbetrieb der Streitkräfte am Laufen halten, wozu etwa auch Ausbildungs- und Versorgungsaufgaben zählten.

Strukturreformen großer und verzweigter Organisationen benötigen allerdings in der Regel einen erheblichen Zeit- und Finanzaufwand. Zudem benötigte die Truppe für neue Aufgaben auch andere Waffen und eine andere Ausrüstung. Für einen Einsatz in Afrika braucht es zum Beispiel eine tropentaugliche Ausstattung. Vor allem aber mussten in großem Umfang Transportkapazitäten zu Lande, über Wasser und in der Luft zur Verlegung der Soldaten und ihrer Ausrüstung an weit entfernte Einsatzorte entwickelt werden, ferner weitreichende, international anschlussfähige Fernmelde- und Führungsinformationssysteme. Gewöhnlich vergehen zwischen den ersten Planungen für komplexe neue Waffensysteme und Geräte und ihrer Auslieferung

Balkankrieg: Transporthubschrauber der Bundeswehr im Einsatz in Bosnien-Herzegowina am 25. Januar 1999.

an die Truppe mehrere Jahre. All das kostet Geld, und im Jahrzehnt nach der Wiedervereinigung blieb der Verteidigungsetat ein Stück weit unter der Summe, die für rasche Reformen benötigt wurde.

Um mit dem Etat etwas besser wirtschaften zu können, wurde der Umfang der Bundeswehr 1995 auf 340 000 Soldaten verringert. Von diesen zählten knapp 54 000 zu den Krisenreaktionskräften. Die übrigen Soldaten bildeten die Hauptverteidigungskräfte. Außerdem wurde die Dauer der Wehrpflicht auf zehn Monate herabgesetzt – eine Kehrtwende, wenn man bedenkt, dass 1989 noch beschlossen worden war, den Wehrdienst von 15 auf 18 Monate zu verlängern, was dann allerdings nicht umgesetzt wurde. Die Wehrpflicht selbst stand damals aber noch für längere Zeit nicht zur Disposition.

Im Herbst 1998 kam es zu einem Regierungswechsel, und eine rot-grüne Koalition unter Kanzler Gerhard Schröder (SPD) übernahm das Regierungsgeschäft. Schröder, Verteidigungsminister Rudolf Scharping (SPD) und Außenminister Joschka Fischer (Bündnis 90/Die Grünen) waren sogleich mit einem ungewöhnlichen sicherheitspolitischen Problem konfrontiert. Der ethnische Konflikt zwischen Restjugoslawien (Serbien) und seiner vorwiegend von Albanern bewohnten Provinz Kosovo war bedrohlich eskaliert. Eine humanitäre Katastrophe bahnte sich an. Weil der Sicherheitsrat der UNO durch China und Russland blockiert war, wollte die NATO auch ohne UNO-Mandat eingreifen. Das war politisch und völkerrechtlich umstritten, vor allem in

Deutschland, wo ein großer Teil der Bevölkerung es lieber gesehen hätte, wenn sich Deutschland aus kriegerischen Konflikten ganz heraushalten würde. Die NATO begann am 24. März 1999, mit Luftangriffen auf Serbien in den Konflikt einzugreifen – unter Beteiligung der deutschen Luftwaffe. Für die neue Koalition wurde die Durchsetzung des Einsatzmandats für die Bundeswehr in ihren eigenen Parteien zu einem schwierigen Kraftakt. Jetzt war die Bundeswehr, genauer ihre Luftwaffe, zum ersten Mal an einem Kriegseinsatz beteiligt.

Verteidigungsminister Scharping versuchte im Windschatten der öffentlichen Auseinandersetzungen über den Bundeswehreinsatz im Kosovo, das Reformtempo zu beschleunigen. Er legte 1999 eine »Bestandsaufnahme« der bisherigen Reformen und weitere Ziele vor und beauftragte zugleich ein aus militärischen und zivilen Experten bestehendes Gremium, das umsetzbare Konzepte zur »Erneuerung der Bundeswehr von Grund auf« erarbeiten sollte.

Diese nach ihrem Vorsitzenden benannte »Weizsäcker-Kommission« präsentierte ihren Bericht im Mai 2000. Er spiegelte die Veränderungen in der sicherheitspolitischen Landschaft wider. Binnen drei Jahren wollte die EU nämlich eine Schnelle Eingreiftruppe aus 50 000 bis 60 000 Soldaten aufstellen. Diese musste innerhalb von 60 Tagen in ein Krisengebiet verlegt werden können und sollte dort in jeder Beziehung unabhängig von NATO und den USA militärisch operieren. Das war zwar für die nahe Zukunft kaum realistisch, aber als Signal eindeutig: Um im Bündnis mithalten und bei multinationalen Einsätzen mit anderen Streitkräften möglichst reibungslos zusammenarbeiten zu können, musste die Bundeswehr den Anteil an fachlich hervorragend ausgebildeten und jederzeit einsatzfähigen Soldaten weiter erhöhen. Die reibungslose Zusammenarbeit verschiedener Organisationen bezeichnet man auch als Interoperabilität.

Dafür benötigte man mehr länger dienende Soldaten und nicht so viele Wehrpflichtige. Deshalb schlug die Weizsäcker-Kommission die Reduzierung der Friedensstärke der Bundeswehr auf 240 000 Soldaten vor. Andere Vorschläge betrafen die Privatisierung von Dienstleistungen in den Streitkräften, die nicht militärischer Natur waren (*outsourcing*).

Außerdem schlug sie den gleichberechtigten Zugang von Frauen zu allen Positionen in den Streitkräften vor. Letzteres setzte der Minister unverzüglich um. Dass er dies so rasch vollziehen konnte, ist auf den ersten Blick überraschend. Denn über die Frage, ob Frauen nicht nur im Sanitätsdienst und dem Musikkorps der Bundeswehr Dienst tun dürfen, gab es in den Streitkräften und in der Öffentlichkeit seit Längerem eine Debatte. In der Bundeswehr selbst war die Mehrheit eher skeptisch bis ablehnend eingestellt, und in der Öffentlichkeit gab es neben nachdrücklichen Befürwortern mindestens ebenso viele nachdrückliche Gegner.

Was dem Minister rasches Handeln erlaubte und die Entscheidung zur Öffnung der Bundeswehr für Frauen nachgerade erzwang, das war eine 1999 beim Europäischen Gerichtshof (EuGH) in Luxemburg eingegangene Klage über eine von der Bundeswehr nicht akzeptierte Bewerbung einer jungen Frau für den Dienst als Waffenelektronikerin. Gegenstand der Klage war die Verletzung des Gebots der Gleichstellung von Frauen und Männern auf dem Arbeitsmarkt. Schon deutsche Verwaltungsgerichte hatten auf die Möglichkeit verwiesen, dass die deutsche Rechtslage im Widerspruch zu einer verbindlichen EWG-Richtlinie stehen könnte. Die Entscheidung des EuGH am 11. Januar 2000 bestätigte diesen Verdacht: Frauen dürfe der (freiwillige) Militärdienst mit der Waffe nicht generell verboten werden. Also schwenkte das Ministerium um und schuf ziemlich rasch die gesetzlichen und infrastrukturellen Voraussetzungen für die Öffnung der Bundeswehr.

Seit mehr als 15 Jahren dienen Frauen nun mit der Waffe freiwillig in der Bundeswehr. Ende 2016 waren es knapp unter 20 000, das sind etwa elf Prozent der Truppe. Derzeit wird angestrebt, diesen Anteil auf 15 Prozent zu steigern. Wenn eine traditionell als Männerwelt definierte Großorganisation einen solchen Reformschritt vollzieht, dann geht das nicht ohne Übergangsschwierigkeiten. Im Großen und Ganzen aber haben sich die in der Vergangenheit geäußerten Befürchtungen nicht bewahrheitet. Im Übrigen haben auch andere westliche Streitkräfte längst ihre Reihen für Frauen geöffnet.

Die Terroranschläge in New York und Washington vom 11. September 2001 machten einen dicken Strich durch viele Reformrechnungen. Sie sorgten auch dafür, dass schlagartig eine brandgefährliche Bedrohung ganz nach vorn auf die Sicherheitsagenda rückte: der internationale Terrorismus von weltweit vernetzten Terrorgruppen. Spätestens jetzt konnte nicht mehr verdrängt werden, dass umfassende Sicherheitskonzepte zwingend notwendig waren, die herkömmliche Trennlinien aufweichen würden, etwa die zwischen innerer und äußerer Sicherheit oder zwischen militärischen und zivilen Aspekten von Sicherheit. Sicherheitsbehörden und -agenturen sind allerdings weiterhin entlang solcher Trennlinien organisiert.

Eine unmittelbare Konsequenz der Terroranschläge von 9/11 war die Ausrufung des Bündnisfalls nach Artikel 5 des NATO-Vertrages. Die Terroranschläge wurden als bewaffneter Angriff auf die USA angesehen, und als Ant-

2016 dienten bereits knapp 20 000 Frauen in der Bundeswehr: Stabsunteroffizierin in einem Transportpanzer im Sanitätsübungszentrum der Bundeswehr in Weißenfels.

wort boten alle NATO-Mitglieder den USA militärische Hilfe an. An dem gemeinsamen Kampf gegen al-Qaida und ihren Anführer Osama bin Laden nahmen nach einem entsprechenden Beschluss des UNO-Sicherheitsrates auch andere Nationen teil. Zu der von den USA in Gang gebrachten *Operation Enduring Freedom* (OEF) gehörte die Intervention in Afghanistan Anfang Oktober 2001. Das dortige Taliban-Regime war Gastgeber und logistische Stütze vieler islamistischer Terrorkämpfer und sollte durch eine demokratische Regierung ersetzt werden.

Auch die Bundeswehr wurde Teil der internationalen Militärkoalition, die in Afghanistan intervenierte. Das Mandat für die Beteiligung an der OEF konnte Kanzler Schröder nur durchsetzen, nachdem er seinen Antrag im Bundestag am 16. November 2001 mit der Vertrauensfrage verknüpft hatte. Kurz vor Weihnachten erteilte der Bundestag schließlich mit großer Mehrheit das Mandat für die Beteiligung der Bundeswehr an der *International Security Assistance Force* (ISAF) für Afghanistan.

Das langjährige Afghanistan-Engagement der Bundeswehr bewirkte nachhaltige Veränderungen im sicherheitspolitischen Selbstverständnis Deutschlands und in der Bundeswehr. Symptomatisch dafür steht der seinerzeit viel zitierte Satz von Peter Struck (SPD), des Nachfolgers von Scharping: »Deutschlands Sicherheit wird auch am Hindukusch verteidigt.« Eine Reihe regierungsamtlicher Darstellungen versuchte das noch zu konkretisieren.

An der von den USA seit 2003 geführten internationalen »Koalition der Willigen« gegen den Irak nahmen Deutschland und Frankreich (anders als etwa Großbritannien) bekanntlich aus guten Gründen nicht teil. Der Einmarsch im Irak brachte die Diktatur Saddam Husseins rasch zu Fall, bewirkte damit aber einen Ausbruch lang anhaltender innerer Gewaltkonflikte, die die westlichen Streitkräfte nicht eindämmen konnten. Die Erfahrungen, die die Streitkräfte der beteiligten Nationen im Irak machten, waren auch für die Bundeswehr sehr aufschlussreich.

Die rot-grüne Bundesregierung legte 2004 »Grundzüge der Konzeption der Bundeswehr« vor, deren Vorstellungen auch im ausführlicheren Weißbuch 2006 aufgenommen wurden. Bemerkenswert dabei ist die Kontinuität zwischen der Regierung Schröder und der seit Ende 2005 regierenden Großen Koalition unter Kanzlerin Angela Merkel. Im Weißbuch 2006 wurde die Verringerung der immer noch als zu hoch eingeschätzten Zahl von nichteinsatzaktiven Truppenteilen bis 2010 angekündigt. Der Umfang der Bundeswehr sollte in Zukunft 252 000 aktive Soldaten umfassen. Bei den zivilen Mitarbeitern waren ebenfalls Reduzierungen vorgesehen.

Für die Reformen der Bundeswehr und ihre Anpassung an neue Herausforderungen bei Auslandseinsätzen hatte sich das Etikett »Transformation« durchgesetzt. Das Weißbuch 2006 stellte den Begriff der Transformation mit großem semantischen Schwung heraus: Transformation sei die vorausschauende Gestaltung des fortlaufenden Prozesses zur Anpassung an sich permanent verändernde Rahmenbedingungen, mit dem Ziel, die Wirksamkeit der Bundeswehr im Einsatz zu erhöhen.

Zu den sich seit der Jahrhundertwende mit hoher Dynamik verändernden Rahmenbedingungen zählen rüstungstechnologische, kommunikative und militärstrategische Entwicklungen. In ihrer Summe erfordern sie Soldaten mit hochspezialisierten Kenntnissen und Fähigkeiten, schließlich handeln sie in einem ihnen fremden kulturellen Umfeld. Vor allen militärischen Fähigkeiten sollten Soldaten also zuerst einmal »interkulturelle Kompetenz« erwerben. Sie sollten lernen, dass sie sich nicht »auf dem Schlachtfeld« bewegen, sondern inmitten der ländlichen oder städtischen Bevölkerung, die sie auf ihre Seite bringen mussten. Selbstverständlich müssen diese Kenntnisse und Fähigkeiten dennoch in einem größeren operativen Zusammenhang stehen.

Im Grunde ist das ein Programm, das keine kleinen, sondern große Veränderungsschritte erfordert. In den Jahren zwischen 1994, in dem es dafür ver-

Truppenbesuch: Die CDU-Chefin und spätere Bundeskanzlerin Angela Merkel in Prizren im Kosovo im Juli 2005.

fassungsrechtlich grünes Licht gab, und 2009, als die erste Amtsperiode von Kanzlerin Merkel zu Ende ging, kristallisierten sich die Konturen dieses Transformationsprogramms zwar immer deutlicher heraus. Aber es haperte mit der Umsetzung.

Auch brachten die praktisch permanenten Umfangsverringerungen der Bundeswehr mit all ihren logistischen Konsequenzen für die Familien der Soldaten und für die Garnisonen, von denen viele verkleinert oder aufgegeben wurden, eine ungemeine Belastung mit sich. In der Bundeswehr breitete sich allmählich eine niedergedrückte Stimmung aus. Das ließ sich etwa den Jahresberichten des Wehrbeauftragten entnehmen, später auch Studien des Deutschen Bundeswehrverbandes, einer gewerkschaftsähnlichen Interessenvertretung der Soldaten.

Bei vielen Soldaten, die an Einsätzen in Afrika, auf dem Balkan oder in Afghanistan teilgenommen haben, konnte man die steigende Ungeduld mit dem schleppenden Gang der Reformen und mit bestimmten von ihnen als überbürokratisch gedeuteten Vorschriften aus dem Ministerium und von ihren höchsten militärischen Vorgesetzten beobachten. Sie waren es ja auch, die im Einsatzalltag mit den akuten Defiziten fertigwerden mussten. Verschärft wurde dieser Eindruck noch dadurch, dass die Soldaten anderer Nationen anscheinend ohne solche Einschränkungen handeln konnten.

Zusammengefasst: Ein Reformsprung war nötig, nicht zuletzt auch wegen der sich seit 2005/06 rapide verdüsternden militärischen Situation in Afghanistan.

Reformsprung

Verteidigungsminister Karl-Theodor zu Guttenberg (CSU), der nach nur anderthalb Jahren im Amt Anfang März 2011 zurücktreten musste, brachte den Reformprozess der Bundeswehr richtig in Schwung. Dabei gelang es ihm sogar, die Etatschwierigkeiten, mit denen die Regierung in der Folge der politikbeherrschenden Finanzkrise 2008/09 zu kämpfen hatte, als Antriebskraft für seine Reformen zu nutzen. Das Kabinett beschloss Anfang Juni 2010 einen »Prüfauftrag« für das Verteidigungsministerium. Geprüft werden sollte, wie sich die Struktur der Bundeswehr im Blick auf das von ihr erwartete Einsatzfähigkeitsprofil optimieren ließe. Schon wenige Monate später legte der neu ernannte Generalinspekteur Volker Wieker einen Bericht dazu vor: Unter den restriktiven finanziellen Bedingungen schien es am günstigsten, den Umfang der Bundeswehr ein weiteres Mal zu kürzen, zugleich jedoch die Zahl der Einsatzkräfte zu erhöhen. Dafür aber wurde die Wehrpflicht, die ab dem 1. Juli 2010 nur noch sechs Monate betrug (plus individueller Verlängerungsmöglichkeit), nicht mehr benötigt.

In der Öffentlichkeit gab es teils zustimmende, teils skeptische, auch einige wenige nachdrücklich ablehnende Äußerungen. Aber wie so häufig flaute die Kontroverse rasch wieder ab, nachdem die Entscheidung einmal gefallen war. In der Bundeswehr selbst sah das allerdings anders aus. Die Umstellungen, die der Reformsprung Guttenbergs nötig machte, waren nicht populär, und die Entlassung des Ministers im März 2011 beflügelte kritische Stimmen in der Truppe und im Ministerium. Dennoch hielt die Reformdynamik auch unter dem Amtsnachfolger Thomas de Maizière (CDU) an.

Ein Jahr, nachdem de Maizière Verteidigungsminister geworden war, legte er ein ausformuliertes Dokument »Die Neuausrichtung der Bundeswehr« mit den anzustrebenden Eckdaten der Reform vor. Demzufolge sollte der Umfang der Bundeswehr auf 185 000 Soldatinnen und Soldaten verkleinert werden, von denen bis zu 170 000 Zeit- oder Berufssoldaten sowie bis zu 15 000 freiwillig Wehrdienstleistende sein sollten. Die Bedingungen eines Freiwilligen Wehrdienstes für junge Männer und Frauen mussten noch ausgearbeitet werden, ebenso ein neues Konzept für Reservisten. Ferner waren in dieser Planung weitreichende Veränderungen in der bürokratischen Struktur des Verteidigungsministeriums vorgesehen, eine gründliche Analyse samt gegebenenfalls Änderungen des Beschaffungs- und Ausrüstungswesens und nicht zuletzt auch eine vorsichtige Erweiterung der Kompetenzen des General-

»Dresdner Erlass« von Verteidigungsminister de Maizière vom 1. April 2012 über die Spitzengliederung der Bundeswehr und die Stellung des Generalinspekteurs der Bundeswehr (Auszug)

»II. Militärische Spitzengliederung, Unterstellungsverhältnisse und Führungsorganisation in den Streitkräften und in der Wehrverwaltung

1. Der Generalinspekteur der Bundeswehr ist der ranghöchste Soldat der Bundeswehr. Er ist insoweit berechtigt, verbindliche Grundlagen für alle Soldaten der Bundeswehr festzulegen, unabhängig von deren Zugehörigkeit zu einem jeweiligen Organisationsbereich. Er ist der höchste militärische Repräsentant der Bundeswehr und militärischer Berater der Bundesregierung. Er ist für die Gesamtkonzeption der militärischen Verteidigung einschließlich der Planung und der Weiterentwicklung sowie für die Führung der Streitkräfte verantwortlich. [...]

5. Der Generalinspekteur der Bundeswehr beruft unter seinem Vorsitz einen Militärischen Führungsrat (MFR) ein, um gemeinsame Angelegenheiten der Streitkräfte von grundsätzlicher Bedeutung zu erörtern. Der MFR dient der streitkräftegemeinsamen Willensbildung und der Vorbereitung von Entscheidungen des Generalinspekteurs der Bundeswehr. Formale Entscheidungskompetenzen kommen dem MFR nicht zu. [...]

Einsatzführung

1. Der Generalinspekteur der Bundeswehr ist für die Planung, Vorbereitung, Führung und Nachbereitung der Einsätze der Bundeswehr verantwortlich. Neben seinen Befehlsbefugnissen gegenüber den Streitkräften führt er die Einsätze über die ihm unterstellten Abteilungen, insbesondere die Abteilung »Strategie und Einsatz« sowie das Einsatzführungskommando der Bundeswehr. [...]«

inspekteurs, künftig mit truppendienstlicher Verantwortung. Das regelte der sogenannte Dresdner Erlass vom 1. April 2012.

Für dieses in der Folgezeit leicht nachkorrigierte Reformpaket wurde Ende Juli 2012 die Zustimmung des Bundestages eingeholt, auch um zu signalisieren, dass die Parlamentsarmee nicht nur bei Mandatsentscheidungen über Auslandseinsätze auf die Bundestagsmehrheit angewiesen ist, sondern auch bei anderen wichtigen Beschlüssen vom Parlament kontrolliert wird. Für die

Neuausrichtung brauchte es allerdings eine Aufstockung des Budgets: Einsparungen und Effizienzsteigerung passen nur schwer zusammen.

Verteidigungsminister de Maizière hatte die zuvor etwas sprunghaft konzipierte Neuausrichtung der Bundeswehr zu ordnen und zu systematisieren versucht, was die Unruhestimmung unter Soldaten und zivilen Mitarbeitern der Bundeswehr etwas besänftigen konnte. Dieser Kurs wurde von seiner Nachfolgerin Ursula von der Leyen (CDU), im Amt seit Ende 2013, fortgesetzt. Vor allem hat sie eine Reihe von Verbesserungen für den Arbeitsalltag von Soldaten und Soldatinnen eingeführt, die in ihrer Summe darauf hinauslaufen, die Bundeswehr zu einem attraktiveren Arbeitgeber zu machen. Das war nicht zuletzt auch deshalb wichtig, weil die Bundeswehr nun auf Freiwillige angewiesen ist.

Beide, de Maizière und von der Leyen, waren aber auch mit einer Reihe von Problemen bei der Ausrüstung der Bundeswehr mit Waffen und Geräten konfrontiert, mit Rüstungsskandalen, die in der Öffentlichkeit überrascht, zuweilen empört und nicht selten auch ein bisschen schadenfroh zur Kenntnis genommen wurden. Hier Abhilfe zu schaffen, ist ein langwieriger Prozess.

So hat man sich im Verteidigungsministerium im Mai 2013 aus mehreren Gründen kurzerhand entschlossen, den Ankauf von mehreren Exemplaren der in den USA hergestellten Aufklärungsdrohne »Euro Hawk« zu stoppen: Der Flugkörper konnte in Europa keine luftverkehrsrechtliche Zulassung erhalten. Minister de Maizière geriet aus den Erklärungsschwierigkeiten vor dem Bundestag nur mit großer Mühe heraus. Seine Nachfolgerin hatte es gleich mit mehreren Rüstungsproblemen auf einmal zu tun. Der vor Gericht ausgetragene Streit mit der Herstellerfirma Heckler & Koch über die Funktionsfähigkeit des Sturmgewehrs G36, den die Ministerin letztlich verlor, war vor allem überflüssig. Viel dramatischer war die Häufung von Funktionsausfällen bei militärischem Großgerät wie Transportflugzeugen, Hubschraubern oder dem Raketenabwehrsystem »Patriot«.

Viele Großwaffensysteme, etwa den Eurofighter »Typhoon«, den Eurocopter »Tiger« oder den Airbus A 400M, hatte man noch unter dem Vorzeichen des Kalten Krieges zu planen angefangen und musste sie später an neue Aufgaben anpassen. Wenn sie bei der Truppe ankamen, stellten sich immer wieder Mängel heraus. Hier hat sich über die Jahre ein Problemstau aufgebaut. Richtig sichtbar wurde er zu Beginn der Amtszeit von Verteidigungsministerin von der Leyen, als sich eine Hiobsbotschaft über den Ausfall dringend gebrauchter Waffen und Geräte an die andere reihte.

Probleme der Beschaffung und der Einsatzbereitschaft von Großgeräten der Bundeswehr

Die Beschaffung von Waffen und Geräten für die Streitkräfte wird umso schwieriger und problemanfälliger, je komplizierter diese im technischen Bereich sind. Außerdem steht die Beschaffung immer im Spannungsfeld politischer Finanzvorgaben, militärischer Zweckvorgaben und wirtschaftlicher Gewinnerwartungen der Rüstungsindustrie. Verschärft werden diese Probleme, wenn sich innerhalb des – bei Großgeräten oft über zehnjährigen – Zyklus von Planung, Bestellung, Produktion und Einführung bei der Truppe die Finanzierungsbedingungen, die militärischen Zwecke und die Preise für Rohstoffe und Lohnkosten verändern.

Kostensteigerungen, Lieferverzögerungen, zu spät erkannte Herstellungsmängel, überdies auch noch Defizite bei der Ersatzteilbeschaffung haben sich besonders im Rahmen der Neuausrichtung der Bundeswehr seit 2011 zu einem Syndrom verdichtet, das die Einsatzbereitschaft der Streitkräfte nachhaltig herabgesetzt hat. Im Herbst 2014 ergaben sich alarmierende Diskrepanzen zwischen dem Bestand und der Einsatzbereitschaft militärischen Großgeräts der Bundeswehr:

WAFFENSYSTEM	BESTAND	EINSATZ-BEREIT
Kampfhubschrauber Tiger	31	10
Hubschrauber NH90	33	8
Hubschrauber Sea King	21	3
Hubschrauber Sea Lynx	22	4
Hubschrauber CH-53	83	16
Kampfjet Eurofighter	109	42
Kampfjet Tornado	89	38
Truppentransporter Boxer	180	70
Schützenpanzer Marder	406	280
Transall C-160	56	21
Raketenabwehrsystem Patriot	13	7
Korvette K130	5	2
U-Boot U212	4	1

001 HST
WIR SUCHEN KEINE GÖTTER IN WEISS.
WIR SUCHEN HELDEN
IN GRÜN.
Jetzt als
Quereinsteiger a
eine von 300 Ste
bewerben.
as wirklich zählt:
ZT UND OFFIZIER (M/W) IM SANITÄTSDIENST
mieren: bundeswehrkarriere.

9 Das Ende der Wehrpflicht

Das (vermutlich) letzte Gefecht um die Wehrpflicht dauerte nicht lange. Die Große Koalition zwischen 2005 und 2009 hatte zunächst noch keine Schritte unternommen, um die Wehrpflicht durch ein anderes Rekrutierungssystem zu ersetzen. »Gäbe es die Wehrpflicht nicht bereits, wir müssten sie jetzt einführen«, schrieb etwa 2007 der damalige Generalinspekteur Wolfgang Schneiderhan. Zwei Jahre später wurde die Regierung aus CDU/CSU und FDP gebildet. Die größere Bundestagsfraktion war für die Beibehaltung der Wehrpflicht, die kleinere dagegen. Als Kompromiss kam zunächst einmal eine Verkürzung der Wehrdienstdauer auf sechs Monate zustande.

Vor dem Hintergrund einer öffentlichen Debatte über die Wehrpflicht machte Verteidigungsminister Karl-Theodor zu Guttenberg (CSU) deren Aussetzung zu einem Teil seines Reformpakets. Erstaunlich schnell brachte er die CSU und die eher zögernde CDU auf seinen Kurs. Seit Juli 2011 gibt es keine Wehrpflicht mehr in Deutschland. Damit ist eine Ära zu Ende gegangen. Genau genommen wurde die Wehrpflicht nur »ausgesetzt«, was so viel heißt wie: In Friedenszeiten werden keine Wehrpflichtigen eingezogen, aber unter bedrohlichen Umständen (Spannungsfall, Verteidigungsfall) könnte die Wehrpflicht auch wieder »eingesetzt« werden.

Rückblick auf die Wehrpflicht

Die Wehrpflicht ist mehr als nur eine militärische Rekrutierungsmethode. Die Wehrpflicht hat zentrale Bedeutung sowohl für das Kriegsbild als auch für das zivil-militärische Verhältnis in einer Gesellschaft. So etwas wie das »Volk in Waffen« gab es in früheren Epochen der Geschichte häufig. Aber

Werbeoffensive: Nach der Aussetzung der Wehrpflicht fiel es der Bundeswehr schwer, neue Rekruten zu gewinnen. Mit großen Plakaten wurde um Nachwuchs geworben.

erst seit dem Ende des 18. Jahrhunderts steht die Wehrpflicht programmatisch in einem nationalen Rahmen. Die Wehrpflicht der jungen Männer verwandelte den Militärdienst von einem äußeren Zwang zu einem »Dienst an der Nation«. Idealtypisch ist der so rekrutierte Soldat von Nationalgefühl und Patriotismus durchdrungen und kommt der Pflicht fürs Vaterland gerne nach. Die Streitkräfte als »Schule der Nation« – das bedeutete im 19. Jahrhundert in erster Linie das Einpflanzen von nationalen Werten und Nationalstolz in die Köpfe der Wehrpflichtigen. Viele Wehrpflichtige erlebten die militärische Ausbildung und die nationalpolitische Erziehung jedoch eher als Repression.

Der erste Bundespräsident der Bundesrepublik Deutschland, Theodor Heuss, hat im Parlamentarischen Rat die Wehrpflicht als »legitimes Kind der Demokratie« bezeichnet. Das ist nicht ganz falsch. Jedoch haben auch nichtdemokratische, ja besonders die totalitären Regime des 20. Jahrhunderts ihren Bürgern die Wehrpflicht auferlegt und sie als Integrationsmedium benutzt.

Die Wehrpflicht wurde aber auch aus militärstrategischen Gründen im 19. Jahrhundert so rasch zum bevorzugten Rekrutierungssystem moderner Streitkräfte. Das hat mit der Entwicklung des Kriegsbildes zu tun. Im 18. Jahrhundert waren die Kabinettskriege der vergleichsweise nicht sehr umfangreichen Stehenden Heere (aus länger dienenden Berufssoldaten) so angelegt, dass sie das zivile Erwerbsleben und den Handel möglichst wenig stören sollten. Nun aber wuchs die Zahl der Soldaten deutlich an. Ebenso erweiterten sich das Spektrum und die Vernichtungskapazität der eingesetzten Waffen. Es setzte eine Art »Industrialisierung des Krieges« ein. Dabei wurde die zivile Gesellschaft immer mehr in die Vorgänge der Kriegsvorbereitung einbezogen.

Im 20. Jahrhundert wurde dieses Kriegsbild des nun dreidimensionalen Massenkrieges – zur See, auf dem Boden und in der Luft – weiter perfektioniert. Krieg zwischen den modernen Staaten entwickelte sich mehr und mehr zu einem gewaltsamen Ringen ganzer Gesellschaften, zu einem »totalen Krieg«. Für solche Kriege benötigte man unendlich viele Soldaten. Um das Ziel der »Nation in Waffen« zu verwirklichen, war die Wehrpflicht mit langen Ausbildungszeiten besser geeignet als alle anderen Rekrutierungssysteme. Denn sie versorgte die Streitkräfte mit genügend aktiven Soldaten und stellte ihnen dazu noch ein großes Arsenal an Reservisten für den Fall der Fälle zur Verfügung. Diese konnten bei Bedarf auch kurzfristig mobilisiert werden.

Um nur ein Beispiel für den Einsatz von Massenarmeen anzuführen: Die Schlacht von Verdun im Ersten Weltkrieg dauerte von Ende Februar bis Ende Dezember 1916. Das Ziel der aufeinanderprallenden deutschen und französischen Streitkräfte war die Eroberung bzw. Verteidigung eines Rings von Festungen um die Stadt Verdun. Nach zehn Monaten hatte keiner der beiden Gegner die Schlacht »gewonnen«, aber beide waren zu erschöpft, um sie fortzusetzen. Solche Megaschlachten werden in der Literatur häufig als »Materialschlachten« bezeichnet, weil alle Beteiligten enorme Mengen von Waffen und Munition zum Einsatz brachten. Es waren aber vor allem »Menschenschlachten« mit zahllosen Opfern. In Verdun waren auf französischer Seite 167 000 Soldaten gefallen, auf deutscher Seite 150 000. Der Zweite Weltkrieg spielte sich nach dem Muster des Ersten ab, wenngleich die Beweglichkeit der Truppen viel größer war.

Die zweite Hälfte des 20. Jahrhunderts sah dann den Niedergang der Massenarmeen. Andere Kriegsbilder wie die Nuklearkonfrontation und der Guerillakrieg drängten sich in den Vordergrund – mit entsprechenden Konsequenzen für die soldatische Ausbildung und die Militärstrategie. Spätestens mit dem Ende des Ost-West-Konflikts waren die militärischen Begründungen der Wehrpflicht anachronistisch geworden.

In der Bundesrepublik Deutschland fand die Debatte um die Wehrpflicht von den frühen 1950er-Jahren bis 2011 immer auf zwei Ebenen statt: in erster Linie auf der gesellschaftlichen und erst in zweiter Linie auf der militärischen Ebene. Freilich durfte das nicht heißen, den militärischen Argumenten nur geringes Gewicht zuzumessen. Das hätte die Wirksamkeit der Streitkräfte als Instrument der Außen- und Sicherheitspolitik geschwächt.

Seit der Gründung der Bundesrepublik Deutschland ist in ihrem Grundgesetz an prominenter Stelle das Recht auf Kriegsdienstverweigerung verankert. »Niemand darf gegen sein Gewissen zum Kriegsdienst mit der Waffe gezwungen werden« (Art. 4, Abs. 3 GG). Diese Regelung gehörte seinerzeit zu den liberalsten in der Welt. Mit der Grundgesetzänderung vom 19. März 1956 fügte der Gesetzgeber den Artikel 12 (später: 12a) ins Grundgesetz ein: »Männer können vom vollendeten achtzehnten Lebensjahr an zum Dienst in den Streitkräften, im Bundesgrenzschutz oder in einem Zivilschutzverband verpflichtet werden.« Für Kriegsdienstverweigerer (KDV) gab es einen Ersatzdienst, seit 1973 Zivildienst genannt.

Der Zivildienst galt zunächst in den Augen vieler Beobachter als ein Hort politischer Opposition und staatskritischer Grundeinstellungen, vor allem

Gesellschaftlicher Protest: Zivildienstleistende demonstrieren gegen eine Verschärfung der Prüfung für Kriegsdienstverweigerer, 1978.

seit in den späten 1960er-Jahren die KDV-Zahlen drastisch in die Höhe gingen. Für einen Teil der Zivildienstleistenden mochte dieses Image tatsächlich zutreffen.

In den 1980er-Jahren stiegen dann das Ansehen und soziale Prestige der Zivildienstleistenden. Verfassungsrechtlich gesehen blieb der Zivildienst ein »Ersatzdienst«. In den Augen der Öffentlichkeit hatte sich das jedoch gewandelt. Der Zivildienst wurde anerkannt und geschätzt, weil er für die Gesellschaft gewinnbringend war. Bemerkenswert ist, dass sich dieser Zugewinn an öffentlichem Respekt für den Zivildienst eigentlich niemals auf Kosten der Wehrpflicht vollzog.

Die Einführung der Wehrpflicht in der Bundesrepublik wurde vor allem mit der Forderung der NATO nach etwa einer halben Million deutscher Soldaten begründet. Ein solcher Umfang konnte nur mit Wehrpflichtigen erreicht werden. In den Szenarien für die Verteidigung der Bundesrepublik Deutschland rechnete man zudem mit vielen Reservisten. Dazu kamen zwei ökonomische Argumente: Eine Wehrpflichtarmee verursacht nicht so hohe Personalkosten, und bei der Rekrutierung von Wehrpflichtigen konkurrieren die Streitkräfte auf dem Arbeitsmarkt nicht mit den zivilen Arbeitgebern. Ferner galt die Wehrpflichtarmee als »Spiegelbild der Gesellschaft«. Das beförderte die Vorstellung, die Bundeswehr sei gut in die zivile Gesellschaft integriert.

Die Wehrpflicht am Ende

Dass die Wehrpflicht nach 1990 beibehalten wurde, hatte wenig mit den neuen Sicherheitsherausforderungen zu tun, sondern viel mit ihrem Nutzen für die Nachwuchsrekrutierung der Bundeswehr sowie mit der preiswerten Erledigung sozialer Hilfs- und Pflegedienste in der Gesellschaft. Darauf wollten weder Bundesregierung und Bundestag noch die Bundeswehrführung verzichten.

Der Nachwuchsbedarf der Streitkräfte ist in der Tat quantitativ und qualitativ nicht ganz einfach zu erfüllen. Dieses Problem hat eine lange Tradition. Stehende Heere, ganz gleich ob mit Berufssoldaten oder Freiwilligen mit längerer Verpflichtungszeit, haben damit größere Schwierigkeiten als Wehrpflichtarmeen. Die Wehrpflicht ist ein probates Mittel der Nachwuchswerbung. In den letzten Jahren vor ihrer Aussetzung dauerte der Grundwehrdienst nur noch sechs Monate. In dieser Zeitspanne konnte man keine gut ausgebildeten Soldaten heranbilden. Das wurde auch gar nicht erwartet. Der Grund für die so verkürzte Wehrpflicht bestand darin, denjenigen, die sich einigermaßen ernsthaft für den Soldatenberuf interessierten, die Möglichkeit eines verlängerten Praktikums bei der Bundeswehr zu geben. Am Ende dieses Praktikums konnten sowohl die Wehrpflichtigen selbst als auch ihre Vorgesetzten entscheiden, ob eine Weiterverpflichtung infrage käme. Über 40 Prozent der Berufs- und Zeitsoldaten der Bundeswehr wurden in den Jahren vor der Aussetzung der Wehrpflicht auf diese Weise rekrutiert. Die Aussicht auf das viel mühseligere Rekrutieren von Nachwuchs *ohne* die Wehrpflicht ließ die Bundeswehrführung für ihre Beibehaltung plädieren.

Auch Sozialverbände sprachen sich gegen die Abschaffung der Wehrpflicht aus. Diese Verbände vertreten die überwiegende Anzahl derjenigen Einrichtungen, in denen Zivildienstleistende ihren Dienst verrichtet haben. Dort ist der Bedarf an Arbeitsplätzen kräftig angestiegen, und er steigt weiter. Zivildienstleistende milderten über Jahre hinweg den »Pflegenotstand«. Den Zivildienst konnte es nun aber nach dem Grundgesetz nur so lange geben, wie es die Wehrpflicht samt dem Recht auf Kriegsdienstverweigerung gab. An seine Stelle trat der Bundesfreiwilligendienst für junge Männer und Frauen unter 28 Jahren. Der Pessimismus insbesondere vieler Älterer, dass »die Jugend von heute« kein freiwilliges Engagement für die Gemeinschaft aufbringen würde, hat sich als Vorurteil erwiesen.

Selbstverständlich gab es auch um das Jahr 2010 eine Menge hinhaltenden Widerstand gegen die Abschaffung der Wehrpflicht. Dafür wurde eine Reihe

Streitkräfte mit und ohne Wehrpflicht in der NATO

In folgenden NATO-Staaten gibt es eine Wehrpflicht:

Albanien	12 Monate (für Männer)
Dänemark	4 Monate (für Männer)
Estland	8 Monate (für Männer)
Griechenland	12 Monate (für Männer)
Litauen	9 Monate (für Männer)
Norwegen	12 Monate (für Männer und seit 2016 auch für Frauen)
Türkei	6–15 Monate (für Männer)

In diesen NATO-Staaten wurde die Wehrpflicht zugunsten einer Freiwilligenarmee ausgesetzt oder abgeschafft:

Kanada	seit Ende des Zweiten Weltkriegs
Großbritannien	seit 1963
Luxemburg	seit 1967
USA	seit 1973
Belgien	seit 1994
Niederlande	seit 1996
Frankreich	seit 2001
Spanien	seit 2002
Portugal	seit 2004
Slowenien	seit 2004
Ungarn	seit 2004
Italien	seit 2005
Tschechien	seit 2005
Slowakei	seit 2006
Lettland	seit 2007
Rumänien	seit 2007
Kroatien	seit 2008
Bulgarien	seit 2008
Polen	seit 2009
Deutschland	seit 2011

von Argumenten ins Feld geführt, die sich teilweise leicht, teilweise nicht ganz so leicht widerlegen lassen. Eine massive militärische Konfrontation in Mitteleuropa ist zwar unwahrscheinlich, aber mit Blick auf ein potenziell aggressiver werdendes Russland nicht kategorisch auszuschließen. Außerdem bedeutet die Wehrpflicht auch eine Art institutionelles Erfahrungsband zwischen der Bundeswehr und der zivilen Gesellschaft. Fällt es weg, tut sich eine Lücke auf zwischen dem Militär und der Gesellschaft. Es gelte also, das Sicherheitsbewusstsein in der Gesellschaft wachzuhalten und die erreichte Integration der Bundeswehr in die zivile Gesellschaft nicht preiszugeben. Nur war dies in den letzten Jahren über die Wehrpflicht auch nicht mehr zu sichern. Dazu waren die Zahlen der Eingezogenen viel zu gering.

Die Nachwuchswerbung ist zumindest in quantitativer Hinsicht leichter als 2010 befürchtet. Damals war noch von einer Untergrenze von 250 000 Soldaten die Rede. Nach den derzeit geltenden Planungsvorgaben beträgt der Umfang »nur noch« bis zu 185 000. Damit ist das Argument entkräftet, dass die Wehrpflicht nötig sei, um den Umfang der Bundeswehr halten zu können. Dennoch ist die Rekrutierungsproblematik nicht vom Tisch. Die Rekrutierung des militärischen Nachwuchses erfordert mehr Anstrengungen seitens der Bundeswehr.

Eine Wehrpflichtarmee ist nicht automatisch die qualitativ bessere dadurch, dass sie sich aus allen Schichten der Bevölkerung rekrutiert. Auch stehen Wehrpflichtige, wenn sie eingezogen werden, in der Regel ganz am Anfang ihres Berufsweges. Sie bringen also Potenziale für Qualifikationen mit, nicht aber diese selbst. Außerdem muss und will die Bundeswehr schließlich auch qualifizierte Frauen integrieren. Für diese hat es die Rekrutierungsform Wehrpflicht ohnehin niemals gegeben.

Konsequenzen für Bundeswehr und Gesellschaft

Die Bundeswehr als Organisation steht, schon so lange es sie gibt, mitten in einem Prozess permanenter Reformen. Phasen der Konsolidierung blieben in ihrer Geschichte selten und kurz. Gewöhnlich umfassten diese Reformen die Führungsstruktur, Truppengliederungen, Personalumfang, Standortverschiebungen, soldatische Ausbildung und Anpassung an den rüstungstechnologischen Wandel. Nach 1990 wurde aus der Bundeswehr als Abschreckungs- und Verteidigungsstreitmacht in mehreren Reformschritten die sogenannte Armee

Werben um den Nachwuchs: Stand der Bundeswehr auf der Computerspielmesse Gamescom in Köln, 2019.

im Einsatz. Die Aussetzung der Wehrpflicht, Teil eines Programms zur umfassenden »Neuausrichtung« der Bundeswehr, gehört in diesen 1990 ausgelösten Reformzyklus, wurde aber erst 20 Jahre nach dem Umbruch der sicherheitspolitischen Konstellation vollzogen.

Nach 1990 trat der lange Zeit geltende Vorrang der Landesverteidigung vorübergehend zugunsten anderer Aufgaben der Streitkräfte zurück. Das gilt heute so nicht mehr. Unbestreitbar ist hingegen, dass sich das Aufgabenspektrum der Streitkräfte in den letzten Jahrzehnten erheblich erweitert hat. Die Streitkräfte als Ganzes und die einzelnen Soldaten müssen Mehrfachbefähigungen erwerben. Das erfordert eine vertiefte Spezialisierung *und* eine Verbreiterung der beruflichen (handwerklichen) Fähigkeiten sowie zusätzlich besondere Kooperations- und Kommunikationskompetenzen. Die Streitkräfte werden zu einer Profiarmee, die eine große Zahl unterschiedlicher Spezialprofessionalitäten bündelt.

Um dies zu erreichen, muss das Personal intensiv ausgebildet werden. Die Wehrpflicht ist dafür nicht gemacht. Weil dieses Anforderungsprofil an die Bundeswehr mit ziemlicher Sicherheit in den nächsten Jahren nicht einfacher wird, gibt es auch für die Wehrpflicht nicht so bald eine neue Chance.

Weil der Soldatenberuf heute neben einer traditionell-militärischen auch eine zivil-polizeiliche, eine zivil-technologische und eine zivil-soziale Dimension umfasst, kommt der Personalauswahl eine gestiegene Bedeutung zu, denn es geht um die richtige Mischung der verlangten Qualifikationen. Gebraucht werden Kämpfer (*warriors*), Hightech-Ingenieure, Kenner des Cyberspace, Soldaten als Retter, Helfer und Beschützer. Und was dabei besonders wichtig ist: Diese auf ganz unterschiedlichen Gebieten mit einem hohen Grad an Professionalität ausgestatteten Soldaten müssen engstens miteinander kooperieren können, nicht nur im nationalen, sondern im multinationalen Rahmen.

Der Vorgänger von Wolfgang Schneiderhan auf dem Posten des Generalinspekteurs war Harald Kujat, der dieses Amt von 2000 bis 2002 innehatte. Selbst kein Freund von neuen Rekrutierungsmodellen, fasste Kujat sein Urteil über Folgen der Aussetzung der Wehrpflicht 2011 für das zivil-militärische Verhältnis folgendermaßen zusammen: Das Ende der Wehrpflicht bedeute nicht die Abschottung der Bundeswehr von der Gesellschaft. Jedoch werde in der zivilen Gesellschaft das Verständnis dessen schwinden, was den Beruf des Soldaten ausmacht. Die Diskussion um die Wehrpflicht ist also noch längst nicht abgehakt. Eine Umfrage aus der ersten Hälfte des Jahres 2016 ergab, dass ca. ein Drittel der Befragten eine Wiedereinführung der Wehrpflicht befürworteten. Auch viele Soldaten, insbesondere in höheren Diensträngen, trauern der Wehrpflicht nach. Dennoch bleibt die Rücknahme ihrer Aussetzung unwahrscheinlich.

10
Wieder Krieg, aber anders

Die Bundeswehr wurde 1955 als Armee gegen den Krieg gegründet, als Beitrag zur Abschreckung eines Angriffs der Streitkräfte des weltpolitischen Gegners. »Armee gegen den Krieg«, »Kämpfen können, um nicht kämpfen zu müssen« und »Der Ernstfall ist der Frieden«, das waren die Formeln, die das Selbstverständnis der Bundeswehr als Organisation und ihrer Soldaten ausdrücken sollten. Eine vierte Formel bezieht sich auf die gesamte Außen- und Sicherheitspolitik der Bundesrepublik Deutschland: »Von deutschem Boden darf nie wieder Krieg ausgehen.« Zugeschrieben wird sie Willy Brandt, aber sie trifft auch schon auf die Politik Konrad Adenauers zu, der seine außenpolitischen Ziele, nicht zuletzt die Wiedervereinigung des geteilten Deutschland, ausdrücklich nur »in Frieden und Freiheit« erreichen wollte. Alle vier Formeln sind Ausdruck der veränderten politischen Kultur Deutschlands nach der nationalsozialistischen Herrschaft und betonen den Primat des Zivilen in der Politik, was nicht mit einer grundsätzlichen Ächtung des Militärischen gleichzusetzen ist, wohl aber mit der Zurückweisung einer aggressiv-militärischen Politik und mit dem Ziel einer stabilen demokratischen Kontrolle der Streitkräfte.

Nach dem Ende des Ost-West-Konflikts entstand für die deutsche Außen- und Sicherheitspolitik und für die Bundeswehr eine neue Situation. Die Erwartungen an Deutschland, etwa seitens der Vereinten Nationen, liefen darauf hinaus, dass sich das Land an internationalen Friedensmissionen, humanitären Interventionen und robusten Krisenstabilisierungen aktiv beteiligen sollte. Damit änderte sich viel für die Bundeswehr und die Soldaten. Gewiss blieben die deutschen Streitkräfte eine »Armee gegen den Krieg«. Und dass Deutschland nie mehr Ausgangspunkt für einen Krieg werden dürfe, das blieb im Grundgesetz festgeschrieben. Aber »Kämpfen

Am Hindukusch: Kaum eine Mission hat die Bundeswehr so sehr geprägt wie der Einsatz in Afghanistan. Bundeswehrsoldat im August 2011 in der Nähe von Charrah Darreh nahe Kundus.

können, um nicht kämpfen zu müssen«, das galt fortan nur noch eingeschränkt.

Für die Bundeswehr gibt es seit 1999 wieder Krieg. Im Kosovo-Konflikt bekämpften die ECR-Tornados der Luftwaffe die serbische Luftverteidigung. Es war der erste Kampfauftrag für die Armee im Einsatz. Allerdings umfassen ihre inzwischen schon zahlreichen Auslandseinsätze ein breites Spektrum höchst verschiedenartiger Missionen, von der Überwachung eines Waffenstillstandes oder demokratischer Wahlen über humanitäre Flüchtlingshilfe oder Ausbildungshilfe für Streitkräfte anderer Nationen bis hin zur Beteiligung an Anti-Terror-Missionen, Piratenbekämpfung, Aufklärungsmissionen und eben auch militärischen Kampfeinsätzen. Auch bei den zuletzt genannten Missionen, vor allem in Afghanistan, hat die Bundesregierung sich zunächst gegen die Verwendung der Bezeichnung Krieg gesträubt. Aber wie immer man die militärischen Auseinandersetzungen, an denen die Bundeswehr beteiligt war, bezeichnet hat, letztlich kommt man um das hierzulande lange mit einem Tabu belegte K-Wort nicht herum. Die Tabuisierung war auch deshalb schädlich, weil sie zu Fehlschlüssen bei der Beurteilung der politischen und militärischen Lage in den Konfliktgebieten verleitet hat, besonders in Afghanistan. Das ging teilweise auch auf Kosten der dort eingesetzten Truppe.

Der Afghanistan-Einsatz

Kein Auslandseinsatz hat die Bundeswehr bis heute so geprägt wie der Afghanistan-Einsatz, also die Beteiligung an der internationalen Sicherheitsunterstützungstruppe für Afghanistan, ISAF. Vorausgegangen waren die Anschläge in New York und Washington am 11. September 2001, die von Osama bin Laden und dem von ihm geführten al-Qaida-Terrornetzwerk geplant und ausgeführt wurden. Das islamistische Taliban-Regime in Afghanistan weigerte sich, Osama bin Laden und al-Qaida-Angehörige, die sich 2001 in ihrem Land aufhielten, an die Vereinigten Staaten auszuliefern. Daraufhin intervenierten amerikanische und britische Truppen in Afghanistan im Rahmen des weltweiten und von vielen Staaten unterstützten Kampfes gegen den internationalen Terrorismus und schlugen zusammen mit einheimischen Kräften die Taliban in die Flucht. Das schuf die Voraussetzung für den Wiederaufbau des kriegsgebeutelten Landes, den dieses jedoch aus eigenen Kräften kaum schaffen konnte. Also beschlossen die Vereinten Nationen eine Militärmission zur

Stabilisierung einer Übergangsregierung. Das geschah auf einer Konferenz bei Bonn. An der dort beschlossenen Mission beteiligte sich auch Deutschland. Am 22. Dezember 2001 erteilte der Bundestag das Mandat dafür, das zunächst für maximal 1200 Soldaten galt. Diese traten Anfang 2002 in der Hauptstadt Kabul ihren Dienst an.

Die ausländischen Truppen wurden von der afghanischen Bevölkerung anfangs mit großer Erleichterung begrüßt. Jedoch stellte sich rasch heraus, dass die politischen, wirtschaftlichen und vor allem auch die Sicherheitsprobleme in dem Land mit seinen zahlreichen ethnischen Gruppen und seiner kaum kontrollierbaren Grenze zu Pakistan erheblich größer waren als ursprünglich gedacht. Außerdem stießen die westlichen Vorstellungen von Menschenrechten und Demokratie nur auf die Zustimmung einer Minderheit der Afghanen. Bald wurde die ISAF-Mission – seit Mitte 2003 im Auftrag der Vereinten Nationen unter die militärische Leitung der NATO gestellt – auf das ganze Land ausgeweitet. Natürlich brauchte es dazu weitere Militärangehörige. Die Zahl der eingesetzten Soldaten stieg insgesamt auf etwa 130 000 (2010), die der Bundeswehrsoldaten auf 5350.

Seit Herbst 2003 und Sommer 2004 waren Bundeswehrsoldaten in der afghanischen Nordprovinz stationiert, in Kundus und in Faizabad. Die Nordprovinz galt zu dieser Zeit als vergleichsweise ruhig und friedlich, sodass es zunächst schien, als könnten sich die Soldaten hier zusammen mit staatlichen und nichtstaatlichen zivilen Kräften in den regionalen Wiederaufbauteams (*Provincial Reconstruction Teams*, PRT) auf eher nichtmilitärische Aufgaben wie Infrastrukturprojekte oder die Ausbildung der einheimischen Polizei konzentrieren. Aber binnen weniger Jahre verschlechterte sich die Sicherheitslage auch im Norden beträchtlich.

Für die Unwägbarkeiten der deutschen Beteiligung an der ISAF-Mission, ihre militärischen Probleme und ihre politisch-moralischen Risiken stehen beispielhaft und dramatisch die Ereignisse vom 3./4. September 2009 in der Nähe der Stadt Kundus. Am Nachmittag des 3. September hatten Taliban-Kämpfer zwei Lastwagen, die mit Kraftstoff beladen waren und sich auf dem Weg nach Kabul befanden, überfallen und entführt. Gegen 17.30 Uhr blieben die Lastwagen auf einer Sandbank im schmalen, fast trockenen Bett des Kundus-Flusses stecken. Im Nu machten sich zahlreiche Menschen, darunter Taliban-Kämpfer und Bewohner eines nahe gelegenen Dorfes, an den Tanks und anderen Behältern zu schaffen, um einen Teil der Beute wegzuschaffen.

Erste Mandatserteilung des Deutschen Bundestages für die ISAF-Beteiligung der Bundeswehr in Afghanistan am 22.12.2001 (Auszug)

»[...] Um Afghanistan die Perspektive auf eine friedliche Zukunft zu eröffnen, sind Schritte zur Verhinderung erneuter Anarchie im öffentlichen Leben vordringlich. Die weitere Entwicklung des [...] politischen Prozesses wird wesentlich von der Sicherheitslage im Lande bestimmt sein. Wegen der unterschiedlichen Stammesinteressen ist der innenpolitische Frieden nach wie vor brüchig. Daher sollten Sicherheit und Ordnung mit Unterstützung der internationalen Gemeinschaft gewährleistet werden [...] Die Beteiligung bewaffneter deutscher Streitkräfte an der vom Sicherheitsrat der Vereinten Nationen autorisierten Internationalen Sicherheitsunterstützungstruppe ist ein wesentlicher Beitrag Deutschlands zur Implementierung des [...] nationalen Versöhnungsprozesses in Afghanistan, der den Weg zu einem Neuaufbau des Landes nach mehr als 20 Jahren Krieg und Bürgerkrieg eröffnet [...]

Der Einsatz der für sechs Monate aufgestellten Internationalen Sicherheitsunterstützungstruppe hat das Ziel [...] die vorläufigen Staatsorgane Afghanistans bei der Aufrechterhaltung der Sicherheit in Kabul und seiner Umgebung so zu unterstützen, dass sowohl die vorläufige afghanische Regierung als auch Personal der Vereinten Nationen in einem sicheren Umfeld arbeiten können [...]

Der Einsatz ist bis zum 20. Juni 2002 befristet. [...]

Für die Beteiligung an der Internationalen Sicherheitsunterstützungstruppe in Afghanistan werden bis zu 1200 Soldaten mit entsprechender Ausrüstung eingesetzt [...]«

(Quelle: Drucksache 14/7930 des Deutschen Bundestages)

Im Lagezentrum des PRT Kundus forderte Oberst Georg Klein einen Luftangriff auf die beiden Lastwagen an, der möglichst viele Taliban-Kämpfer außer Gefecht setzen sollte. Am 4. September 2009, zehn Minuten vor zwei Uhr nachts, explodierten zwei 500 Pfund-Bomben vom Typ GBU-38, die die US-Luftwaffe abgeworfen hatte.

Wie viele nur an ein paar Litern Benzin interessierte Zivilisten sich vor Ort aufgehalten hatten, ob ihr Tod billigend in Kauf genommen worden war, ob und weshalb bestimmte Einsatzvorkehrungen missachtet wurden, ob der Einsatz insgesamt gerechtfertigt oder ein militärischer Fehler war, darüber ist in der deutschen Öffentlichkeit heftig debattiert worden. Der allgemeine Aufschrei in den deutschen Medien zielte zunächst auf die Person des Oberst Klein, der durch seine Entscheidung das Bild der Bundeswehr als freundliche, helfende, schützende und niemals tödliche Streitkraft geschwärzt hatte. Als deutlicher wurde, dass die Situation in dem PRT-Lagezentrum ziemlich unübersichtlich und eine Entscheidung enorm schwierig gewesen war, übertrug sich der Ärger in den meisten Medien auch auf Verteidigungsminister Franz Josef Jung (CDU), den damaligen Generalinspekteur Schneiderhan und vor allem auf die Informationsabteilung des Ministeriums. Letztendlich war deren zunächst beschönigende Informationspolitik der Auslöser für die Rücktritte des Ministers, seines Staatssekretärs Peter Wichert und des Generalinspekteurs.

Der Vorfall von Kundus löste in Deutschland eine Art Schock aus. Schlagartig war deutlich geworden: Es gibt in den asymmetrischen Gewaltkonflikten nicht die Option, sich herauszuhalten. Die Bundeswehrführung ganz oben und die Soldaten vor Ort stehen manchmal vor der Entscheidung, Gewalt einzusetzen, die möglicherweise Unschuldige oder wenigstens Nichtkämpfer trifft und das eigene Gewissen belasten kann.

Aus der Terrorbekämpfungsoperation *Enduring Freedom* (OEF) zog sich Deutschland Mitte 2010 zurück. Der ISAF-Einsatz dauerte bis Ende 2014. Da die Lage in Afghanistan zu diesem Zeitpunkt immer noch instabil war, gab es seit dem 1. Januar 2015 die Nachfolgeoperation *Resolute Support*, an der sich die Bundeswehr nur noch mit maximal 980 Soldaten beteiligte. Ihre Aufgabe war auf Ausbildung, Beratung und Unterstützung der einheimischen Sicherheitskräfte beschränkt, schloss also Kampfeinsätze aus.

Nach Angaben der Bundesregierung wurden für die Beteiligung der Bundeswehr an den Einsätzen der Bundeswehr in Afghanistan von 2001 bis zum 31. August 2021 insgesamt rund 12,3 Milliarden Euro an einsatzbedingten Ausgaben geleistet. Von 2002 bis 2021 war die Bundeswehr in Afghanistan im Einsatz. In den insgesamt 76 Kontingenten dienten von 2002 bis 2021 93 000 Soldatinnen und Soldaten. Einige der Frauen und Männer waren mehrfach dort eingesetzt, sodass sich in der Summe 160 000 Einsatzzeiten ergeben. Eine Einsatzzeit besteht in der Regel aus einem viermonatigen Einsatz und 20 Monaten Regenerationszeit im Anschluss.

Die Afghanistan-Einsätze seit 2002 haben der Bundeswehr und ihren Soldaten große Anstrengungen abverlangt und die Bundeswehr insgesamt verändert. Das lag zunächst einmal daran, dass dieser Auslandseinsatz (wie alle

Im Auslandseinsatz: Ein Bundeswehrsoldat patrouilliert im afghanischen Imam Sahib bei Kundus, Mai 2010.

anderen auch) nicht nur die tatsächlich im Einsatzgebiet stationierten Soldaten betraf, sondern auch größere Teile der Streitkräfte in Deutschland. Die Zusammenstellung der Kontingente, ihre Ausbildung und Ausrüstung nahmen erhebliche Energien in Anspruch. Die Erfahrungen vor Ort und besonders die anfangs nicht wenigen kleineren und größeren Alltagsprobleme dort bewirkten Weiterentwicklungen von Waffen und Ausrüstung, veränderten die gelernten Verfahren im Gefechts- und Sanitätsdienst, verbesserten die Ausbildung, das Aufklärungs- und Nachrichtenwesen, die Kooperation in den multinationalen Kontingenten und bereicherten die ethnologisch und kulturell ausgerichtete Einweisung der Soldaten, die in einer ihnen fremden Umgebung handeln mussten. Nicht zuletzt musste die Bundeswehr lernen, auf würdige Weise mit Todesfällen ihrer Soldaten im Einsatz sowie angemessen mit physisch verletzten und psychisch traumatisierten Veteranen und ihren Familienangehörigen umzugehen.

Auf die Frage, wie der während des Einsatzes zu Tode gekommenen Soldaten in Deutschland gedacht werden sollte, war man nicht gut vorbereitet. Welche Form des Gedenkens sollte man wählen? Wie sollte die Fürsorge der demokratischen Gesellschaft am klarsten ausgedrückt werden? Darüber herrschten zunächst auch in der Öffentlichkeit eher Verwirrung und Unsicherheit. Es brauchte sogar einigen rhetorischen Aufwand – in diesem Fall von Verteidigungsminister Jung während einer Rede im Oktober 2008 –, um für die im Kampfeinsatz getöteten Soldaten, Opfer von Hinterhalten, Sprengfallen und Selbstmordattentätern, die Bezeichnung Gefallene salonfähig zu machen.

Haben all diese Veränderungen eine Rückkehr zu alten, als politisch problematisch angesehenen Denk- und Verhaltensmustern bewirkt? Das ist eine sehr deutsche Fragestellung. Die Verbündeten Deutschlands in NATO und EU würden sie vermutlich überhaupt nicht verstehen. Für sie ist die Bundeswehr ein anerkannter Partner bei gemeinsamen Missionen. Die deutsche Außen- und Sicherheitspolitik nach 1990 betrachten sie hingegen als zu zurückhaltend und übervorsichtig.

Erst seit 2014 begann sich die Haltung Deutschlands langsam zu verändern. Aber die Forderung von Bundespräsident Joachim Gauck auf der Münchner Sicherheitskonferenz in jenem Jahr, die Bundesrepublik müsse bereit sein, mehr für die internationale Sicherheit zu tun, und sich »früher, entschiedener, substanzieller« einbringen, stieß keinesfalls überall auf öffentliche Zustimmung.

Innerhalb der Bundeswehr selbst kann man etwa seit Anfang der 2000er-Jahre feststellen, dass Soldaten mit persönlichen Erfahrungen in Auslandseinsätzen ein besonderes Selbstverständnis entwickeln, das sich von dem ihrer Kameraden ohne solche Einsätze unterscheidet. Ob das längerfristig problematische Konsequenzen haben könnte, ist schwer abzusehen. Der zivilen und militärischen Bundeswehrführung wäre eine solche Entwicklung sehr unbehaglich. Das ist ein Grund dafür, warum in offiziellen Dokumenten wie dem »Weißbuch 2016 zur Sicherheitspolitik und zur Zukunft der Bundeswehr« mit Nachdruck betont wird, alle Angehörigen der Bundeswehr, ob in Zivil oder in Uniform, würden »heute mehr denn je eine Einheit« bilden. Das muss in der Tat das Ziel sein.

Das Auslaufen der Afghanistan-Mission zeichnete sich lange ab. Militärisch und politisch gab es schon seit etwa 2014 keine Fortschritte zu vermelden. Nach dem Ende von ISAF verlagerte sich der Schwerpunkt der verkleinerten, nun arg überoptimistisch »Resolute Support« genannten Mission auf die Verbesserung der Einsatzfähigkeit der staatlichen afghanischen Streitkräfte. Das war, wie ein aufmerksamer journalistischer Beobachter feststellte, eine frustrierende Mission, weil hohe Desertionsraten, massive Korruption und eingefleischte Vorbehalte gegen die Ratschläge ausländischer Soldaten zwischen diesen und den Angehörigen der afghanischen Streitkräfte kaum Kameradschaft entstehen ließen.

Empörung: Demonstranten fordern Entschädigungen für die Opfer und Hinterbliebenen des Luftangriffs bei Kundus. Der Bundesgerichtshof entschied im Oktober 2016, dass Deutschland eine Schadensersatzzahlung nicht leisten müsse.

Der zum Schluss hektische Abzug westlicher Truppen aus Afghanistan hinterließ 2021 einen militärischen und politischen Scherbenhaufen. Den wieder an die Macht gelangten Taliban gelang es in der Folge nicht, das Land einigermaßen zu befrieden. Aus welcher Perspektive man es auch betrachtet, der des Westens oder der der Einheimischen, die Bilanz des Afghanistan-Einsatzes ist verheerend.

Die Bundeswehr und Neue Kriege

Eigentlich ist die Bezeichnung »Neue Kriege« zur Kennzeichnung gegenwärtiger Konflikte wenig erhellend. Deshalb haben sich auch andere Begriffe eingebürgert, etwa »Asymmetrische Kriege« oder »Hybride Kriege«. Sie zielen alle drei darauf ab, neue Austragungsformen kriegerischer Konflikte zu beschreiben. Staaten und nichtstaatliche Gruppen können daran beteiligt sein, denen bei der Verfolgung ihrer im Übrigen auch sehr unterschiedlichen und oft verdeckten Ziele ein breites Spektrum von Mitteln zur Verfügung steht. Das herkömmliche Kriegsmittel, nämlich physische Gewalt, wird ergänzt durch viele andere Mittel, die in zerstörerischer Absicht gegen den jeweiligen Gegner zum Einsatz kommen.

Die wichtigsten Veränderungen lassen sich knapp so zusammenfassen: Gewaltkonflikte und (zunächst) lokale Kriege entstehen nach wie vor aus »klassischen« Macht- und Einflusskonflikten, jedoch ebenso als Konsequenz des Zusammenbruchs staatlicher Autorität (Bürgerkriege, Staatszerfall) und als politisch-religiös aufgestachelter Kampf um exklusive Wahrheits- und Machtansprüche. Die kämpfenden Parteien bedienen sich dabei aus einem unvergleichlich breiten Arsenal von Waffen, von der Machete über Handfeuerwaffen und Minen bis hin zu den modernsten und technologisch auf dem neuesten Stand befindlichen Waffensystemen. Mit einem Bedeutungsverlust von militärischer Gewalt ist also auf keinen Fall zu rechnen. Die zwar auch früher in Kriegen oftmals nicht ausreichend beachteten Regeln des humanitären Völkerrechts, etwa die Unterscheidung zwischen Kombattanten und Nichtkombattanten, werden zudem inzwischen von manchen Kriegsbeteiligten programmatisch außer Kraft gesetzt.

Organisierte Gewaltanwendungen wie die Attentate von Terrornetzwerken können unterhalb des Sicherheitsschirms der angegriffenen Gesellschaften geplant und ausgeführt werden. Auf diese Weise soll, zum Beispiel in Europa und auch in Deutschland, eine Art Zwischenzustand entstehen – kein richtiger Frieden mehr und doch kein richtiger Krieg.

Hybride Kriegführung setzt auf den Einsatz militärischer und ziviler Mittel unterhalb der Schwelle eines herkömmlichen Krieges. Es geht dabei um die subversive Unterminierung eines anderen Staates. Militärische und zivile Mittel wie gezielte Desinformationskampagnen oder Hacker-Attacken werden dabei so kombiniert, dass die offensive Zielsetzung möglichst lange verdeckt bleibt. Das bedeutet aber nicht, dass die Ziele des Aggressors nicht auch jederzeit offensiv umformuliert werden können. Dann wird die hybride Kriegführung Teil eines herkömmlichen Krieges. Ein Beispiel dafür bietet der Angriffskrieg Russlands 2022 auf das Territorium der Ukraine. Seit der Besetzung der Krim 2014 hatte Russland seine hybride Kriegführung auf den Ostteil der Ukraine konzentriert.

Die von Militärexperten in den USA ausgerufene *Revolution in Military Affairs* krempelt die Kriegführung der modernen (westlichen) Streitkräfte um: Angesichts der irregulären Kriegführung staatlicher oder nichtstaatlicher Gegner werden Bewaffnung und Taktik auf den möglichst punktgenauen Angriff gegen die Aggressoren optimiert, auch über weite Entfernungen hinweg. Dabei sollen der Einsatz eigener Truppen vor Ort und ihr Eingreifen in Kampfhandlungen möglichst vermieden werden. Die prototypischen Waffen

Neue Herausforderungen: Soldaten im Lagezentrum des Cyber- und Informationsraum (CIR) am Bundeswehrstandort Rheinbach, 2019.

dafür sind Satellitenaufklärungs- und Leitsysteme sowie unbemannte Flugkörper (Drohnen).

Allgemein steigt wegen der hohen Verletzbarkeit der Infrastruktur moderner komplexer Gesellschaften auch das Störungspotenzial nichtmilitärischer Konfliktinstrumente. Cyberangriffe legen bestimmte Funktionsbereiche in der so attackierten Gesellschaft lahm, was schwere wirtschaftliche Schäden und allgemeine Unsicherheit zur Folge haben kann. Desinformationskampagnen (*information warfare*) unterminieren Orientierung, Vertrauen und politische Urteilskraft in demokratischen Gesellschaften – und damit letztlich ihre politische Stabilität. Die Mittel dazu stehen im Internet bereit. Damit wird primär kein materieller Schaden verursacht. Solche Attacken bleiben oft nur Nadelstiche können aber unter Umständen auch schwere Schäden zur Folge haben.

All diese Veränderungen wirken sich regional und lokal aus und bestimmen als überregionale oder globale Vorgänge die Zukunft auch von nichtbeteiligten Staaten und Gesellschaften, ihre Sicherheit und den Wohlstand ihrer Bevölkerungen.

An den Grundaufgaben der Bundeswehr hat sich trotz der aufgeführten Entwicklungen nichts geändert: nämlich die Verteidigung des eigenen Territoriums und des der Verbündeten sowie die Erhaltung der Sicherheit Deutschlands und seiner Bürger. Jedoch hat sich die Bundeswehr den neuen Handlungsbedingungen in einer globalen Welt anpassen müssen. Denn anders als früher machen sich die Bedrohungen dieser Sicherheit eben nicht nur an den Grenzen Deutschlands bemerkbar. Sie können umstandslos von Krisenherden auf anderen Kontinenten ins Innere Deutschlands überschwappen. Schon die Bürgerkriege nach dem Zerfall Jugoslawiens in den frühen 1990er-Jahren brachten eine solche Ausweitung der Kampfzone mit sich. In vielen westlichen Ländern rekrutierten die verfeindeten ethnischen Gruppen freiwillige Kämpfer und finanzielle Ressourcen unter den dort lebenden Auslandsjugoslawen.

Der internationale islamistische Terrorismus trägt die Gewalt unmittelbar in unsere Gesellschaft hinein. Als Verteidigungsminister Peter Struck (SPD) 2002 zur Begründung des Afghanistan-Einsatzes der Bundeswehr sagte: »Die Sicherheit der Bundesrepublik Deutschland wird auch am Hindukusch verteidigt«, ging vielen Deutschen noch nicht auf, dass er damit ein entscheidendes Element der Neuen Kriege ansprach, nämlich ihre räumliche Ungebundenheit.

Vernetzungen

Im sicherheits- und militärpolitischen Sprachgebrauch der letzten Jahre ist das Adjektiv *vernetzt* zu einer Art Zauberwort geworden. Die letzten beiden Weißbücher von 2006 und 2016 verwenden häufig Ausdrücke wie *vernetzte Sicherheit* oder *vernetzter Ansatz*. Dabei denkt man heute automatisch an das Internet, das ja in der Tat seine Nutzer vernetzt. Aber hier geht es um anderes. In der englischen Begriffsfassung wird dies deutlicher: *comprehensive approach* bedeutet so viel wie *umfassender Ansatz*. Dem liegt der Gedanke zugrunde, dass die Bedrohungen, Risiken und Gefahren unserer Sicherheit von sehr verschiedenen Entwicklungen herrühren, sich aber wechselseitig beeinflussen, sodass man ihnen nur durch gleichzeitige Sicherheitsvorsorge auf mehreren Ebenen begegnen kann. Anders gesagt: Sicherheitsvorsorge muss heute auf einem erheblich erweiterten Sicherheitsbegriff beruhen.

Zwar gibt es nach wie vor eine bewährte institutionelle Arbeitsteilung, etwa zwischen der Feuerwehr, dem Katastrophenschutz, der Polizei und den Streitkräften. Sicherheitsgefahren im Alltag der Gesellschaft sind dabei das eine. Etwas anderes sind Angriffe auf die staatliche Ordnung, die politischen und gesellschaftlichen Grundwerte, wie sie in den ersten 20 Artikeln des Grundgesetzes aufgeführt sind, oder auf die für das Funktionieren der Gesellschaft unabdingbare Infrastruktur. Nach überliefertem Verständnis waren solche Angriffe eine Angelegenheit für die militärische Verteidigung.

Dieses Verständnis ist nicht völlig außer Kraft gesetzt. Aber es muss erheblich ausgeweitet und ergänzt werden. Gegenüber dem destruktiven Potenzial des Klimawandels, den sprunghaft anwachsenden Migrationsströmen, dem internationalen Drogenhandel, den Epidemien und Pandemien nützen Streitkräfte allein wenig bis gar nichts. Es kommt bei allen Überlegungen, wie gegenwärtigen und künftigen sicherheitspolitischen Gefährdungen begegnet werden kann, darauf an, militärische und nichtmilitärische Ansätze zu verknüpfen. Zunächst gilt streitkräfte-intern, dass an die Stelle der – wenn auch in abgeschwächter Form – immer noch vorhandenen Konkurrenz zwischen den Teilstreitkräften Heer, Luftwaffe und Marine eine reibungslose Zusammenarbeit tritt.

Außerdem wurde es durch das operative Vorgehen transnationaler Terrorgruppen notwendig, die Zusammenarbeit über nationale Grenzen hinweg weiter zu vertiefen. Entsprechend ist ein engmaschiges Netz von Sicherheitsdiensten wie der Polizei, den Aufklärungs- und Nachrichtendiensten und auch von Streitkräften über nationale Grenzen hinweg nötig.

Zur Deeskalation von Krisensituationen in Staaten wie zum Beispiel Mali braucht es ein international abgestimmtes Vorgehen, um die Zerstörungskräfte in Schach zu halten, die landeseigenen Sicherheitskräfte organisatorisch zu unterstützen und die Lebensbedingungen der Bevölkerung durch wirtschaftliche Aufbaumaßnahmen perspektivisch zu verbessern. All dies muss nicht nur zwischen den beteiligten Staaten koordiniert werden, sondern darüber hinaus mit den nichtstaatlichen humanitären Organisationen, die an den Krisenorten präsent sind.

Die Streitkräfte agieren zudem nicht als einzige staatliche Institution. Das deutsche PRT im afghanischen Kundus von 2003 bis 2013 ist ein Beispiel für die schwierige ressortübergreifende Abstimmung zwischen Verteidigungsministerium, Auswärtigem Amt und Entwicklungsministerium. Dass für Auslandsmissionen, an denen die Bundeswehr (Schutzfunktion und Beratungsaufgaben) und zivile Ministerien (Aufbauprojekte) beteiligt sind, eine ressortübergreifende Vernetzung verlässlich verankert sein muss, ist eine in Afghanistan vertiefte Erfahrung, die mittlerweile unstrittig ist.

Inzwischen ist der vernetzte Ansatz zur zentralen Richtschnur des sicherheitspolitischen Handelns der Regierung geworden. Zu seiner Weiterentwicklung und Umsetzung wurden im Weißbuch 2016 vier Beispiele angeführt: So will die

Deutsche Rüstungsexporte

Deutschland ist nach den USA und Russland der drittgrößte Rüstungsexporteur der Welt. Rüstungsgüter werden größtenteils in Großbetrieben hergestellt wie Airbus EADS, Rheinmetall, Diehl, Kraus-Maffei Wegmann, ThyssenKrupp Marine Systems, MTU Aero Engines oder Heckler & Koch, zu denen noch eine große Zahl an Zulieferfirmen hinzukommt. Nicht alle Rüstungsgüter sind ausschließlich Kriegswaffen, viele können auch zivil verwendet werden, zum Beispiel der allradgetriebene Klein-LKW Unimog. Diese werden als »dual-use-Güter« bezeichnet.

Deutsche Waffenexporte sind insbesondere auf drei Gebieten besonders erfolgreich. Nicht nuklear angetriebene U-Boote und Mehrzweck-Überseeschiffe (Patrouillenboote, Korvetten, Fregatten, kleine Zerstörer) haben sich ebenso zu Exportschlagern entwickelt wie gepanzerte Fahrzeuge, vor allem der Leopard 1 und 2, die schwere Panzerhaubitze 2000 oder der Spürpanzer Luchs. Drittens sind die Exportzahlen für deutsche Kleinwaffen und ihre Munition in den letzten Jahren stark angestiegen.

Für Kriegswaffen im engeren Sinne gibt es in Deutschland seit 1961 das Kriegswaffenkontrollgesetz, das unter anderem Regeln für den Export solcher Waffen enthält. Danach dürfen deutsche Kriegswaffen nicht in Krisengebiete ausgeführt und an Regime geliefert werden, die sie absehbar zur Unterdrückung ihrer eigenen Bevölkerung oder zu militärischen Aggressionen einsetzen. Exporte von Rüstungsgütern benötigen eine Ausfuhrgenehmigung des Bundesministeriums für Wirtschaft und Technologie. Kritische Stimmen in der Öffentlichkeit werfen den Bundesregierungen Leichtfertigkeit bei den Exportgenehmigungen vor. Einer von vielen spektakulären Fällen führte sogar zum Rücktritt eines Verteidigungsministers: Als im März 1992 bekannt wurde, dass entgegen dem Votum des Haushaltsausschusses 15 Bundeswehrpanzer an die Türkei geliefert worden waren, musste Minister Gerhard Stoltenberg (CDU) seinen Hut nehmen.

Bundesregierung ihre politischen Arbeits- und Entscheidungsstrukturen zu den zentralen Fragen der deutschen Außen- und Sicherheitspolitik stärken. Sie will alle verfügbaren Informationen auf strategischer und operativer Ebene vernetzen, den Personalaustausch zwischen den infrage kommenden Ministerien und Behörden intensivieren und schließlich die gemeinsame Ausbildung und gemeinsame Übungen von staatlichen und nichtstaatlichen Akteuren für das Handeln im gesamten Krisenzyklus fördern und verbessern.

Ein vernetzter Ansatz, konsequent eingeübt und umgesetzt, erhöht die Flexibilität der Sicherheitspolitik und die Resilienz (Widerstandsfähigkeit) der Gesellschaft. Das ist jetzt und in der Zukunft besonders gefragt. Nicht zuletzt auch für die Bundeswehr: Sie muss sich auf Einsätze und Szenarien vorbereiten, die nicht unbedingt nach schon bekannten Mustern bewältigt werden können. Konflikte, Krisen, Krieg – aber jedes Mal anders.

Auf dem Weg zur Europäischen Armee?

Vernetzung in einem multinationalen Rahmen kennzeichnet so gut wie alle Auslandseinsätze der Bundeswehr. Dabei handelt es sich zunächst einmal um die erprobte und ausgeweitete Multinationalität der NATO. Bei solchen Missionen, etwa mit dem Mandatsauftrag der Vereinten Nationen, kommen auch Kontingente anderer Staaten hinzu.

Dass hier Kommunikationsschwierigkeiten aller Art zu überwinden sind, liegt auf der Hand. Dazu zählen sprachliche Verständigungsprobleme, die Auswirkungen unterschiedlicher soldatischer Ausbildung (ungeachtet aller professionellen Gemeinsamkeiten), verschiedene technische Standards und Bewaffnung usw. Innerhalb der NATO war die Verbesserung der multinationalen Zusammenarbeit allgemein und bei gemeinsamen Einsätzen immer schon wichtiges Thema und ist es bis heute.

Fast noch wichtiger wurde dieses Thema für den Auf- und Ausbau einer gemeinsamen europäischen Sicherheits- und Verteidigungspolitik, die im Maastrichter Vertrag über die Europäische Union von 1993 vereinbart und in den Verträgen von Amsterdam (1999), Nizza (2003) und Lissabon (2009) genauer umrissen wurde. Anfangs schien es so, als könnte die EU mittels einer solchen Sicherheits- und Verteidigungspolitik gleich mehrere Fliegen mit einer Klappe schlagen.

Die Europapolitiker in den meisten Mitgliedsstaaten, in Europäischer Kommission und Europäischem Parlament waren sich weitgehend einig in der Vorstellung, dass die EU über eine europa-intern sehr viel besser abgestimmte, wenn möglich gemeinschaftliche Außen- und Sicherheitspolitik verfügen sollte. Einsatzbereite gemeinsame Streitkräfte gehörten dazu. Damit würde die EU in der ersten Liga der Weltpolitik mitspielen können – ein Anspruch, den die einzelnen Staaten Europas für sich allein nicht erfüllen können.

Zugleich sollte mit einem gemeinschaftlichen Militärkontingent als Teil einer in der Hauptsache zivil ausgerichteten Krisenstabilisierungspolitik gezeigt werden, dass die Europäer über eine eigene europäische Sicherheitskultur verfügen. Unionsstreitkräfte sollten eher für Friedensmissionen eingesetzt werden, in denen die militärische Komponente zwar nicht fehlen dürfe, aber doch vorwiegend eine Schutzfunktion habe: Beobachtermissionen, Grenzüberwachungen, Rechtsstaatsaufbau-Missionen, Polizeimissionen, militärische Beratung und Ausbildung und nur in Ausnahmefällen Missionen, bei denen die Streitkräfte und ihre Kampfkraft im Vordergrund stünden. Das kam den deutschen Vorstellungen über den Einsatz von Streitkräften besonders entgegen.

Für die Europäisierung der Sicherheits- und Verteidigungspolitik sprachen sich auch die Finanzpolitiker in der EU aus. Sie machten eine einfache Rechnung auf: Addiert man die nationalen Ausgaben für die Streitkräfte in der EU, ergibt sich ein ziemlich hoher Betrag: ca. 200 Milliarden Euro. Dieser Betrag darf allerdings nicht darüber hinwegtäuschen, dass die einzelnen Mitgliedsstaaten ihre nationalen Militäretats in den 1990er- und 2000er-Jahren kräftig gestutzt haben. Die Einsparungen führten im Ergebnis zu einer chronischen Unterfinanzierung der nationalen Streitkräfte. Die Folge war: Trotz der vielen Milliarden ist der Zustand der Armeen in vielen europäischen Staaten beklagenswert. Wegen verschleppter Modernisierung von Bewaffnung und Ausrüstung, fehlender Waffensysteme, langer Reparaturzeiten sowie Problemen bei der Ersatzteilbeschaffung sind die Streitkräfte vielfach nur bedingt einsatzbereit. Ein Vergleich der militärischen Fähigkeiten Europas mit denen der Vereinigten Staaten fällt so eindeutig zuungunsten der Europäer aus.

Für das Ziel, die Effektivität der Streitkräfte in der Europäischen Union durch sicherheitspolitische Zusammenarbeit und militärische Interoperabilität zu erhöhen, wird seit Längerem immer wieder geworben. Bislang hat es aber nur Trippelschritte in diese Richtung gegeben. So wurden Institutionen geschaffen wie das Politische und Sicherheitspolitische Komitee, der EU-Militärausschuss, ein EU-Militärstab und ein Ausschuss über die zivilen Aspekte des Krisenmanagements, alle angesiedelt im Kompetenzbereich des oder der Außenbeauftragten der EU. Seit 2009 gibt es zudem noch eine »Ständige Strukturierte Zusammenarbeit« (PESCO) in sicherheits- und rüstungspolitischen Fragen, zu der sich die EU-Mitgliedsstaaten freiwillig verpflichten können. Schon ein paar Jahre früher wurde die Europäische

Multinationale Rüstungskooperation

Multinationale Rüstungskooperation heißt die von den Regierungen mehrerer Länder vereinbarte Zusammenarbeit bei der Planung, Entwicklung und Produktion von Rüstungsgütern. Angestrebte Vorteile einer solchen Zusammenarbeit bestehen darin, dass sich die bei militärischem Großgerät ziemlich hohen Entwicklungskosten auf mehrere Länder verteilen, dass die Preise pro Einheit wegen der Produktion höherer Stückzahlen gesenkt werden können, die Ausrüstung der beteiligten Streitkräfte ein Stück weit vereinheitlicht wird (Standardisierung) und die Endprodukte für den Export attraktiver werden.

Ein etwas älteres Beispiel für eine anfangs umstrittene, aber insgesamt erfolgreiche Rüstungskooperation ist die 1969 begonnene gemeinsame Entwicklung und Fertigung von etwa 980 zweisitzigen Mehrzweckkampfflugzeugen (MRCA) »Tornado« durch die Bundesrepublik, Großbritannien und Italien. Nach dem Erstflug 1979 bestellte die Bundeswehr für Luftwaffe und Marine 359 Stück. Gebaut wurde der Tornado bis 1992; einzelne Flugzeuge sind gegenwärtig noch in Gebrauch.

Der vorgesehene Nachfolger, der Eurofighter »Typhoon«, wurde seit Mitte der 1980er-Jahre als gemeinsames Projekt von Deutschland, Großbritannien, Spanien und Italien entworfen und nach dem Ende der Ost-West-Konfrontation umgeplant. Dadurch ergaben sich beträchtliche Kostensteigerungen und Zeitverzögerungen. Die Serienproduktion begann 2003.

Auch bei dem von Deutschland, Frankreich, Großbritannien und Spanien seit 2003 vorangetriebenen Bau des großräumigen Transportflugzeugs Airbus A400M (Erstflug 2009) konnten die vereinbarten Liefertermine der meisten der 174 bestellten Maschinen nicht eingehalten werden.

Innerhalb der Gemeinsamen Sicherheits- und Verteidigungspolitik der EU ist es die Aufgabe der 2004 eingerichteten Europäischen Verteidigungsagentur, gemeinsame Rüstungsforschung, -planung und -entwicklung zu steuern. Erschwert wird das durch die nach wie vor jeweils nationale Ausrichtung der Rüstungsindustrien. Obwohl es schon länger eine Reihe von Firmenzusammenschlüssen und fest etablierten Konsortien auf europäischer Ebene gibt (Beispiel: Airbus Group), bleibt die europäische Rüstungskooperation ein schwieriger Balanceakt.

Verteidigungsagentur gegründet, die vor allem die nationalen Rüstungsprojekte der Mitgliedsstaaten untereinander abstimmen und möglichst europäisieren soll.

Deutschland ist an all diesen Initiativen beteiligt, so auch an den Vorarbeiten zur ersten Europäischen Sicherheitsstrategie von 2003, die 2016 unter dem Eindruck der durch Russland geschürten Unsicherheit an der östlichen Grenze von NATO und EU neu formuliert wurde. Aber von all diesen Bemühungen sind bislang nur vergleichsweise schwache Impulse für die Europäisierung der Sicherheitspolitik ausgegangen.

Allerdings gibt es seit Längerem auch konkretere Maßnahmen zur Verbesserung der Streitkräftekooperation, nicht nur im europäischen, sondern auch im transatlantischen Rahmen. Ein Ansatz ist hier das sogenannte *Pooling and Sharing*. Beim Sharing (Aufgabenteilung) können verbündete Streitkräfte bestimmte Waffensysteme oder Ausrüstungen ausleihen oder bestimmte Aufgaben übernehmen. Beispielsweise überwacht die Luftwaffe der Bundeswehr den Nordseeraum und entlastet auf diese Weise niederländische Streitkräfte. Beim Pooling (Bündelung) geht es um den Aufbau gemeinsamer militärischer Infrastruktur wie etwa dem European Air Transport Command (Europäisches Lufttransportkommando) im niederländischen Eindhoven. Es dient zur Koordination und gemeinsamen Führung der Lufttransport-Einsätze der beteiligten Streitkräfte.

Alles in allem ist eine europäische Armee noch in weiter Ferne. Die europäischen Nationalstaaten halten alle, am wenigsten vielleicht noch Deutschland, an der Vorstellung fest, letztlich allein über die eigenen Streitkräfte entscheiden zu müssen. Da die Idee einer immer enger zusammenrückenden EU in letzter Zeit an Anziehungskraft verloren und durch den Ende Januar 2020 erfolgten Austritt Großbritanniens aus der Union (Brexit) auch noch einen kräftigen Stoß erlitten hat, wird sich daran trotz der Aussichten auf die Synergieeffekte einer Europäisierung der nationalen Streitkräfte so bald wenig ändern. Die deutschen Bemühungen um verbesserte militärische Zusammenarbeit auf europäischer, aber auch auf transatlantischer Ebene werden dennoch anhalten. Denn kleine Schritte sind auf jeden Fall besser als keine oder gar Rückschritte. Ihr politischer Auftrag und ihre organisatorische Ausrichtung machen die Bundeswehr zu einer Streitmacht mit hohem Kooperationspotenzial und -bedarf.

11 Umbrüche und Fehlentwicklungen

Die sicherheitspolitische Weltlage ist in den 2010er-Jahren zunehmend ungemütlich geworden. Unterschiedliche weltpolitische Entwicklungen verknüpften sich mit oft erheblichen inner- und zwischengesellschaftlichen Konsequenzen und warfen einen Schatten auf die Erfolgsperspektive der westlichen Demokratien. Auf die völkerrechtswidrige Einnahme der Krim durch Russland 2014 erfolgten nicht sehr wirkungsvolle diplomatische und sanktionspolitische Antworten westlicher Staaten. Nach dem Sieg von Donald Trump im amerikanischen Präsidentschaftswahlkampf 2016 geriet das transatlantische Verhältnis politisch, wirtschaftlich und militärisch aus dem Tritt. Zeitgleich vertieften sich innerhalb der Europäischen Union die Gräben zwischen manchen ihrer Mitgliedsstaaten, und das nicht nur auf dem Feld der Migrationspolitik. In fast allen EU-Ländern erstarkten Parteien und Bewegungen an den Rändern des politischen Spektrums. Obwohl der Aufstieg Chinas zur Weltmacht mit eigenen Weltordnungsvorstellungen quasi überall im Westen als bedrohlich für entscheidende eigene Wertinteressen wahrgenommen wurde, blieb eine abgestimmte Reaktion auf diese Herausforderung aus.

Der Ausbruch und die Ausbreitung der Covid-19-Pandemie 2020 und 2021 waren weltumspannende Ereignisse und bereiteten auf allen Kontinenten enorme Mühen bei ihrer Eindämmung. Manche westlichen Beobachter kamen öffentlichkeitswirksam zu dem – falschen – Schluss, dass demokratische Gesellschaften hier weniger effizient seien als autoritäre Staaten. Zudem beschädigten Auseinandersetzungen um die Notwendigkeit und das Risiko verschiedener staatlicher Maßnahmen gegen die Pandemie in fast allen westlichen Ländern den ohnehin schon angekratzten gesamtgesellschaftlichen Konsens weiter.

Eine Frage des Geldes? Bundesverteidigungsministerin Ursula von der Leyen kündigt im Januar 2016 Investitionen in die Ausrüstung der Bundeswehr in Milliardenhöhe an.

Der 2021 erfolgte Rückzug westlicher Truppen aus Afghanistan kam überstürzt zu Stande und war zwischen den beteiligten Ländern schlecht abgestimmt. 20 Jahre lang hatten sie Kontingente für die Terrorbekämpfung und die multilaterale Krisenintervention in Afghanistan zur Verfügung gestellt. Unter geostrategischen Gesichtspunkten signalisierte der Rückzug nicht mehr und nicht weniger als das Eingeständnis des Scheiterns eigener Bemühungen, am Hindukusch ein demokratisch legitimiertes und hinreichend stabiles politisches Regime zu etablieren. Daraus werden viele autoritäre Regierungen ihre Schlüsse gezogen haben. Die 2021 wieder an die Macht gelangten Taliban feierten ihren Sieg über den Westen.

In der stetig anwachsenden Zahl von Analysen dieses Scheiterns von Krisenintervention und Friedenssicherung in Afghanistan wird häufig argumentiert, die in den 1990er-Jahren und um die Jahrhundertwende propagierten Konzepte wie »humanitäre Intervention« und »internationale Schutzverantwortung« (*responsibility to protect*) hätten sich nicht bewährt. Das lässt sich nicht einfach widerlegen. Zwar bezieht sich diese Einschätzung in erster Linie auf die politische Ebene. Aber sie betrifft selbstverständlich auch die militärische Komponente solcher Konzepte. In allen westlichen Ländern begann deshalb eine Expertendebatte über die Neuformulierung der Aufgaben eigener Streitkräfte im Spannungsfeld von territorialer Verteidigung, Abschreckung und militärischem Krisenmanagement bei Auslandseinsätzen.

Das paradoxe Jahrzehnt

In Deutschland folgen solche Debatten über den Sinn und Zweck der Streitkräfte einem eigenen Rhythmus. Das lag und liegt an der politisch-militärischen Kultur der Bundesrepublik. Die Bundeswehr als Parlamentsarmee wird (zu Recht) als Instrument der Sicherheitspolitik betrachtet. Das hat aber mitunter zur Folge, dass Militärfragen im engeren Sinne, also solche über ihre Ausstattung und ihr Fähigkeitsprofil, vernachlässigt werden. Auf diese Weise geriet die Bundeswehr in den 2010er-Jahren in die für ihre Angehörigen missliche Lage, heftige Reformvorgaben verkraften und zugleich Missionen bewältigen zu müssen, auf die sie nicht immer gut vorbereitet war.

In den »Verteidigungspolitischen Richtlinien« von 2011, entstanden unter der Verantwortung von Verteidigungsminister Thomas de Maizière (CDU), wurde in dem Kapitel über Risiken und Bedrohungen auf den Zerfall von

Auf Sparkurs: Soldaten einer Fallschirmjäger-Kaserne schauen sich im Oktober 2011 gemeinsam die Bundespressekonferenz des Verteidigungsministers Thomas de Maizière an, auf der die Entscheidung zu Standortschließungen verkündet wird.

Staaten, das Wirken internationaler Terror- und krimineller Gruppen sowie auf eine Reihe weiterer sicherheitspolitischer, aber nicht unbedingt mittels militärischem Einsatz abzustellender Gefährdungen verwiesen. Zugleich wurde betont, dass eine unmittelbare territoriale Bedrohung Deutschlands mit konventionellen militärischen Mitteln »unverändert unwahrscheinlich« sei.

Dass sich diese Lagebeurteilung schon wenige Jahre später als lückenhaft erweisen sollte, lässt sich den Verfassern der Richtlinien von 2011 kaum vorwerfen. Eher schon, dass ihre Schlussfolgerungen für eine »Neuausrichtung« der Bundeswehr zu unvorsichtig in Bezug auf bestehende Infrastruktur waren. Außerdem vertieften die ins Auge gefassten Sparmaßnahmen die interne Unzufriedenheiten, weil sie dem Personal der Streitkräfte als ungerechtfertigt empfundene Mehrbelastungen zumuteten. Vom Ministerium wurde die Neuausrichtung vor allem als betriebswirtschaftliche Aufgabe angegangen. Diese Blickverengung führte sowohl bei der Personalplanung als auch bei der Ausstattung mit Waffen und Gerät zu Engpässen.

Die Bundeswehrpolitik zwischen 2011 und 2016 war unter militärstrategischen Gesichtspunkten kurzsichtig und in ihren Effekten doppelt paradox: So verbesserte die programmatisch verkündete Priorität von Auslandseinsätzen die militärische Handlungsfähigkeit der eingesetzten Kontingente allenfalls

Verteidigungsetat der Bundesrepublik Deutschland seit 2006

Jahr	Verteidigungsetat in Mrd. Euro	Anteil am Bruttoinlandprodukt (BIP)
2006	27,87	1,20
2007	28,39	1,17
2008	28,70	1,21
2009	29,10	1,31
2010	29,50	1,27
2011	31,54	1,21
2012	33,51	1,21
2013	33,30	1,21
2014	33,14	1,15
2016	35,14	1,15
2017	36,95	1,15
2018	38,91	1,17
2019	43,12	1,26
2020	46,11	1,39
2021	46,93	1,34
2022	50,40	1,50

ansatzweise und viel zu schleppend. Es fehlte weiterhin eine angemessene Ausstattung der Soldaten bei ihren Einsätzen. Das machte sich insbesondere während des in diesen Jahren zunehmend gefährlicher werdenden Afghanistan-Einsatzes bemerkbar. Die Wehrbeauftragten Hellmut Königshaus (FDP, 2010–2015) und Hans-Peter Bartels (SPD, 2015–2020) monierten das anhand haarsträubender Beispiele immer wieder.

Weiterhin wurde spätestens mit Russlands Attacke auf die Krim Anfang 2014 unübersehbar, dass das Völkerrecht für Moskau keine Bindungskraft mehr besaß und dass mit hybriden Aggressionen Russlands zu rechnen war. Auch als Reaktion auf die Eroberung der Krim fasste die NATO auf ihrer Herbsttagung 2014 in Wales auf amerikanische Initiative hin den Beschluss, eigentlich war es mehr eine Absichtserklärung, die Bündnismitglieder sollten ihre Verteidigungsausgaben, falls noch nicht geschehen, auf mindestens zwei Prozent des jeweiligen Bruttoinlandprodukts (BIP) erhöhen. Dieser Beschluss wurde einstimmig gefasst. Auch die Bundesregierung stimmte zu, zunächst ohne klare Vorstellungen darüber, wie und wann diese Zweiprozentmarke erreicht werden könnte.

Immerhin begann seit 2014/15 die Landes- und Bündnisverteidigung in neuer Form auf der Liste der militärischen Aufgaben wieder nach oben zu rücken. Ministerium und Bundeswehrführung reagierten mit der Ankündigung einer »Trendwende« für mehr Personal und Material. Außerdem wurde im Weißbuch 2016 die Priorisierung der Auslandseinsätze zugunsten einer ausgewogenen Aufgabenzuweisung an die Streitkräfte abgeschwächt.

Solche Korrekturen sind nichts Ungewöhnliches. Wenn sich die äußeren Umstände ändern, sind sie unabdingbar. Es braucht jedoch Zeit, bis neue Planungen auf dem Tisch liegen. Und dann noch einmal mehr Zeit, bis sie tatsächlich umgesetzt sind. Mit diesem Ballast hat jede größere Organisation zu kämpfen. Die Bundeswehr tat sich allerdings besonders schwer damit. Dafür gibt es viele Gründe. Zu nennen sind hier die allgemeine Verschlechterung des Betriebsklimas in der Truppe wegen zahlreicher Maßnahmen, die die Neuausrichtung von 2011 mit sich brachte. Zudem wuchs die Unzufriedenheit unter den Soldaten und Soldatinnen in den Auslandseinsätzen, insbesondere in Afghanistan, wegen der Verzögerungen beim Schließen von Ausstattungslücken. Zahlreiche Veröffentlichungen von Afghanistan-Veteranen hielten mit ihrer Kritik an der militärischen Führungsebene, aber auch an der Militärpolitik der Regierung insgesamt nicht zurück.

Auftrag der Bundeswehr 2016

»Die Bundeswehr ist ein wesentliches Instrument unserer Sicherheits- und Verteidigungspolitik. Ihr Auftrag leitet sich aus den verfassungsrechtlichen Vorgaben sowie aus Deutschlands Werten, Interessen und strategischen Prioritäten ab.

Auftrag der Bundeswehr ist es, im Rahmen des gesamtstaatlichen Ansatzes

- Deutschlands Souveränität und territoriale Integrität zu verteidigen und seine Bürgerinnen und Bürger zu schützen;
- zur Resilienz von Staat und Gesellschaft gegen äußere Bedrohungen beizutragen;
- die außen- und sicherheitspolitische Handlungsfähigkeit Deutschlands abzustützen und zu sichern;
- gemeinsam mit Partnern und Verbündeten zur Abwehr sicherheitspolitischer Bedrohungen für unsere offene Gesellschaft und unsere freien und sicheren Welthandels- und Versorgungswege beizutragen;
- zur Verteidigung unserer Verbündeten und zum Schutz ihrer Staatsbürger beizutragen;
- Sicherheit und Stabilität im internationalen Rahmen zu fördern und europäische Integration, transatlantische Partnerschaft und multinationale Zusammenarbeit zu stärken.«

(Quelle: Weißbuch zur Sicherheitspolitik und zur Zukunft der Bundeswehr, Berlin 2016, S. 90.)

Das größte Problem der Bundeswehr seit Mitte der 2010er-Jahre war aber, wenig überraschend, etwas Anderes, nämlich die überbordende und alle Ansätze zu Veränderungen verschleppende Bürokratie. Sie ist in der Hauptsache für die paradoxe Situation verantwortlich, dass gerade von dem Zeitpunkt an, der eigentlich einen Aufschwung der Streitkräfte einleiten sollte, die Bundeswehr von Experten als allenfalls noch oder sogar nicht einmal bedingt einsatz- und abwehrbereit eingeschätzt wurde. Gewiss fehlte es auch an ausreichenden finanziellen Mitteln. Aber seit 2015 stieg der Verteidigungsetat jedes Jahr und näherte sich langsam der proklamierten Zielmarke an, den weniger faktisch als symbolisch wichtigen zwei Prozent des Bruttoinlandproduktes. Allgemein gilt, dass alles, was an finanziellen Mitteln sicherheitspolitisch und militärstrategisch nötig ist, besser in absoluten Zahlen ausgedrückt und begründet wird. Nebenbei: zwischen 1956 und 1989 fiel der Anteil des Verteidigungsetats am Bruttoinlandprodukt nur selten unter drei Prozent, in manchen Jahren lag er beträchtlich darüber.

Das große Knirschen

Für die Angehörigen der Bundeswehr gab es in den 2010er-Jahren nur wenig Anlässe zur beruflichen Zufriedenheit. Sie mussten sich mit einer Menge Alltagsprobleme herumschlagen: den Folgen von unbedachten Führungsentscheidungen, Ausfällen bei Waffensystemen sowie alle Planungen über den Haufen werfende Zeitverzögerungen bei der Beschaffung von Waffen und Geräten. Das wurde in den Medien auch heftig, zuweilen hämisch kritisiert. Solche sektoralen Defizite existieren in Deutschland allerdings auch anderswo, etwa bei der jahrelangen Vernachlässigung der Verkehrsinfrastruktur (Eisenbahnnetz, Autobahnbrücken). Und sie sind im zivilen Bereich genauso unverständlich wie im Militär.

Als Beispiel für unbedachte Führungsentscheidungen kann etwa die gescheiterte Beschaffung der Euro-Hawk-Aufklärungsdrohne aus den USA gelten. Sie kam wegen einer fehlenden Zulassung für die zivile Luftfahrt nicht zustande. 2012/13 wurde deshalb der Auftrag vom damaligen Verteidigungsminister de Maizière gestoppt. Seine Amtsnachfolgerin Ursula von der Leyen scheiterte einige Jahre später wegen ähnlicher Probleme mit der Bestellung einer ebenfalls in den USA hergestellten Drohne, der MQ-4 Triton, in die ein in Deutschland produziertes elektronisches Aufklärungssystem eingebaut werden sollte. Beide Male gingen beträchtliche finanzielle Mittel aus dem Verteidigungshaushalt verloren. Aber fast noch schwerer wog, dass es über Jahre hinweg nicht gelang, die Kriterien für die Zulassung zum zivilen Luftverkehr und für den Einsatz eines militärischen Aufklärungssystems kompatibel zu machen und die gesetzlichen Hürden sachgerecht aus dem Weg zu räumen.

Ausfälle bei komplexen Waffensystemen gehören zum militärischen Alltag und werden von den Soldaten meist eher stoisch zur Kenntnis genommen und ausgehalten. Anders sieht es allerdings aus, wenn der prozentuale Anteil dieser Ausfälle weit über die Marke steigt, ab der die Handlungsfähigkeit der Truppe nicht mehr gewährleistet ist. Das ist schon in den Kasernen und auf

Teure Fehlinvestition: Eine Euro-Hawk-Drohne der Bundeswehr auf der Internationalen Luft- und Raumfahrtausstellung (ILA), 2012.

den Truppenübungsplätzen fatal. Aber richtig destruktiv wirkt sich das dann aus, wenn dadurch Missionen der Bundeswehr entweder gefährdet werden oder schon im Vorfeld abgesagt werden müssen.

Deutschlands Militär sei ein »Sanierungsfall«, hieß es im Februar 2018 in der Neuen Zürcher Zeitung. Militärische Großgeräte wie Panzer, Schützenpanzer, Kampf- und Aufklärungsflugzeuge, Helikopter, Fregatten und U-Boote stünden der Bundeswehr nur in kleinen Stückzahlen zur Verfügung, weil die meisten von ihnen repariert werden müssten. Aber auch etwa Nachtsichtgeräte, Winterkleidung oder Schutzwesten fehlten. Als großes Ärgernis hat sich die Geschichte der Beschaffung eines neuen Sturmgewehrs erwiesen. Der Beschluss dazu wurde 2015 gefasst, aber noch im Sommer 2022 waren wegen juristischer Streitigkeiten mit zwei konkurrierenden Herstellerfirmen noch nicht einmal die Verträge dazu geschlossen.

Solche und andere Schwierigkeiten im Beschaffungswesen überdecken, dass vieles bei der Bundeswehr ganz gut funktioniert, wenngleich unter energiezehrenden bürokratischen Reibungsverlusten. In seinem Jahresbericht 2015 illustrierte der Wehrbeauftragte Hans-Peter Bartels (SPD) am Beispiel eines Panzergrenadierbataillons, wieviel Extraaufwand notwendig ist, um die Einsatzbereitschaft für den Krisenreaktionsverband der NATO herzustellen. Für diesen Einsatz mussten 15 000 Ausrüstungsgegenstände von insgesamt 56 anderen Bundeswehrverbänden ausgeliehen werden, darunter Schutzwesten,

Nachtsichtgeräte, Munition und Kampfstiefel. Das alles fehlte dann bei den »Leihgebern«.

Im Sommer 2018 häuften sich die Meldungen über den Tiefpunkt der Einsatzbereitschaft der Luftwaffe, über die komplett lahmgelegte U-Boot-Flotte der deutschen Marine, über störanfällige und deshalb nicht zuverlässig einsatzfähige Schützenpanzer und insgesamt über die »marode« Bundeswehr. Dabei war gerade 2018 das Jahr, in dem der Verteidigungsetat deutlich erhöht wurde – ein Vorgang, der sich in den folgenden Jahren wiederholte, ohne dass die Klagen über die mangelhafte Funktionsfähigkeit der Bundeswehr verstummten.

Es sind also nicht nur, vielleicht nicht einmal zuvörderst die Etat-Schwierigkeiten, die der Bundeswehr als Organisation im vergangenen Jahrzehnt zugesetzt haben. Mängel bei der inneren Abstimmung, Führungsschwäche und Bürokratisierung von Entscheidungsabläufen erschwerten hierarchie-unabhängige Verantwortungsfreude und Eigeninitiative. Das große Knirschen in der Bundeswehr setzte sich auch unter der 2021 neu gebildeten Bundesregierung fort. Erst der russische Angriff auf die Ukraine löste im nationalen Rahmen und in der NATO schlagartig echten Veränderungswillen aus.

Toxische Verlockungen

Parallel zu den Hardware-Problemen der Bundeswehr wurden auch solche des politischen Selbstverständnisses einer kleinen, jedoch anscheinend wachsenden Zahl ihrer Angehörigen sichtbar. Einmal geht es dabei um die Frage nach den historischen Vorbildern im deutschen Militär. Das erneute Aufkommen der Traditionsdebatte im Frühjahr 2017 hat die damaligen Sorgen der Bundeswehr nicht gerade erleichtert. Aber sie war doch in gewissem Sinne überfällig. Über die Jahre hatten sich in der Truppe zwei unterschiedliche Traditionsverständnisse entwickelt. Das eine, offizielle, war »von oben« vorgegeben. Es befahl die strenge politische Abgrenzung zum Nationalsozialismus und zur Wehrmacht. Außerdem ermunterte es zu einer neuen, bundeswehreigenen Traditionsbildung. Das andere, eher interne, blieb weitgehend vorpolitisch. Es betonte und überhöhte die berufstypische Kontinuität militärischen Selbstverständnisses. Dieses Neben- und Gegeneinander zweier Traditionsverständnisse und -haltungen führte im Lauf der Jahrzehnte immer wieder zu Zwischenfällen. In den bei diesem Thema besonders leicht reizbaren Medien wurde über sie oft als »Skandale« berichtet.

Krisengespräch: Bundesverteidigungsminsterin von der Leyen lädt im Mai 2017 militärische und zivile Führungskräfte zum Austausch über die »Innere Lage« der Bundeswehr.

In der Truppe gaben vielfach die Frustrationsgefühle der Veteranen von Auslandseinsätzen den Ausschlag für die Hinwendung zu einer Tradition »deutscher Krieger«. In manchen Einheiten des Kommando Spezialkräfte (KSK) drückte sich dieses Selbstverständnis etwa in unzulässigen Ausbildungspraktiken aus. Inmitten all der Probleme wegen der Defizite bei der Ausrüstung sowie bei der Rüstungsbeschaffung und Rekrutierung sah sich die Spitze des Verteidigungsministeriums veranlasst, die Traditionsbestände und -einstellungen in der Bundeswehr gründlich zu überprüfen und aufs Neue zu regulieren. Im Mai 2017 kündigte Ministerin von der Leyen (CDU) eine Überarbeitung des geltenden Traditionserlasses von 1982 an und bestimmte, dass die Distanz zu Reichswehr und Wehrmacht zu einer Art firewall ausgebaut werden sollte. Die von oben angeordnete Suche in den Kasernen und Liegenschaften der Bundeswehr nach Insignien der Wehrmacht (etwa Helmen, Dolchen, Waffen) und die erneute Durchforstung des Verzeichnisses der Kasernennamen nach aus aktueller Sicht »nicht mehr sinnstiftenden« Namensträgern aus früherer Zeit erbrachte allerdings nicht gerade viel – das war einigermaßen beruhigend. Dass Dekorationsstücke der Wehrmacht (und ebenso der NVA) außerhalb von Militärgeschichtlichen Sammlungen in Diensträumen der Bundeswehr nichts zu suchen haben, wurde immerhin klar und deutlich demonstriert. Der dritte Erlass des Bundesverteidigungsministeriums mit »Richtlinien zum Traditionsverständnis und zur Traditionspflege« der Bundeswehr stammt vom 28. März 2018 und ist als Versuch zu werten, die beiden Traditionssprachen ein Stück weit zusammen zu führen. Ob ihm das gelingen wird, steht dahin.

Was die Zeit des Nationalsozialismus betrifft, so darf es ganz gewiss nicht darum gehen, die Aufklärung über das, was etwas pauschal »die Verbrechen der Wehrmacht« genannt wird, rückgängig zu machen oder zu ignorieren. Und die Brücke von der Wehrmacht zum Rechtsextremismus der Gegenwart gehört wirkungsvoll blockiert. Aber die Wehrmacht und ihre Angehörigen ebenso pauschal als unbrauchbar für ein besonnenes Nachdenken über die Herkunft und die Evolution des eigenen Berufsbildes ausschließen und die Gefallenen des Zweiten Weltkriegs aus der Erinnerung ausgrenzen zu wollen, macht Tradition steril.

Die aufgekommenen Unklarheiten im militärischen Traditionsverständnis wirkten auf das Binnenklima in der Truppe zurück. In den Jahren nach 2010 konnte man in Deutschland ähnlich wie in anderen westlichen Ländern den Aufwuchs rechtsextremen Gedankenguts beobachten. Zwar sind die Streitkräfte nicht einfach, wie zuweilen angenommen wird, ein unverzerrtes Spiegelbild der deutschen Gesellschaft. Aber was dort an sozialen und politischen Strömungen und Stimmungen den Zeitgeist mitbestimmt, macht vor den Kasernentoren nicht Halt.

Eng mit der militärischen Traditionsdebatte verknüpft, aber weit über sie hinausweisend, gewannen rechtsextreme Einstellungen und Haltungen auch unter manchen Angehörigen der Bundeswehr an Boden. Nicht unter allen Angehörigen wohlgemerkt, aber doch in bestimmten Bereichen. Das hat die politische und militärische Führung der Bundeswehr, eher später als zu früh, alarmiert. Wenn innerhalb des Waffenträgers der Nation sich Staatsverachtung ausbreitet oder Gedanken über die Abschaffung der demokratischen Gesellschaftsordnung und über die »Bestrafung« ihrer Repräsentanten ausgetauscht werden, dann gibt es wahrlich Gründe, alarmiert zu sein. In den Fokus der Aufmerksamkeit rückte besonders das Kommando Spezialkräfte (KSK). Es gilt als Eliteverband der Bundeswehr. Unter seinen Soldaten hatten sich über längere Zeit krude, demokratiefeindliche Tendenzen breitgemacht. In Einzelfällen wurden Waffen und Munition entwendet und privat gehortet. Dass dies nicht rascher organisationsintern erkannt und abgestellt wurde, lag auch an Funktionsdefiziten des Militärischen Abschirmdienstes (MAD) der Bundeswehr.

Als immer mehr skandalöse Vorfälle im KSK bekannt wurden, reagierte die politische und militärische Führung mit Gegenmaßnahmen. Verteidigungs-

Kritik: Mit einem fiktiven »Waffen-Rückgabecontainer« vor dem Kanzleramt in Berlin protestierte eine Künstlergruppe im Oktober 2020 gegen Rechtsextremismus in der Bundeswehr und das Verschwinden von Kampfmitteln.

ministerin Annegret Kramp-Karrenbauer (CDU) befahl im Sommer 2020 die Auflösung einer Kompanie des KSK. Dies und andere Personalentscheidungen bildeten den Ausgangspunkt für eine kritische Durchleuchtung und umfassende Reform der Spezialkräfte. Zwei Jahre und etliche Reformschritte später hat sich die Situation des KSK konsolidiert. Es bestehen gute Chancen, dass sich die Truppe wieder voll auf ihre militärischen Aufgaben konzentrieren kann.

Aber auch an anderen Stellen zeigte sich rechtsextremes Gedankengut unter Soldaten. Als besonders öffentlichkeitswirksam erwies sich etwa der reichlich bizarre Fall eines Leutnants, der sich Ende 2015 beim Bundesamt für Migration und Flüchtlinge als syrischer Flüchtling registrieren ließ, sich illegal eine Waffe verschaffte und für einige Zeit eine Art Doppelleben führte. Gleichviel ob aus kühler rechtsextremer Überzeugung oder aus einer Verwirrung des Gemüts, die Vermutung lag nahe, hier könnte ein Terroranschlag nicht nur vorbereitet, sondern auch einem fiktiven Flüchtling untergeschoben werden. Franko A. wurde 2017 zum ersten Mal verhaftet, bald wieder freigelassen, später erneut verhaftet und schließlich im Juni 2022 wegen Verstößen gegen das Waffen- und Sprengstoffgesetz und der Anschlagspläne verurteilt. Sein Fall mit den zahlreichen Querverbindungen zur Prepperszene und zu rechtsextremistischen Chat-Gruppen illustriert die toxische Gefährlichkeit antidemokratischer Staatsfeindlichkeit im Sicherheitssektor und darüber hinaus.

Die 2010er-Jahre waren für die Bundeswehr ein ungewöhnlich schwieriges Jahrzehnt. Die »Neuausrichtung« ab 2010/11 brachte tiefe organisationsinterne Einschnitte und zunächst einmal einen Funktionsverlust. Dabei begann sich das sicherheitspolitische Klima sowohl im östlichen Nahbereich als auch weitab vom eigenen Territorium merklich abzukühlen. Die Mixtur aus Schwierigkeiten wegen fehlender oder mangelhafter Ausstattung mit Waffen und Geräten, frustrierter Fehlorientierung im Selbstverständnis einer stärker hervortretenden Minderheit unter den Soldaten und Führungsfehlern brachte die Bundeswehr ins Gerede. Das alles verstärkte sich gegenseitig, so dass die Bundeswehr am Ende dieses paradoxen Jahrzehnts, um den Inspekteur des Heeres Alfons Mais zu zitieren, »mehr oder weniger blank« dastand. Weder für die Landes- und Bündnisverteidigung noch für die *out-of-area*-Missionen war sie angemessen aufgestellt. Mais' Feststellung datiert vom 24. Februar 2022, kurz nachdem der Überfall Russlands auf die Ukraine die Sicherheitslage in Europa und für die NATO schlagartig verändert hatte.

12
Zeitenwende 2022

Der Überfall Russlands auf die Ukraine vom 24. Februar 2022 hat in den politischen Öffentlichkeiten der westlichen Länder einen Schock ausgelöst. Er bewirkte auch, dass politisch-militärische Verwerfungen, die sich schon länger abgezeichnet hatten, für jedermann sichtbar wurden. Der 24. Februar 2022 ist ein Datum, das über seine unmittelbare Bedeutung für die angegriffene Ukraine schlagartig dem hierzulande jahrelang gepflegten Vertrauen in die außen- und sicherheitspolitischen Grundsätze einer liberalen, auf friedliche Handelsbeziehungen beruhenden internationalen Ordnung den Boden entzogen hat.

Obwohl Präsident Putin, der alleinige Bestimmer der Politik Russlands, schon zuvor einen anti-westlichen Kurs verfolgte, kamen dieser aggressive Akt und seine rhetorisch abenteuerliche Begründung ganz unerwartet. Wie ein Blitz aus einem allerdings bereits einigermaßen verdüsterten weltpolitischen Himmel. Er erhellte schlagartig, dass die sicherheits- und verteidigungspolitischen Vorkehrungen der europäischen NATO-Staaten und ganz besonders Deutschlands für den Fall einer gewalttätigen Aggression an der östlichen Außengrenze des Bündnisses große Defizite aufwiesen.

Der Durchhaltewillen der Ukraine gegen den militärisch überlegenen und äußerst brutal vorgehenden Aggressor war von Anfang an beeindruckend. Im Kreml war man überrascht von der so nicht erwarteten politischen, wirtschaftlichen und (über die Lieferung von Waffen) militärischen Solidarität der NATO und der Europäischen Union. Für Deutschland, wo Ende 2021 eine neue Regierung aus SPD, Grünen und FDP (»Ampelkoalition«) unter Bundeskanzler Olaf Scholz (SPD) die Amtsgeschäfte aufgenommen hatte, wurde der Krieg in der Ukraine Anlass für ein sicherheitspolitisches Umdenken und eine Neubestimmung der Rolle der Bundeswehr.

Zeitenwende: In seiner Regierungserklärung vom 27. Februar 2022 justierte Bundeskanzler Olaf Scholz die Außen- und Verteidigungspolitik neu.

In seiner Regierungserklärung drei Tage nach der russischen Aggression kennzeichnete der Bundeskanzler die neue großregionale Sicherheitslage mit einem dramatischen Begriff: »Wir erleben eine ›Zeitenwende‹. Und das bedeutet: Die Welt danach ist nicht mehr dieselbe wie die Welt davor. Im Kern geht es um die Frage, ob Macht das Recht brechen darf. Ob wir es Putin gestatten, die Uhren zurückzudrehen in die Zeit der Großmächte des 19. Jahrhunderts. Oder ob wir die Kraft aufbringen, Kriegstreibern wie Putin Grenzen zu setzen. Das setzt eigene Stärke voraus.« Mit »eigener Stärke« meinte er nicht nur Wirtschaftskraft und demokratische Geschlossenheit, sondern auch und sogar besonders nachdrücklich militärische Stärke.

Um aus dem Tal der Tränen, das die Bundeswehr im vorausgegangenen Jahrzehnt zu durchqueren hatte, wieder herauszukommen, kündigte der Bundeskanzler zur Überraschung von Parlament und Öffentlichkeit in seiner Regierungserklärung massive Aufrüstungsschritte an, nämlich eine Beschleunigung bei der jährlichen Annäherung der Verteidigungsausgaben an die bis dahin nicht so nachdrücklich angestrebte Marke von zwei Prozent des Bruttoinlandprodukts. Noch spektakulärer war seine zweite Ankündigung, für den Haushalt 2022 zusätzlich einen Betrag von 100 Milliarden Euro zur Verringerung der gröbsten Defizite der Bundeswehr vorzuhalten, aus finanz- und etatrechtlichen Gründen deklariert als »Sondervermögen Bundeswehr« und in dieser Form später grundgesetzlich verankert.

Bis vor kurzem hätte niemand bezweifelt, dass eine Mehrheit der Deutschen es lieber sähe, wenn sich die Bundeswehr wie bei der Hamburger Flutkatastrophe 1962 oder bei der Überschwemmung im Oderbruch 1997 auf die Rolle eines effizienten Katastrophenhelfers beschränken würde: Militäreinsatz ohne Waffen, vor allem im Inland. Das war sie zwischen 2020 und 2022 bei dem umfangreichen Einsatz im Kampf gegen die Ausbreitung des Coronavirus. Zeitweise befanden sich bis zu 20 000 Soldaten und Soldatinnen in Gesundheitsämtern, Impfzentren, Altenheimen und Schnellteststationen im Hilfseinsatz. Verfassungsrechtlich bietet der Art. 35 GG die Möglichkeit eines Bundeswehr-Einsatzes im Inneren, und zwar nach Amtshilfeersuchen der Länder im Fall von Naturkatastrophen oder besonders schweren Unglücksfällen. Das geschah nach dem Ausbruch und der flächenbrandartigen Ausbreitung der Erkrankungen an Covid-19. Erstmals in ihrer Geschichte hat die Bundeswehr 2020 sogar eigene, temporäre Krisenmanagementstrukturen eingerichtet: das Einsatzkontingent Hilfeleistung Corona. In der Bilanz dieses Einsatzes nach seiner Beendigung findet man neben rundweg erfreulichen

Die »Zeitenwende«-Rede von Olaf Scholz vor dem Deutschen Bundestag, 27. Februar 2022 (Auszug)

»Wir müssen deutlich mehr investieren in die Sicherheit unseres Landes, um auf diese Weise unsere Freiheit und unsere Demokratie zu schützen.

Das ist eine große nationale Kraftanstrengung. Das Ziel ist eine leistungsfähige, hochmoderne, fortschrittliche Bundeswehr, die uns zuverlässig schützt. Ich habe bei der Münchner Sicherheitskonferenz vor einer Woche gesagt: Wir brauchen Flugzeuge, die fliegen, Schiffe, die in See stechen, und Soldatinnen und Soldaten, die für ihre Einsätze optimal ausgerüstet sind. Darum geht es. Und das ist ja wohl erreichbar für ein Land unserer Größe und unserer Bedeutung in Europa.

Aber machen wir uns nichts vor: Bessere Ausrüstung, modernes Einsatzgerät, mehr Personal – das kostet viel Geld. Wir werden dafür ein ›Sondervermögen Bundeswehr‹ einrichten. Und ich bin Bundesfinanzminister Lindner sehr dankbar für seine Unterstützung dabei.

Der Bundeshaushalt 2022 wird dieses Sondervermögen einmalig mit 100 Milliarden Euro ausstatten.

Die Mittel werden wir für notwendige Investitionen und Rüstungsvorhaben nutzen. Wir werden von nun an Jahr für Jahr mehr als zwei Prozent des Bruttoinlandsprodukts in unsere Verteidigung investieren.«

Punkten auch eine längere Liste mit Problemen (unter anderem die Dauerbrenner Überbürokratisierung, Personalprobleme, nicht ausreichende Materialreserve), die es möglichst rasch abzuarbeiten gilt. Das Ansehen der Streitkräfte in der Bevölkerung wurde durch diesen Einsatz auf jeden Fall nachhaltig gestärkt. Dennoch darf nicht verdrängt werden, dass die Bundeswehr für derlei Einsätze nicht geschaffen wurde, sondern für die militärische Verteidigung von Deutschlands Sicherheit, und genau für diese Aufgabe ist sie nicht optimal gerüstet.

Was die meisten sicherheitspolitischen Experten in den letzten Jahren immer wieder betont haben, scheint sich aber mit der ausgerufenen »Zeitenwende« als allgemeine Einsicht durchgesetzt zu haben: Die Bundeswehr ist schlecht ausgestattet, erfolgreich kann sie sozusagen nur waffenlos agieren. Davon gilt es so rasch wie möglich Abschied zu nehmen. Retter und Helfer von bedrohten und dem Elend ausgelieferten Menschen sind die Soldaten der Bundeswehr zwar auch bei vielen ihrer Auslandseinsätze, und das ist gut so.

Vielfältige Einsätze: Eine Soldatin der Bundeswehr unterstützt ein Gesundheitsamt bei der Corona-Kontaktnachverfolgung, Oktober 2020.

Aber in erster Linie hat sie eine Streitmacht zu sein, die kämpfen können muss, weil und wenn eskalierende Krisen und kriegerische Konflikte anders nicht einzudämmen und zu stabilisieren sind. So wie die Weltpolitik seit Beginn des 21. Jahrhunderts beschaffen ist, kommt dies häufiger vor, als man es sich wünschen würde. Damit ist zugleich gesagt, dass die Bezeichnung Zeitenwende sehr verschiedene und weit über das Militärische hinausgehende Aspekte umfasst, etwa auch die internationalen Wirtschaftsbeziehungen mit ihren ungeschützten Lieferketten. Hier geht es aber vordinglich um militärische und geostrategische Fragen.

Breites Bedrohungsspektrum

Die völkerrechtswidrige Einverleibung der Krim durch Russland 2014 und acht Jahre später die von Präsident Putin so genannte »militärische Spezialoperation« gegen die Ukraine sind Elemente eines imperialistischen Revisionismus der russischen Führung. Sie verfolgt damit ein viel weiter reichendes Ziel, nämlich die grundlegende Störung der transatlantischen Beziehungen, die Erosion demokratischer Gesellschaften und letztlich die Außerkraftsetzung aller Regeln der liberalen Weltordnung. All das soll den als zerstritten, störungsanfällig und dekadent angesehenen Westen schwächen. Es spricht bisher allerdings einiges dafür, dass der russische Diktator mit dem Überfall auf die Ukraine diesem Ziel nicht näher gekommen ist, vielmehr in den westlichen Gesellschaften eine selbstkritische Bestandsaufnahme der eigenen Verteidigungsfähigkeit bewirkt hat.

Wir haben es bei den gewalttätigen Auseinandersetzungen in der Ukraine mit einem neuen Kriegsbild zu tun, das sich von den vorherrschenden Kriegsbildern aus dem vorigen Jahrhundert deutlich unterscheidet. Neue Waffen wie Drohnen ergänzen und leiten die Feuerkraft herkömmlicher Waffen, die ihrerseits erhebliche technische Weiterentwicklungen erfahren haben. Die Störanfälligkeit der militärischen, vor allem aber auch der zivilen Infrastruktur auszunützen, wird zu einem vorrangigen Ziel. Die Mittel dazu sind zum einen die physische Zerstörung wichtiger Versorgungseinrichtungen, dann aber auch ihre Lahmlegung mittels elektronischer Operationen. Begleitend wird über Propaganda und gezielte Desinformation die Position des Gegners attackiert, Unruhe unter seiner Bevölkerung gestiftet und seine Führung im internationalen Umfeld delegitimiert. Dieses neue Kriegsbild integriert auch Handlungen gewöhnlicher Kriminalität und ignoriert programmatisch die Regeln des Kriegsvölkerrechts. Das ist das Bild vom »hybriden Krieg«.

Unter Experten wird über diesen um 2005 in die Debatte eingeführten Begriff kontrovers diskutiert. Einig ist man sich jedoch darüber, dass das ausgedehnte Geflecht hybrider Bedrohungen die Staaten dazu zwingt, ihre Verteidigungsfähigkeit neu zu überdenken und zu organisieren. Sie muss so ausgeweitet werden, dass den Bedrohungen durch hybride Attacken wirkungsvoll begegnet werden kann. Die Störanfälligkeit moderner komplexer Gesellschaften ist enorm. Und so bedarf es eines großen Aufwandes, um sie dagegen widerstandsfähiger oder resilienter zu machen.

In Deutschland wie in der EU insgesamt haben die zivilen und militärischen Führungen auf das breiter gewordene Bedrohungsspektrum, insbesondere auf Bedrohungen aus dem Cyberraum, mit der Schaffung neuer Richtlinien und Handlungseinheiten reagiert. Die Bundesregierung hat in ihrem Weißbuch 2016 zur Sicherheitspolitik und zur Zukunft der Bundeswehr auf die Notwendigkeit einer Cyber-Sicherheitsstrategie hingewiesen. Ein Jahr später wurde das Kommando Cyber- und Informationsraum (KdoCIR) als höhere Kommandobehörde aufgestellt. Seit September 2022 gibt es ferner das Zentrum Digitalisierung der Bundeswehr. Da ein Merkmal hybrider Bedrohungen darin besteht, gleichermaßen zivile Akteure und Strukturen aufs

Korn zu nehmen, ist auch bei ihrer Abwehr eine zivil-militärische Zusammenarbeit unumgänglich. In dem Nationalen Cyber-Abwehrzentrum beim Bundeskriminalamt werden die Arbeiten mehrerer Sicherheitsbehörden koordiniert und abgestimmt. Entsprechende Einrichtungen gibt es bei der Europäischen Union. Die NATO verfügt bereits seit 2008 in Tallinn (Estland) über eine gemeinsame Einrichtung zum Thema Cybersicherheit, das Cooperative Cyber Defence Centre of Excellence (CCDCOE).

Landes- und Bündnisverteidigung, neu

Für die Europäische Union, allerdings mit Ausnahme ihrer Mitgliedsstaaten in unmittelbarer Nachbarschaft zu Russland, ist die Landes- und Bündnisverteidigung als militärische Kernaufgabe in den 1990er-Jahren und zu Beginn des 21. Jahrhunderts etwas zu sehr in den Hintergrund gerückt. Der von den USA proklamierte *Global War on Terror* und die im Westen verbreiteten, über-optimistischen Vorstellungen über die Möglichkeiten externer Demokratieförderung und der Stabilisierung von Regimen im Übergang zur Demokratie bildeten die Grundlage für eine Ausrichtung der Streitkräfte auf eine Bandbreite von Missionen wie Krisenmanagement und -stabilisierung, humanitäre Interventionen und Friedenskonsolidierung. Die meisten dieser Missionen fanden weitab vom eigenen Territorium statt. Eine frühe Ausnahme bildeten die gewalttätigen Auseinandersetzungen im Verfallsprozess Jugoslawiens.

Auch die deutsche Sicherheitspolitik und die Bundeswehr folgten diesem Trend. Der Bundesregierung kam dabei besonders zupass, dass solche Missionen in der Regel eine hohe internationale Legitimation besaßen, etwa durch ein Votum des Sicherheitsrates der Vereinten Nationen. Außerdem schienen sie, diese Einschätzung erwies sich allerdings bald als fehlerhaft, Einsparungen am Militärhaushalt zu ermöglichen, weil das ganze Arsenal an Waffen, Munition und Großgeräten, das für die klassische Landesverteidigung vorgehalten werden musste, jetzt erheblich ausgedünnt werden konnte.

Das war eine Milchmädchenrechnung, wie sich auf unterschiedliche Weise in Afghanistan (seit etwa 2008/09) und nach der russischen Krim-Besetzung (2014) zeigte. Es dauerte indes ein paar Jahre, bis sich die erneute Prioritätenverschiebung hin zur Landes- und Bündnisverteidigung im strategischen

Denken durchzusetzen begann. Ein ähnlicher Umschwung fand auch in etlichen anderen Mitgliedsstaaten von EU und NATO statt, wenngleich auf leichtere Weise, weil dort Themen wie Wehrhaftigkeit oder Kampffähigkeit nicht so gründlich ausgeblendet waren wie in Deutschland. Wobei letztere in Auslandseinsätzen wie in Afghanistan oder Mali durchaus, wenn auch sozusagen mit angezogener Handbremse, von den dort stationierten Soldaten und Soldatinnen der Bundeswehr demonstriert werden musste.

Die nunmehr höchst aktuell gewordenen Szenarien zur Landes- und Bündnisverteidigung erfordern eine möglichst rasche Verbesserung der Ausstattung mit Waffen und Geräten. Diese Forderung ist gar nicht so einfach einzulösen, denn die Vorlaufzeiten bei deren Beschaffung lassen sich nicht drastisch verkürzen, schon gar nicht innerhalb eines juristisch-bürokratischen Gespinstes, in das sich die Bundeswehr verfangen hat und das Entscheidungen verzögert. Es darf auch nicht vernachlässigt werden, dass sich die äußeren Umstände, in denen die Soldatinnen und Soldaten einen russischen Angriff auf das eigene und das Territorium der Verbündeten (etwa im Baltikum oder an anderer Stelle der NATO-Ostgrenze) abschrecken oder aufhalten sollen, von den Kampferfahrungen in Einsätzen wie im Kosovo, in Afghanistan oder Mali erheblich unterscheiden. Über die Umstrukturierung der Teilstreitkräfte und die Zuführung von funktionierenden Waffen und besserer Ausstattung hinaus wird ein Wandel in der Einstellung von Führung und Truppe benötigt. Oder, um einen in diesem Zusammenhang öfter genannten Begriff zu verwenden, ein neues Mindset. Das braucht man allerdings noch viel mehr in der deutschen Gesellschaft.

Das Sondervermögen

Am 30. Juni 2022 wurde im Bundesgesetzblatt die in Bundestag und Bundesrat erfolgte Änderung des Artikels 87a des Grundgesetzes verkündet. Er wurde um den Absatz 1a ergänzt, dessen erster Satz folgenden Wortlaut hat: »Zur Stärkung der Bündnis- und Verteidigungsfähigkeit kann der Bund ein Sondervermögen für die Bundeswehr mit eigener Kreditermächtigung in Höhe von einmalig bis zu 100 Milliarden Euro errichten.« Die Bundesregierung wolle mit dieser Entscheidung, hieß in der Begründung, ein Signal setzen, dass die Ertüchtigung der Bundeswehr auf Basis einer dauerhaft gesicherten Finanzierungsgrundlage und damit international sichtbar und glaubwürdig umgesetzt wird. Da Grundgesetzänderungen mindestens eine Zweidrittelmehrheit des Bundestages benötigen, musste die CDU/CSU-Opposition zustimmen. Das tat sie unter der Bedingung, dass dieses Sondervermögen ausschließlich für Vorhaben der Bundeswehr verwendet wird und nicht auch, wie ursprünglich von der Regierung geplant, zur Finanzierung von Maßnahmen der Cyberabwehr. Dass dafür ebenfalls viel Geld aufgewandt werden muss, steht auf einem anderen Blatt.

100 Milliarden Euro sind eine riesige Summe – einerseits. Jedoch muss man in Rechnung stellen, dass militärisches Großgerät enorm teuer ist. Deshalb ist die sich nach etlichen internen Diskussionen herauskristallisierende »Einkaufsliste« gar nicht so lang. Die verschiedenen Anschaffungen benötigen unterschiedlich lange Zeit, bis sie bei der Truppe ankommen und in Gebrauch genommen werden können. Der größte Anteil des Sondervermögens (40,9 Mrd. Euro) fließt in die Modernisierung der Luftwaffe. Als Nachfolger für das Mehrzweckkampfflugzeug Tornado werden aus den USA Tarnkappen-Jets vom Typ F-35 angeschafft. Außerdem werden Mittel für die (gemeinsam mit Frankreich und Spanien geplante) Entwicklung des Kampfflugzeugprojekts Future Combat Air System (FCAS) verwendet. Ein neues Eurofighter-Modell (ECR Eurofighter), die israelische Heron-Drohne, 60 amerikanische Hubschrauber des Typs CH-47 Chinook, leichte Unterstützungshubschrauber, Seefernaufklärer und das weltraumbasierte Frühwarnsystem Twister komplettieren diese Liste.

Der Marine stehen insgesamt 19,3 Mrd. Euro zur Verfügung, die größtenteils für weitere Korvetten vom Typ 130, Fregatten F126, das Jagd-U-Boot 212 sowie Mehrzweckkampfboote ausgegeben werden. Das Heer kann für insgesamt 16,6 Mrd. Euro die Nachfolge-Modelle des Schützenpanzers Marder und des Truppentransporters Fuchs anschaffen. Weiterhin werden das Schneefahrzeug BV 206 ersetzt und der Schützenpanzer Puma nachgerüstet. In längerer Perspektive steht auch die Entwicklung (zusammen mit Frankreich) des Leopard-2-Panzers an.

Die Heeresführung zeigte sich leicht enttäuscht über den ihr zugewiesenen Anteil am Sondervermögen. Ein größerer Batzen dient der Verbesserung der Führungsfähigkeit der Bundeswehr – 20,7 Mrd. Euro. Dabei geht es insbesondere um die Digitalisierung der Führungskommunikation und um die Verbesserung der teilstreitkräfteübergreifenden und multinationalen (bündnisinternen) Zusammenarbeit. Schließlich werden 1,9 Mrd. Euro für die Verbesserung der persönlichen Ausrüstung und Bekleidung der Soldatinnen und

Soldaten ausgegeben (u. a. Gefechtshelme, Stiefel oder Nachtsichtgeräte). Und zuletzt geht ein kleiner Teil des Sondervermögens (0,4 Mrd. Euro) in die Forschung und Entwicklung land- und seegestützter Navigation sowie von Systemen Künstlicher Intelligenz (KI). Weitergehende Vorstellungen und Wünsche aus den Teilstreitkräften werden zurückgestellt oder aus dem »normalen« Etat des Verteidigungsministeriums bezahlt.

Das ist eine Momentaufnahme aus dem Sommer 2022; Prioritätenverschiebungen sind nicht ausgeschlossen. Mit diesen Sondermitteln können auf jeden Fall Beschaffungsdefizite des letzten Jahrzehnts verringert werden. Trotzdem bleibt eine bohrende Anschlussfrage an dieses Projektbündel – die nach seiner Umsetzung. Das Koblenzer Beschaffungsamt gilt seit vielen Jahren als bürokratisches Nadelöhr und Hindernis für rasche Beschaffungen. Das Anfang Juli 2022 vom Bundestag verabschiedete Bundeswehrbeschaffungsbeschleunigungsgesetz (BwBBG) soll die Vergabeprozesse für militärische Ausrüstung erleichtern, beispielsweise indem die endemisch gewordenen Nachprüfungs- und Beschwerdeverfahren beschleunigt werden. Ob es, was zu wünschen wäre, hier merkliche Verbesserungen bewirkt, bleibt abzuwarten.

Nationale Sicherheitsstrategie

Die Dreierkoalition aus SPD, Grünen und FDP unter Bundeskanzler Scholz hat in ihrem Koalitionsvertrag bei Amtsantritt die Ausarbeitung einer Nationalen Sicherheitsstrategie angekündigt. »Unsere Außen-, Sicherheits- und Entwicklungspolitik werden wir wertebasiert und europäischer aufstellen. Die deutsche Außenpolitik soll aus einem Guss agieren und ressortübergreifend gemeinsame Strategien erarbeiten, um die Kohärenz unseres internationalen Handelns zu erhöhen.« Die Nützlichkeit eines solchen Grunddokuments haben zivile und militärische Experten immer wieder betont, hauptsächlich mit dem Argument, dass es eine klare, abgestimmte und widerspruchslose Sicherheitsstrategie braucht, um den vielen sich überschneidenden Dimensionen von Sicherheit gerecht werden zu können.

Die Nationale Sicherheitsstrategie soll, so die Absicht in Berlin, das oberste sicherheitspolitische »Dachdokument« der Bundesregierung sein. Aus ihr sollen sich die Vorgaben für die strategische Ausrichtung und inhaltliche Gestaltung der deutschen Sicherheitspolitik ergeben. Damit werden mehrere Ziele zugleich verfolgt: Erstens soll die Abstimmung der verschiedenen

Regierungsressorts verbessert werden (da gibt es, etwa zwischen dem Verteidigungsministerium und dem Auswärtigen Amt, durchaus Nachholbedarf). Der Sicherheitssektor moderner Gesellschaften reicht aber noch weiter und umfasst beispielsweise die Geheimdienste, die Polizeibehörden und den Bevölkerungs-, Zivil- und Katastrophenschutz. Zweitens soll die Nationale Sicherheitsstrategie zum Bezugstext für sicherheitspolitische Debatten mit Wissenschaftlern, Parlamentariern, Verbänden, Medien und der allgemeinen Öffentlichkeit werden, nicht zuletzt mit dem Anspruch, die bislang vor allem von ausländischen Beobachtern häufig konstatierte Dürftigkeit des strategischen Diskurses hierzulande zu überwinden und wenn möglich einen breiten außen- und sicherheitspolitischen Konsens herzustellen. Und drittens will man den Verbündeten und allen anderen Staaten die deutschen sicherheitspolitischen Prioritäten verbindlich signalisieren, ein Beitrag zur Verlässlichkeit und Transparenz. Das hat allerdings auch die Konsequenz, dass sich die Bundesregierung Widersprüche zwischen dem Text der Nationalen Sicherheitsstrategie und ihrem eigenen sicherheitspolitischen Handeln nur bei Strafe schwerwiegenden Vertrauensverlustes leisten kann.

Die Erwartungen an ein solches Dokument dürfen andererseits auch nicht zu hoch gesteckt sein. Es wäre falsch, es sich als gewissermaßen in Stein gemeißelt vorzustellen. Die Nationale Sicherheitsstrategie ist ein Orientierungstext, dessen Aussagen regelmäßig überprüft und bei weltpolitischen Entwicklungen mit Auswirkungen auf die Sicherheit Deutschlands verändert werden müssen.

»Eine Riesenherausforderung«

Manche argwöhnen, dass der Begriff der Zeitenwende nur die politische Stimmungslage nach dem Überfall Russlands auf die Ukraine widergibt. Tatsächlich aber drückt er einen sich schon länger anbahnenden tiefreichenden strukturellen Wandel der Weltpolitik und der internationalen Sicherheitslage aus. Den verspüren alle westlichen Länder, und für viele von ihnen bedeutet das die Notwendigkeit, die eigenen Streitkräfte aufzuwerten. Beispielsweise unternehmen die Niederlande seit dem 24. Februar 2022 große Anstrengungen, um den stark geschrumpften Personalbestand ihrer Armee (weniger als 50 000 Soldatinnen und Soldaten, das ist ein Fünftel des Personalbestandes am Ende des Ost-West-Konflikts) wieder zu erhöhen.

Nationale Sicherheitsstrategie
(aus der Grundsatzrede von Verteidigungsministerin Christine Lambrecht am 12. September 2022)

»Die Nationale Sicherheitsstrategie ist ein wichtiges Projekt. Denn die drängenden strategischen Fragen brauchen mehr als nur gutes Krisenmanagement und schnelle Antworten. Das wird in dieser Zeit immer gefordert. Aber wir brauchen eine langfristige Politik, tief fundiert und solide finanziert. Allein mit Bedächtigkeit, allein mit dem Rückgriff auf bewährte bundesrepublikanische Traditionen werden wir in Zukunft nicht mehr sicher leben können. Wer eine Zukunft in Freiheit und Frieden will, der muss jetzt umsteuern. Der muss Sicherheit, ja auch die militärische Sicherheit, als eine ganz zentrale Aufgabe dieses Landes begreifen – und danach handeln. Sicherheit wird wieder zur zentralen Staatsaufgabe.«

Für die Bundeswehr hat die Zeitenwende eine Phase beschleunigter Rüstungsanstrengungen, operativer Umstellungen und der Konzentration auf die Landes- und Bündnisverteidigung eingeleitet. Das ist ein schwieriger Prozess, der ihren Angehörigen auf allen Hierarchie-Ebenen viel abverlangt und der trotz allen Drängens der politischen Führung viel Zeit braucht. Eine Pause, das heißt das Nachlassen der hybriden Bedrohungslage, gibt es nicht. Auf dem Gipfeltreffen der NATO Ende Juni 2022 in Madrid kamen die Mitgliedsstaaten überein, die NATO Response Force wegen des russischen Angriffskrieges auf die Ukraine und zur Sicherung der Ostflanke des Bündnisses von 40 000 auf 300 000 kampfbereite Soldatinnen und Soldaten zu erhöhen. 15 000 davon soll das Heer der Bundeswehr stellen. Dieser Auftrag stellt die Professionalität der Truppe einmal mehr, in den Worten des Vorsitzenden des Bundeswehrverbandes, »vor eine Riesenherausforderung« – hinsichtlich des Personals, der Ausrüstung, der Infrastruktur und der Mentalität.

Dies scheint also ein Leitmotiv in der Geschichte der Bundeswehr zu sein: ein ständiger und das zivile und militärische Personal der Bundeswehr sehr belastender Reformdruck mit Anforderungen, für deren Erfüllung die verfügbaren Instrumente nicht immer ausreichen.

Ausblick

Von ihrer Planung und Gründung in den 1950er-Jahren bis heute wurde die Bundeswehr mehrfach gründlich reformiert. Zunächst im Umfang von einer halben Million Soldaten geplant, umfassten die deutschen Streitkräfte im März 2022 etwas mehr als 180 000 Soldaten und Soldatinnen (55 864 Berufssoldaten, 118 735 Zeitsoldaten; 8 867 Freiwillig Wehrdienstleistende). Seit dem Jahr 2000 steht die Bundeswehr prinzipiell weiblichen Bewerbern offen. 23 796 Soldatinnen dienten im August 2022 in der Bundeswehr, das ist ein Anteil von 13 Prozent.

Aufgestellt zunächst zur konventionellen Landesverteidigung gegen einen vom Osten angreifenden Gegner, fügte sich die Bundeswehr sogleich in den Rahmen der multinationalen Bündnisse NATO und WEU ein und wurde Teil der gemischten nuklear-konventionellen Abschreckung und Kriegsverhinderung des Westens. In den Anfangsjahren war sie von den operativen und taktischen Erfahrungen und dem militärischen Traditionsbewusstsein der Weltkriegsoffiziere und -unteroffiziere geprägt. Zugleich entwickelte sie sich mit den Jahren, häufig unter der Vielzahl der Herausforderungen ächzend, zu einer modernen Streitkraft, die sich im militärischen Alltag mit den Bündnispartnern messen lassen konnte.

Regierung und Parlament legten schon in der Planungsphase großen Nachdruck auf gesetzliche Regeln, institutionelle Vorkehrungen und Vorschriften, die in ihrer Summe die demokratische Kontrolle über die Bundeswehr sichern sollten. Denn eine ihrer Entstehungsbedingungen lautete: militärisch so effizient wie es nur geht, politisch aber – ganz anders als Reichswehr und Wehrmacht – fest in der freiheitlich-demokratischen Grundordnung verankert. Unter diese Vergangenheit wurde ein dicker Strich gezogen – der aber, personalpolitisch gesehen, einer durchlöcherten Linie glich. Dieser Widerspruch

Eine bunte Truppe? »Eingestrickter« Panzer vor dem Militärhistorischen Museum in Dresden, 2013.

überschattete vor allem die Traditionsbildung der Bundeswehr, bis hin zu den anfangs heftigen Auseinandersetzungen über die »Wehrmachtsausstellung« (1995–1999 und in überarbeiteter Form 2001–2004). Erneut tauchte er nach 2017 wieder auf, als sich vor dem Hintergrund der Kampferfahrungen bei Auslandseinsätzen und einer sich an Fragen wie der nach der richtigen Migrationspolitik polarisierenden Innenpolitik in Teilen der Truppe eine gewisse Affinität zur Wehrmachtstradition mit entsprechend stark rechts orientierten Verhaltensweisen verbreitet. Die Gegenmaßnahmen von Ministerium und militärischer Führung brauchten eine längere Anlaufzeit.

Die Öffentlichkeit tat sich nicht leicht mit den Streitkräften. In Umfragen über das Ansehen unterschiedlicher Berufe schnitten Offiziere meist schlecht ab (nur Politiker waren noch weniger angesehen). In der alten Bundesrepublik sahen viele erschöpfte Erziehungsberechtigte seinerzeit den Hauptzweck der Wehrpflicht darin, dass den jungen Männern endlich einmal jemand »die Hammelbeine lang ziehen« würde. Von konservativer Seite schallte der Bundeswehr entgegen, sie könne eigentlich nicht wirklich verteidigungsfähig werden, solange in der Gesellschaft der »Wehrwille« fehle. Vom entgegengesetzten Flügel des politischen Spektrums wurden immer wieder anlassbezogene und allgemeine Zweifel an der demokratischen Zuverlässigkeit der Bundeswehr geäußert, manchmal in wirklicher Besorgnis, oft aber auch kräftig überzogen. In diesem Kreuzfeuer war es für die reformbereiten Kräfte in der Bundeswehr nicht einfach, einen zeitgemäßen Führungsstil, bei dem es mehr auf Mitdenken und Mitbeteiligung der Untergebenen ankommt, und die Grundsätze der Inneren Führung durchzusetzen. Insgesamt gelang das aber einigermaßen, wider alle Skepsis auch von kompetenten Beobachtern.

Zäsuren

Im Rückblick erscheinen in der Geschichte der Bundeswehr vier Zäsuren als besonders wichtig und folgenreich. Die erste Zäsur fällt in die Anfangsjahre der sozial-liberalen Koalition ab 1969, in die Amtszeit von Verteidigungsminister Helmut Schmidt. Die Gründung der beiden Hochschulen der Bundeswehr in Hamburg und München und die teilweise Akademisierung des Offizierberufs waren eine Antwort auf die neuen, vor allem technisch bedingten Anforderungen, denen sich das Führungspersonal moderner Streitkräfte ausgesetzt sah. Ohne Kritik blieben diese Reformen nicht: Die einen befürchteten eine »Zivilisierung« des Militärberufs, andere eine Militarisierung der Gesellschaft. Beides erwies sich als abwegig. Die Bundeswehr wurde durch die Neuordnung von Bildung und Ausbildung moderner und flexibler.

Zur zweiten und besonders wichtigen Zäsur kam es 1990 mit dem Ende des Ost-West-Konflikts, der Vereinigung Deutschlands und der Eingliederung der Nationalen Volksarmee der DDR, oder was von ihr übriggeblieben war, in die Bundeswehr. Das verlangte enorme organisationsintere Anstrengungen. Jetzt war die bipolare Sicherheitsarchitektur Europas Vergangenheit geworden. Aber das leitete keineswegs eine von vielen erhoffte Ruhephase für die Streitkräfte ein. Im Gegenteil: alte Konflikte brachen erneut auf und neue kündigten sich an, verursacht durch Staatszerfall, internationalen Terrorismus, organisierte Kriminalität und die drohende Weiterverbreitung von Massenvernichtungswaffen. Die bis 1990 zwar gefährliche, aber übersichtliche Weltordnung war nun auf unerwartete Weise fragil und unübersichtlicher geworden. Die Verbündeten erwarteten von Deutschland, dass es mehr zur Stabilisierung internationaler Krisen, zur Deeskalation gewaltsamer Konflikte, zur Friedensschaffung in Kampfgebieten und zum Schutz der Menschenrechte beitragen solle. Nicht nur rhetorisch oder finanziell, sondern notfalls auch militärisch.

Gebremst wurden solche Erwartungen durch das im Westen allgemein, in Deutschland mehr als anderswo verbreitete Gefühl, jetzt sei eigentlich der richtige Zeitpunkt für Einsparungen bei den Militärausgaben gekommen (»Friedensdividende«). Tatsächlich sanken die Militäretats in fast allen NATO-Staaten nicht unbeträchtlich. Was die Bundeswehr betrifft, so kollidierte diese Maßnahme mit der Absicht, ihr Fähigkeitsprofil zu einer »Armee im Einsatz« auszuweiten. Das bedeutete Änderungen ihrer Bewaffnung und Ausrüstung, andere Ausbildungsziele und eine über die rein territorial gedachte Landesverteidigung hinausreichende Aktionsfähigkeit. Letztlich war eine Runderneuerung der Bundeswehr nötig. Nach der Sicherung der grundgesetzlichen Legitimation durch die Entscheidung des Bundesverfassungsgerichts vom 12. Juli 1994, dass Auslandseinsätze der Bundeswehr verfassungskonform sind, musste ein langwieriger Erneuerungsprozess eingeleitet werden.

Die dritte Zäsur vollzog sich in einer besonders heiklen Phase der Erneuerung der Bundeswehr. Auslandseinsätze unterschiedlicher Art und auf verschiedenen Kontinenten gab es schon bald nach 1990. Der größte darunter, der zwanzigjährige Einsatz in Afghanistan, blieb politisch und militärisch

Einsatz mit Folgen: Ehrenspalier zur Verabschiedung gefallener Bundeswehr-Soldaten im afghanischen Masar-i-Scharif, Mai 2011.

erfolglos. Bei den deutschen Streitkräften hinterließ er tiefe Spuren. Die Bundeswehr verlor in Afghanistan 59 ihrer dort eingesetzten Soldaten, darunter 35 durch Feindaktionen. Sie war jetzt nicht mehr nur Retter, Helfer und Berater für einen Friedensprozess, sondern Akteur in einem unerklärten (Bürger-)Krieg. Die Folgen des Afghanistan-Einsatzes werden Bundeswehr und Öffentlichkeit noch lange beschäftigen. Und er wird seinen Platz im kollektiven Gedächtnis der Deutschen behaupten.

Diese drei Zäsuren haben jeweils beträchtliche organisationsinterne Veränderungen bewirkt. Zeitweise knirschte es hörbar im inneren Gefüge der Bundeswehr. In der Regel blieb das Interesse der Öffentlichkeit an den Streitkräften zwar grundsätzlich freundlich, aber auch weitgehend oberflächlich. Aber die Aufmerksamkeit für das, was da vorging, ebbte bald wieder ab.

Insofern kam die vierte Zäsur wie ein Schock. Die Welt, wie sie heute ist, wird noch auf Jahre hinaus von Konflikten verschiedenster Art heimgesucht werden. Der wichtigste darunter betrifft die Auseinandersetzung zwischen den westlichen Demokratien, die ihrerseits ihre eigenen Stabilitätsprobleme haben, und autokratischen Großmächten wie China und Russland. Deren Führungen haben eine andere als die westlich geprägte Weltordnung im Sinn. Ohne eine überzeugende Abschreckungs- und Verteidigungsmacht und ohne Streitkräfte, die notfalls erfolgreiche Eindämmung und Krisenstabilisierung vornehmen können, würde sich die weltpolitische Waagschale bald auf die

Seite der Autokratien neigen. Dieses weltpolitische Lagebild hat die russische Aggression in der Ukraine blitzartig klargelegt, ebenso die Konsequenzen für die deutsche Sicherheitspolitik und die Rolle der Bundeswehr darin. Mag mancher auch gehofft haben, dass der Ausdruck Zeitenwende die Situation überdramatisiert – jede realistische Analyse des internationalen Systems und der internationalen Politik kommt jedoch unweigerlich zu dem Schluss, dass von Überdramatisierung keine Rede sein kann.

Und so bedarf es keiner großen Prognosekraft, um vorherzusagen, dass die Bundesrepublik Deutschland unter grundsätzlicher Beibehaltung ihrer spezifischen politisch-militärischen Kultur demnächst über eine Bundeswehr der dritten Art verfügen wird, ganz anders als Mitte der 1950er-Jahre bei ihrer Gründung und auch anders als nach der Vereinigung Deutschlands und der Übernahme der Nationalen Volksarmee der DDR 1990. Und doch bleibt sie dieselbe Organisation mit einer über alle Veränderungen hinweg unverkennbaren Identität als Streitkräfte für die Sicherheit der Demokratie.

Wie weiter?

Politische Prognosen sind bekanntlich schwierig und wenig zuverlässig. Also heißt es nach dem Durchgang durch die Vorgeschichte und Geschichte der Bundeswehr, sehr vorsichtig mit den Antworten auf die Frage »Wie weiter?« zu sein und keinesfalls irgendeiner Art von Wunschdenken nachzugeben.

Immerhin wird man wohl davon ausgehen können, dass trotz aller Veränderungen in der internationalen Politik deutsche Regierungen bestimmte sicherheitspolitische Grundentscheidungen nicht zur Disposition stellen werden. Dazu gehören die feste Einbindung der Bundeswehr in die freiheitlich-demokratische Grundordnung und die Aufrechterhaltung der multinationalen Bündnispolitik. Immer wenn auf den beiden Bündnisebenen, der transatlantischen und der europäischen, Erosionserscheinungen auftreten, wird von Berlin aus regelmäßig versucht werden, Stagnation oder gar Auflösungsprozesse zu verhindern.

Die auch sicherheitspolitisch relevante Globalisierung verändert sich. Nur durch ein erweitertes Sicherheitskonzept kann deshalb den vielfältigen Bedrohungen und Gefahren angemessen begegnet werden. In einem solchen Sicherheitskonzept wird die Vernetzung früher getrennter politischer und administrativer Sphären fortgeschrieben: innere und äußere Sicherheit, Landesverteidigung an den eigenen und den Bündnisgrenzen sowie an fernen Orten, von wo aus Sicherheitsgefährdungen auf Deutschland zukommen können, ziviles und militärisches Konfliktmanagement, Grenzsicherung und Aufbauhilfe für Krisenstaaten, Früherkennung terroristischer Aktivitäten staatlicher und nichtstaatlicher Akteure, Katastrophenschutz und humanitäre Hilfe, Abwehr privater und staatlich gesteuerter Hacker-Übergriffe. All das ist miteinander verknüpft und verlangt dementsprechend einen umfassenden Ansatz zur Aufrechterhaltung der Sicherheit.

Ein Zurück zu früheren Wehrstrukturen kann es deshalb nicht geben. Die immer einmal wieder angefachten Debatten über die Wiedereinsetzung der Wehrpflicht finden im luftleeren Raum statt. Zur Erfüllung ihrer Aufgaben braucht die Bundeswehr Fachpersonal. Auch die Pflege eines langsam anwachsenden Stamms von Reservisten ist nur unter diesem Gesichtspunkt sinnvoll. Was die Rekrutierung von Nachwuchs betrifft, so wird, wie von der Bundeswehrführung auch angestrebt, der Anteil von Frauen weiter anwachsen und werden nach längerer Vorlaufzeit Frauen auch vermehrt in Führungspositionen aufrücken. Die Streitkräfte als eine männlich dominierte Organisation stehen hier in ihrem eigenen Interesse vor der Aufgabe, eine glaubwürdige Perspektive für die Gleichstellung der Geschlechter zu entwickeln und durchzuhalten. Zugleich wird »die Truppe bunter werden«. Damit ist gemeint, dass sich die Zahl der Soldaten, deren Eltern oder Großeltern aus anderen Ländern nach Deutschland eingewandert sind, in Zukunft erhöhen wird.

Die durch den Ukrainekrieg ausgelöste Krise hat die in der politisch-militärischen Kultur der Bundeswehr gewachsenen multinationalen Bindungen gefestigt. Eine stärkere Betonung exklusiv nationalistisch definierter sicherheitspolitischer und militärischer Vorstellungen wäre für Deutschland höchst zwiespältig. Denn die Einbindung des Landes in die westlichen Bündnisse, politisch, wirtschaftlich, militärisch, gehört zu seiner Staatsräson. Wenn jedoch die transatlantischen Beziehungen und die europäische Integration von Deutschlands Partnern zurückgebaut würden, stünde Deutschland vor einem Problem. Es wird interessant sein zu beobachten, ob mittelfristig die eigentlich vielversprechenden, aber bislang nur zaghaft ergriffenen Optionen für eine engere und arbeitsteilige Kooperation der Streitkräfte in Europa einschließlich der vermehrten Zusammenarbeit auf dem Rüstungssektor ergriffen werden.

Eines ist in jedem Fall unabweisbar: Wie nach dem Ende der beiden schrecklichen Weltkriege des 20. Jahrhunderts, wie nach dem Ende des Ost-West-Konflikts, wie zu keinem anderen Zeitpunkt der Geschichte wird es auch in der Zukunft keinen »Abschied vom Soldaten« geben. Streitkräfte werden nach wie vor gebraucht. Mehr denn je.

Anhang

Die Bundesminister der (bis 1962: für) Verteidigung

1. Theodor Blank (CDU) (1905–72) war vom 26.10.1950 bis zum 7.6.1955 der »Beauftragte des Bundeskanzlers für die mit der Vermehrung der alliierten Truppen zusammenhängenden Fragen« und in dieser Dienststelle, auch Amt Blank genannt, mit den Vorbereitungen zur Wiederbewaffnung beschäftigt. Seine anschließende Amtszeit als Verteidigungsminister dauerte bis zum 15.10.1956.

2. Franz Josef Strauß (CSU) (1915–88) amtierte als entscheidungsfreudiger und durchsetzungsfähiger Verteidigungsminister vom 16.10.1956 bis zu seinem durch die »Spiegel-Affäre« erzwungenen Rücktritt im Dezember 1962. Die Aufbauschwierigkeiten der Bundeswehr bekam er besser in den Griff als sein Vorgänger. Sein Interesse galt nicht nur Organisationsfragen der Streitkräfte, sondern auch den nuklearstrategischen Entwicklungen im Bündnis.

3. Kai-Uwe von Hassel (CDU) (1913–97) trat sein Amt am 9.1.1963 mit dem Ziel einer »Phase der Konsolidierung« nach innen und außen an. Vor allem wegen der Krise um den Starfighter F-104 kam die Bundeswehr aber immer wieder in die Schlagzeilen.

4. Gerhard Schröder (CDU) (1910–89) war lange Jahre erst Innenminister und ab 1961 Außenminister gewesen, bevor er am 1.12.1966 zum Verteidigungsminister in der ersten Großen Koalition ernannt wurde. Er setzte sich nachhaltig für die Vertiefung der nordatlantischen Sicherheitspartnerschaft in der NATO ein. In seiner Amtszeit erschien 1969 das erste »Weißbuch zur Verteidigungspolitik der Bundesrepublik«.

5. Helmut Schmidt (SPD) (1918–2015), Verteidigungsminister von 1969 bis 1972, gehört zusammen mit Strauß zu den führungsstärksten Amtsinhabern. Er zeichnete sich auch durch exzellente Kenntnisse der nuklearstrategischen Konstellation des Bündnisses aus. Mit der Gründung der beiden Universitäten der Bundeswehr in Hamburg und München stieß er die Akademisierung des Offizierberufs an.

6. Georg Leber (SPD) (1920–2012) galt, wohl auch wegen seiner Zeit als Gewerkschaftsführer, in seiner Amtszeit vom Juli 1972 bis Anfang Februar 1978 als väterlicher, den Sorgen der einfachen Soldaten gegenüber aufgeschlossener Minister, der allerdings auch seine Schwierigkeiten mit der Weiterführung der Reformen seines Vorgängers hatte und schließlich wegen einer ungenehmigten Aktion des Militärischen Abschirmdienstes seinen Abschied nahm.

7. Hans Apel (SPD) (1932–2011) übernahm nach vier Jahren als Bundesfinanzminister Mitte Februar 1978 das Verteidigungsministerium. Als Mitstreiter von Bundeskanzler Schmidt in der Kontroverse um den Nachrüstungsbeschluss der NATO hatte er keinen leichten Stand in seiner Partei. Seine Amtszeit endete am 1.10.1982. Kurz vorher erließ er noch die auf den neuesten Stand gebrachten Traditionsrichtlinien für die Bundeswehr.

8. Manfred Wörner (CDU) (1934–94) wurde mit der Bildung der christlich-liberlen (»schwarz-gelben«) Koalition unter Kanzler Helmut Kohl Anfang Oktober 1982 zum Verteidigungsminister ernannt. Viel gerühmt wurde sein militärisch-strategischer Sachverstand, der mit ein wichtiger Grund dafür war, dass er 1987 zum ersten deutschen Generalsekretär der NATO gewählt wurde. In seine Amtszeit in Bonn, die Mitte Mai 1988 endete, fiel auch der Skandal um den NATO-General Günter Kießling wegen dessen angeblicher Homosexualität.

9. Rupert Scholz (CDU) (* 1937) war von Mitte Mai 1988 bis Mitte April 1989 Bundesverteidigungsminister. Seine Amtszeit stand im Zeichen der Ost-West-Entspannung und ihren Konsequenzen für die Streitkräfte, endete aber kurz bevor der Prozess der deutschen Vereinigung dramatische Fahrt aufnahm.

10. Gerhard Stoltenberg (CDU) (1928–2001) amtierte von Mitte April 1989 bis Ende März 1992 als Verteidigungsminister. Das größte Ereignis seiner Amtszeit war die Übernahme der Nationalen Volksarmee der ehemaligen DDR in die Bundeswehr.

11. Volker Rühe (CDU) (* 1942) übernahm das Ministerium Anfang April 1992 und amtierte bis Ende Oktober 1998. In seine Amtszeit fiel die BVG-Entscheidung vom Juli 1994. Er versuchte, die Reformen in der Bundeswehr kräftig voranzutreiben und warb für ein verstärktes Engagement der Bundeswehr in multinationalen Krisenstabilisierungs- und Friedensmissionen.

12. Rudolf Scharping (SPD) (* 1947) sammelte vor seinem Amtsantritt Ende Oktober 1998 politische Erfahrungen als rheinland-pfälzischer Ministerpräsident. Gleich nach Amtsantritt trat er zusammen mit Außenminister Joschka Fischer für die Beteiligung der Bundeswehr (Luftwaffe) im Kosovo-Konflikt ein. Er setzte im März 1999 die »Weizsäcker-Kommission« ein, die Vorschläge zu einer umfassenden Reform der Bundeswehr erarbeitete. Er wurde Mitte Juli 2002 abberufen.

13. Peter Struck (SPD) (1943–2012) führte die Reformen Scharpings fort und initiierte eine Neuauflage der »Verteidigungspolitischen Richtlinien«. Bei der Truppe war Struck wegen seiner lakonischen Offenheit und seines spröden norddeutschen Witzes sehr beliebt. Mit dem Satz »Deutschlands Sicherheit wird auch am Hindukusch verteidigt« schrieb er sich in das Buch unvergessener Politikersprüche ein. Trotz gesundheitlicher Rückfälle amtierte er bis zum Wahlsieg von Angela Merkel im September 2005.

14. Franz Josef Jung (CDU) (* 1949) übernahm am 22. November 2005 das Ministeramt und blieb in dieser Position bis Ende Oktober 2009. In diesen Jahren verdüsterte sich die politische und militärische Situation in Afghanistan. Jung setzte sich für ein Ehrenmal der Bundeswehr ein und leitete erste Schritte einer bundeswehreigenen Veteranenpolitik ein.

15. Karl-Theodor zu Guttenberg (CSU) (* 1971) hatte das Ministeramt vom 28.10.2009 bis zu seinem Rücktritt Anfang März 2011 inne. Er stieß einige folgenreiche Veränderungen wie die Aussetzung der Wehrpflicht an, forcierte den Prozess der Neuausrichtung der Bundeswehr und kritisierte mit Blick auf die Auslandseinsätze der Bundeswehr eine Reihe von Denk- und Sprechblockierungen in Bundeswehr und Öffentlichkeit.

16. Thomas de Maizière (CDU) (* 1954) löste seinen Vorgänger am 3.3.2011 ab und amtierte bis Mitte Dezember 2013. Seinem Ruf als besonnener und bürokratieerfahrener Politiker entsprechend, steuerte er die Neuaufstellung der Bundeswehr in ruhigere Gewässer. Zugleich bekam er es mit sich längst anbahnenden strukturellen Problemen zu tun, etwa im Rüstungsbereich (Abbruch des Euro-Hawk-Programms).

17. Ursula von der Leyen (CDU) (*1958) amtierte von Mitte Dezember 2013 bis Mitte Juli 2019. Sie ist die erste Frau auf dieser Position. Mit einer familienfreundlichen Personalstrategie zur Erhöhung der Attraktivität der Bundeswehr als Arbeitgeber und dem Ausbau der internationalen Einsatzfähigkeit der Streitkräfte verfolgte sie ehrgeizige Langzeitziele. Die ebenfalls sehr ambitionierten Versuche, das Rüstungsbeschaffungswesen grundlegend zu reformieren, blieben weitgehend erfolglos.

18. Annegret Kamp-Karrenbauer (CDU) (*1962) übernahm als Bundesvorsitzende der CDU das Ministeramt am 17. Juli 2019 und hatte es bis zum 8. Dezember 2021 inne. Nach anfänglicher Unsicherheit griff sie beherzt schmerzhafte Defizite der deutschen Sicherheitspolitik auf und war gerade dabei, sich als auch bei der Truppe hochrespektierte Inhaberin der Befehls- und Kommandogewalt zu etablieren, als ihre Partei am 26. September 2021 die Bundestagswahl verlor.

19. Christine Lambrecht (SPD) (*1965) wurde am 8. Dezember 2021 ernannt. Zu Beginn ihrer Amtszeit wurde sie wegen ihres Zögerns bei der Waffenhilfe an die Ukraine häufig kritisiert. Kanzler und Kabinett gaben ihr beträchtlichen Handlungsspielraum beim Abbau bürokratischer Hemmnisse im Beschaffungswesen und bei der Trendwende Material und Personal.

Die Generalinspekteure der Bundeswehr

Name	Teilstreitkraft	Lebensdaten	Amtszeit als Generalinspekteur
Heusinger, Adolf	Heer	1897–1982	1. 6. 1957–31. 3. 1961
Foertsch, Friedrich	Heer	1900–1976	1. 4. 1961–31. 12. 1963
Trettner, Heinz	Heer	1907–2006	1. 1. 1964–25. 8. 1966
de Maizière, Ulrich	Heer	1912–2006	25. 8. 1966–31. 3. 1972
Zimmermann, Armin	Marine	1917–1976	1. 4. 1972–30. 11. 1976
Wust, Harald	Luftwaffe	1921–2010	21. 12. 1976–11. 12. 1978
Brandt, Jürgen	Heer	1922–2003	12. 12. 1978–1. 4. 1983
Altenburg, Wolfgang	Heer	* 1928	1. 4. 1983–30. 9. 1986
Wellershoff, Dieter	Marine	1933–2005	1. 10. 1986–30. 9. 1991
Naumann, Klaus	Heer	* 1939	1. 10. 1991–8. 2. 1996
Bagger, Hartmut	Heer	* 1938	8. 2. 1996–31. 3. 1999
von Kirchbach, Hans-Peter	Heer	* 1941	1. 4. 1999–30. 6. 2000
Kujat, Harald	Luftwaffe	* 1942	1. 7. 2000–30. 6. 2002
Schneiderhan, Wolfgang	Heer	* 1946	1. 7. 2002–31. 12. 2009
Wieker, Volker	Heer	* 1954	21. 1. 2010–18. 4. 2018
Zorn, Eberhard	Heer	* 1960	seit 19. 4. 2018

Weiterführende Literatur

Historische und gegenwartsbezogene Schriften über den Krieg in seinen mannigfachen Formen gibt es in großer Zahl, in anderen Ländern womöglich noch viel mehr als in Deutschland. Ihre Qualität ist sehr unterschiedlich. Auch variieren ihre inhaltlichen Schwerpunkte. Kriege, Feldzüge und Schlachten sind im kollektiven Gedächtnis der Völker und Nationen tief verankert. Und sie haben immer wieder die Fantasie entzündet, von Homers »Ilias« bis, sagen wir, Alexander Kluges »Schlachtbeschreibung«. Auch die akademisch betriebene Militärgeschichte als Teilstück der Geschichtswissenschaft hat, insbesondere seit sie unter dem Banner von Nationsbildung und Nationalismus steht, also seit dem frühen 19. Jahrhundert, viel Resonanz gefunden.

In Deutschland hat sich die politisch-militärische Kultur nach dem Zweiten Weltkrieg tiefgehend verändert. Dies spiegelt sich auch in der wissenschaftlichen Literatur zur Sicherheitspolitik und zur Bundeswehr wider. Und zwar zunächst einmal so, dass dieser gesamte Themenbereich in der Lehre und Forschung an den Universitäten lange Zeit ein Stück weit verdrängt wurde. Die in den späten 1960er-Jahren aufkommende Friedens- und Konfliktforschung entwickelte dann zwar eine differenzierte Militär- und Strategiekritik. Aber die Bundeswehr als militärische Großorganisation, ihre demokratische Kontrolle und ihre Integration in die zivile Gesellschaft stießen immer noch auf ein eingeschränktes Interesse. Forschungen und Publikationen zu diesem Themenfeld stammten meist aus außeruniversitären Einrichtungen.

Unter diesen gebührt zwei Einrichtungen der Bundeswehr ein besonderes Verdienst, nämlich dem Militärgeschichtlichen Forschungsamt (MGFA), früher in Freiburg, seit 1994 in Potsdam, und dem Sozialwissenschaftlichen Institut der Bundeswehr (SOWI), früher in München, seit 1994 in Strausberg. 2013 wurden beide Einrichtungen zum Zentrum für Militärgeschichte und Sozialwissenschaften der Bundeswehr (ZMSBw) mit Sitz in Potsdam zusammengelegt.

Amtliche Auftragsforschung hat immer mit der Schwierigkeit zu kämpfen, die unterschiedlichen Aufklärungsinteressen von Auftraggeber und der wissenschaftlichen Forschung in Einklang zu bringen, ohne dass der grundsätzlich offene Fragehorizont der Wissenschaft und die Gebote der akademischen Transparenz verkürzt bzw. verletzt werden. Das ist, auch wenn immer mal wieder Konflikte aufbrachen, unterm Strich gelungen.

Auch heute kommen materialreiche und fundierte Studien zur Militärgeschichte der Gegenwart aus dem Potsdamer Zentrum. Zugleich kann man aber auch ein breiteres Interesse in den Universitäten und in der Öffentlichkeit an diesem Themenfeld konstatieren. Tatsächlich ist die Zahl der Forschungen und Studien zur Bundeswehr und ihrer Geschichte in den letzten Jahren deutlich angestiegen, sodass die Liste der einschlägigen schon ziemlich lang geworden ist. Im Folgenden wird daraus in strenger Auswahl eine Reihe von vor allem jüngeren Titeln mit kurzen Kommentaren aufgeführt. Wer nach der Lektüre dieses Buches seine Kenntnisse über die Bundeswehr und die deutsche Sicherheitspolitik allgemein oder über bestimmte Aspekte ihrer Entwicklung vertiefen will, findet hier nützliche Anknüpfungspunkte.

Knappe geschichtswissenschaftliche Überblicksdarstellungen zur deutschen Militärgeschichte unter besonderer Akzentuierung des Zusammenhangs zwischen Militär und Gesellschaft bieten:

Pröve, Ralf: Militär, Staat und Gesellschaft im 19. Jahrhundert. München 2006.

Kroener, Bernhard R.: Militär, Staat und Gesellschaft im 20. Jahrhundert. München 2009.

Zwei umfangreich informierende Handbücher als einführender Überblick über sozialwissenschaftliche und militär-ethische Ansätze in der Militärforschung sind:

Gareis, Sven B./Klein, Paul (Hg.): Handbuch Militär und Sozialwissenschaft. Wiesbaden 2006.

Bohrmann, Thomas/Lather, Karl-Heinz/Lohmann, Friedrich (Hg.): Handbuch militärische Berufsethik. 2 Bände. Wiesbaden 2013/14.

Eine gründliche sozialwissenschaftliche Vergleichsstudie zum Verhältnis Militär und Politik ist:

Croissant, Aurel/Kühn, David: Militär und zivile Politik. München 2011.

Ausführliche Darstellungen der frühen Entwicklung der Bundeswehr, der Verteidigungsplanung und ihrer Teilstreitkräfte sind:

Thoß, Bruno (Hg.): Vom Kalten Krieg zur deutschen Einheit. Analysen und Zeitzeugenberichte zur deutschen Militärgeschichte 1945 bis 1995. München 1995.

Thoß, Bruno: NATO-Strategie und nationale Verteidigungsplanung. Planung und Aufbau der Bundeswehr unter den Bedingungen einer massiven atomaren Vergeltungsstrategie 1952 bis 1960. München 2006.

Hammerich, Helmut R./Kollmer, Dieter H./Rink, Martin/Schlaffer, Rudolf J.: Das Heer 1950 bis 1970. Konzeption, Organisation, Aufstellung. München 2006.

Lemke, Bernd/Krüger, Dieter/Rebhan, Heinz/Schmidt, Wolfgang: Die Luftwaffe 1950 bis 1970. Konzeption, Aufbau, Integration. München 2006.

Sander-Nagashima, Johannes B.: Die Bundesmarine 1950 bis 1972. Konzeption und Aufbau. München 2006.

Pauli, Frank: Wehrmachtoffiziere in der Bundeswehr. Das kriegsgediente Offizierkorps der Bundeswehr und die Innere Führung 1955–1970. Paderborn 2010.

Hammerich, Helmut R./Schlaffer, Rudolf J. (Hg.): Militärische Aufbaugenerationen der Bundeswehr 1955 bis 1970. Ausgewählte Biographien. München 2011.

Weiter in die Gegenwart greifen folgende historische Darstellungen aus:

Nägler, Frank (Hg.): Die Bundeswehr 1955 bis 2005. Rückblenden, Einsichten, Perspektiven. München 2007.

Rink, Martin: Die Bundeswehr 1950/55 bis 1989. Berlin 2015.

Lutsch, Andreas: Westbindung oder Gleichgewicht? Die nukleare Sicherheitspolitik der Bundesrepublik Deutschland zwischen Atomwaffensperrvertrag und NATO-Doppelbeschluss. Berlin 2020.

Zwei aufschlussreiche Studien mit Schwerpunkt auf den Schnittstellen zwischen Bundeswehr, Politik und Gesellschaft sind:

Manig, Bert-Oliver: Die Politik der Ehre. Die Rehabilitation der Berufssoldaten in der frühen Bundesrepublik. Göttingen 2004.

Naumann, Klaus: Generale in der Demokratie. Generationsgeschichtliche Studien zur Bundeswehrelite. Hamburg 2007.

Situation und Selbstverständnis der Bundeswehr im Vergleich zu anderen westlichen Streitkräften stehen im Mittelpunkt von:

Möllers, Heiner/Schlaffer, Rudolf J. (Hg.): Sonderfall Bundeswehr? Streitkräfte in nationalen Perspektiven und im internationalen Vergleich. München 2014.

Über die Innere Führung als eine Art Alleinstellungsmerkmal der Bundeswehr finden sich wichtige Informationen in:

von Baudissin, Wolf Graf: Grundwert: Frieden in Politik – Strategie – Führung von Streitkräften, hg. von Claus von Rosen. Berlin 2014 (Neudruck).

Schlaffer, Rudolf J./Schmidt, Wolfgang (Hg.): Wolf Graf von Baudissin 1907–1993. Modernisierer zwischen totalitärer Herrschaft und freiheitlicher Ordnung. München 2007.

Über die Bundeswehrreformen seit der Vereinigung informieren:

Heidenkamp, Henrik: Der Entwicklungsprozess der Bundeswehr zu Beginn des

21. Jahrhunderts. Wandel im Spannungsfeld globaler, nationaler und bündnispolitischer Bestimmungsfaktoren. Frankfurt/M. 2010.

Hesse, Joachim J.: Die Neuausrichtung der Bundeswehr. Ansatz, Umsetzung und Ergebnisse im nationalen und internationalen Vergleich. Baden-Baden 2015.

von Bredow, Wilfried: Armee ohne Auftrag. Die Bundeswehr und die deutsche Sicherheitspolitik. Zürich 2020.

Seit mehreren Jahren wächst die Zahl der Veröffentlichungen zu Auslandseinsätzen der Bundeswehr, speziell zum Afghanistan-Einsatz, und ihren Folgen für die Streitkräfte und die Gesellschaft:

Hettling, Manfred/Echternkampp, Jörg (Hg.): Bedingt erinnerungsbereit. Soldatengedenken in der Bundesrepublik. Göttingen 2008.

Chiari, Bernhard/Pahl, Magnus (Hg.): Auslandseinsätze der Bundeswehr. Paderborn 2010.

Glatz, Rainer L./Tophoven, Rolf (Hg.): Am Hindukusch – und weiter? Die Bundeswehr im Auslandseinsatz – Erfahrungen, Bilanzen, Ausblick. Bonn 2015.

Lather, Dietger: Für Deutschland in den Krieg. Auslandseinsätze der Bundeswehr und was Soldaten, ihre Angehörigen und die deutsche Gesellschaft darüber wissen müssen. Marburg 2015.

Münch, Philipp: Die Bundeswehr in Afghanistan. Militärische Handlungslogik in internationalen Interventionen. Freiburg i. Br. 2015.

Bohnert, Marcel: Innere Führung auf dem Prüfstand. Lehren aus dem Afghanistan-Einsatz der Bundeswehr. Hamburg 2017.

Götz, Markus: ‚Hier ist Krieg'. Afghanistan-Tagebuch 2010, hrsg. v. Christian Hartmann. Göttingen 2021.

Maurer, Jochen/Rink, Martin (Hg.): Einsatz ohne Krieg? Die Bundeswehr nach 1990 zwischen politischem Auftrag und militärischer Wirklichkeit. Göttingen 2021.

Der rasante gesellschaftliche Wandel und der nicht minder rasante Wandel von Kriegsbild und Berufsprofil der Soldaten bewirken zuweilen an den Schnittstellen von zivilem und soldatischem Leben Irritationen auf beiden Seiten. Aspekte der zivil-militärischen Beziehungen in einer von manchen als »postheroische Gesellschaft« bezeichneten modernen Demokratie wie Deutschland thematisieren:

Böcker, Martin/Kempf Larsen/Springer, Felix (Hg.): Soldatentum. Auf der Suche nach Identität und Berufung der Bundeswehr heute. München 2013.

Bohnert, Marcel/Reitstetter, Lukas J. (Hg.): Armee im Aufbruch. Zur Gedankenwelt junger Offiziere in den Kampftruppen der Bundeswehr. Berlin 2014.

Biehl, Heiko/Schoen, Harald (Hg.): Sicherheitspolitik und Streitkräfte im Urteil der Bürger. Theorien, Methoden, Befunde. Wiesbaden 2015.

Langer, Phil C./Kümmel, Gerhard (Hg.): ›Wir sind Bundeswehr‹. Wie viel Vielfalt benötigen/vertragen die Streitkräfte? Berlin 2015.

Eine der bundeswehr-intern und in der Öffentlichkeit jüngst mit viel Nachdruck debattierte Frage ist die nach dem politischen und vor allem auch militärischen Traditionsverständnis der Bundeswehr und nach der Verbreitung von extremistischem, jedenfalls nicht demokratie-kompatiblen Gedankengut in Teilen der Bundeswehr. Hintergrundinformationen für diese zuweilen sehr aufgeregt und nicht immer sachlich geführte Debatte liefern:

Abenheim, Donald/Hartmann, Uwe (Hg.): Tradition in der Bundeswehr. Zum Erbe des deutschen Soldaten und zur Umsetzung des neuen Traditionserlasses. Berlin 2018.

Neitzel, Sönke: Deutsche Krieger. Vom Kaiserreich zur Berliner Republik – eine Militärgeschichte. Berlin 2020.

Segler, Tim: »Aus dem Schatten«. Vom Umgang mit Rechtsextremismus in der Bundeswehr und der Reform des Militärischen Abschirmdienstes. Frankfurt/M. 2021.

Aktuelle Informationen über die Bundeswehr samt oft sehr regen, kritischen Debatten über bestimmte Vorgänge in den Streitkräften findet man in dem Blog von Thomas Wiegold:

https://augengeradeaus.net/

Schließlich sei noch auf die Internetportale des Bundesministeriums der Verteidigung und der Bundeswehr hingewiesen, über die man sich regierungsoffizielle Dokumente wie beispielsweise die Texte der Weißbücher herunterladen kann:

https://www.bmvg.de/portal/a/bmvg

https://www.bundeswehr.de/portal/a/bwde

Chronologie

Bis zur Gründung des Kaiserreichs 1871

1618–48

Dreißigjähriger Krieg

1756–63

Siebenjähriger Krieg zwischen Preußen und der Habsburger Monarchie; durch den Sieg Preußens fällt ein großer Teil Schlesiens an Preußen

14. 10. 1806

Vernichtende Niederlage Preußens im Vierten Koalitionskrieg gegen Napoleon in der Schlacht bei Jena und Auerstedt

1807

Nassauer Denkschrift des Freiherrn vom Stein als Anstoß der Stein-Hardenberg'schen Reformen Preußens

1807–13

Preußische Heeresreform, maßgeblich vorangetrieben von Offizieren wie Scharnhorst, Gneisenau, Boyen oder Clausewitz

1813–15

Befreiungskriege gegen die französische Besatzungsmacht

1814/15

Wiener Kongress, Beginn der Restaurationsphase, teilweise Rücknahme der preußischen Heeresreformen

1832/34

Posthume Veröffentlichung von Clausewitz' Hauptwerk »Vom Kriege«

1864

Deutsch-dänischer Krieg

1866

Deutsch-österreichischer Krieg

1870/71

Deutsch-französischer Krieg

Januar 1871

Gründung des Deutschen Reiches und Proklamation des preußischen Königs Wilhelm I. zum Deutschen Kaiser in Versailles

Erster Weltkrieg und Weimarer Republik

Februar–Dezember 1916

Schlacht um Verdun

9. 11. 1918
Ausrufung der Weimarer Republik
11. 11. 1918
Waffenstillstandsabkommen von Compiègne
18. 1. 1919
Beginn der Pariser Friedenskonferenz
19. 1. 1919
Gründung der Reichswehr
28. 6. 1919
Unterzeichnung des Versailler Vertrags

NS-Zeit und Zweiter Weltkrieg
30. 1. 1933
Adolf Hitler wird zum Reichskanzler ernannt, Ende der Weimarer Republik
30. 6. 1934
Niederschlagung des sogenannten Röhm-Putsches, dem auch einige hohe Reichswehroffiziere zum Opfer fallen
16. 3. 1935
Aus der Reichswehr wird die Wehrmacht
1. 9. 1939
Deutscher Überfall auf Polen
20. 7. 1944
gescheitertes Attentat von Graf von Stauffenberg auf Hitler
8./9. 5. 1945
Bedingungslose Kapitulation des Deutschen Reiches
19. 7.–2. 8. 1945
Potsdamer Konferenz
6. und 9. 8. 1945
Abwurf je einer amerikanischen Atombombe auf Hiroshima und Nagasaki

1947–1955
25. 2. 1947
Auflösung Preußens durch ein Gesetz des Alliierten Kontrollrats
12. 3. 1947
Truman-Doktrin: Der amerikanische Präsident kündigt an, die USA werde den freien Völkern Beistand leisten, wenn diese sich bewaffneten Minderheiten oder Druck von außen widersetzen. Die Anti-Hitler-Koalition zerfällt.

17. 3. 1948
Großbritannien, Frankreich und die Beneluxstaaten gründen den Brüsseler Pakt zum Schutz vor einem potenziell wiedererstarkenden Deutschland.
24. 6. 1948
Beginn der Blockade West-Berlins durch die Sowjetunion
3. 7. 1948
Aufstellung von kasernierten Polizeibereitschaften in der sowjetischen Besatzungszone (SBZ)
4. 4. 1949
Gründung des Nordatlantikpakts NATO
23. 5. 1949
Gründung der Bundesrepublik Deutschland
29. 8. 1949
Erster erfolgreicher Atomwaffentest der Sowjetunion
7. 10. 1949
Gründung der Deutschen Demokratischen Republik
24. 5. 1950
General a. D. Graf von Schwerin wird Sicherheitsberater von Bundeskanzler Konrad Adenauer – und entlassen am 26. 10. 1950.
25. 6. 1950
Einmarsch nordkoreanischer Truppen in Südkorea – Beginn des Korea-Krieges
5.–9. 10. 1950
Himmeroder Denkschrift als Blaupause für die künftige Bundeswehr
24. 10. 1950
Frankreichs Ministerpräsident René Pleven verkündet den nach ihm benannten Pleven-Plan zur Gründung einer gemeinschaftlichen Europa-Armee.
26. 10. 1950
Theodor Blank wird der »Beauftragte des Bundeskanzlers für die mit der Vermehrung der alliierten Truppen zusammenhängenden Fragen«. Aus diesem »Amt Blank« geht 1955 das Ministerium für Verteidigung hervor.
23. 1. 1951
»Ehrenerklärung« des amerikanischen Präsidenten Eisenhower für die ehemaligen Wehrmachtssoldaten
9. 2. 1952
Das NATO-Dokument MC 14/1 legt als Strategie die »Massive Vergeltung« fest.
15. 2. 1951
Bundestagsbeschluss über die Aufstellung eines Bundesgrenzschutzes

17. 6. 1953
Volksaufstand in der DDR
27. 7. 1953
Waffenstillstandsabkommen im Korea-Krieg und damit sein provisorisches Ende
30. 8. 1954
Die Europäische Verteidigungsgemeinschaft (EVG) scheitert nach langen Verhandlungen in der französischen Nationalversammlung.
23. 10. 1954
Pariser Verträge: Beendigung des Besatzungsstatuts; aus dem Brüsseler Pakt wird die Westeuropäische Union (WEU) mit der Bundesrepublik als Mitglied; NATO-Mitgliedschaft der Bundesrepublik
9. 5. 1955
Feierliche Aufnahme der Bundesrepublik Deutschland als 15. NATO-Mitglied
11.–14. 5. 1955
Gründung des Warschauer Paktes mit der DDR als Mitglied
7. 6. 1955
Theodor Blank wird zum ersten Bundesminister für Verteidigung ernannt.
12. 11. 1955
Gründungstag der Bundeswehr: Minister Blank überreicht 101 Offizieren und Unteroffizieren in der Ermekeil-Kaserne in Bonn ihre Ernennungsurkunden.

1956–1966
2. 1. 1956
Die ersten (freiwilligen) Soldaten rücken in Andernach (Heer), Nörvenich (Luftwaffe) und Wilhelmshaven (Marine) ein.
7. 7. 1956
Eine Bundestagsmehrheit beschließt die Einführung der Wehrpflicht für Männer zwischen 18 und 45 Jahren.
5. 10. 1956
Die Bundesregierung beschließt, Wehrpflichtige ab dem Geburtenjahrgang 1937 einzuberufen.
16. 10. 1956
Franz Josef Strauß (CSU) löst Theodor Blank (CDU) als Verteidigungsminister ab.
Januar 1957
Beginn der Musterung der Wehrpflichtigen in den Kreiswehrersatzämtern
1. 4. 1957
Die ersten 10 000 Wehrpflichtigen des Heeres rücken in die Kasernen ein.

Generalleutnant Dr. Hans Speidel wird Befehlshaber der Alliierten Landstreitkräfte Europa Mitte in Fontainebleau.

12. 4. 1957

Göttinger Manifest von 18 deutschen Nuklearphysikern, die sich gegen die Ausrüstung der Bundeswehr mit nuklearen Waffen aussprechen

1. 6. 1957

General Adolf Heusinger wird zum ersten Generalinspekteur der Bundeswehr ernannt.

3. 6. 1957

Bei einer Übung ertrinken 15 Grundwehrdienstleistende in der Iller.

16. 1. 1958

Einberufung von 7300 Wehrpflichtigen zur Luftwaffe und zur Marine

27. 6. 1958

Bildung des Beirats für Innere Führung

6. 11. 1958

Der Verteidigungsausschuss unterstützt die Beschaffung von zunächst 300 Kampfflugzeugen vom Typ Starfighter.

19. 2. 1959

Der Bundestag wählt erstmals einen Wehrbeauftragten: Helmuth von Grolman, Generalleutnant a. D.

2. 3. 1960

Hilfseinsatz der Bundeswehr nach dem Erdbeben von Agadir (Marokko)

13. 12. 1960

General Heusinger wird zum Vorsitzenden des Ständigen Militärausschusses (MC) der NATO gewählt.

13. 8. 1961

Beginn des Mauerbaus um West-Berlin durch Betriebskampfgruppen der DDR

8. 11. 1961

Wahl von Hellmuth Heye, Vizeadmiral a. D., zum Nachfolger von Grolman als Wehrbeauftragter

8. 11. 1961

Bundestagsbeschluss über die Verlängerung des Grundwehrdienstes von zwölf auf 18 Monate ab dem zweiten Quartal 1962

17. 2. 1962

Beginn des Bundeswehreinsatzes während der Flutkatastrophe in Norddeutschland

14. 12. 1962
Rücktritt von Verteidigungsminister Franz Josef Strauß wegen der »Spiegel-Affäre«
9. 1. 1963
Neuer Verteidigungsminister wird Kai-Uwe von Hassel (CDU).
3. 11. 1964
Hellmuth Heye tritt als Wehrbeauftragter zurück.
17. 2. 1966
Konstituierung der Nuklearen Planungsgruppe der NATO
August 1966
Sogenannte Generalskrise: Rücktritte von Generalinspekteur Heinz Trettner, dem Inspekteur der Luftwaffe Werner Panitzki und dem Befehlshaber im Wehrbereich III Günter Pape als Ausdruck der Unzufriedenheit mit der politischen Leitung des Verteidigungsministeriums
1. 12. 1966
Nach dem Rücktritt von Bundeskanzler Ludwig Erhard (CDU) wird Kurt-Georg Kiesinger (CDU) Bundeskanzler einer Großen Koalition; neuer Verteidigungsminister wird Gerhard Schröder (CDU).

1967–1976
7. 2. 1967
Haar-Erlass: Soldaten müssen ihr Haar nicht kürzen, sofern sie ein Haarnetz tragen.
13./14. 12. 1967
Der NATO-Ministerrat nimmt den Harmel-Bericht an, in dem gegenüber dem Warschauer Pakt eine Politik vorgeschlagen wird, die die militärische Verteidigungsfähigkeit und Abschreckung mit Entspannung in den Ost-West-Beziehungen kombiniert.
16. 1. 1968
Das NATO-Dokument MC14/3 proklamiert die Strategie der »Flexiblen Antwort« als Handlungsgrundlage des Bündnisses.
30. 5. 1968
Der Deutsche Bundestag verabschiedet mit der Zweidrittelmehrheit der Großen Koalition die »Notstandsverfassung« mit verfassungsrechtlichen Regeln auch für die Bundeswehr in Fällen von äußerem und innerem Notstand (Verteidigungsfall, Spannungsfall, Katastrophenfall).
20./21. 8. 1968
Gewaltsame Beendigung des »Prager Frühlings« durch den Einmarsch von Truppen des Warschauer Paktes in die Tschechoslowakei

21. 10. 1969
Ablösung der Großen Koalition durch eine Koalitionsregierung aus SPD und FDP; Willy Brandt (SPD) wird zum Bundeskanzler gewählt und ernennt Helmut Schmidt (SPD) zum neuen Verteidigungsminister.
28. 11. 1969
Unterzeichnung des Atomwaffensperrvertrages durch die Bundesrepublik Deutschland
12. 8. 1970
Unterzeichnung des Moskauer Vertrages zwischen der Bundesrepublik Deutschland und der Sowjetunion über den gegenseitigen Gewaltverzicht
28. 1. 1971
Rahmenerlass zur Neuordnung des Rüstungsbereichs
3. 2. 1971
Vorlage des Berichts der Wehrstrukturkommission der Bundesregierung über Wehrgerechtigkeit in der Bundesrepublik Deutschland
6. 4. 1971
Vorlage des Berichts der Personalstrukturkommission des Bundesministers der Verteidigung über die Personalstruktur der Streitkräfte
15. 5. 1971
Teilweise Rücknahme des Haar-Erlasses: Soldaten müssen ihre Haare aus Funktionsgründen kurz schneiden lassen.
18. 5. 1971
Vorlage des Gutachtens der Bildungskommission beim Bundesminister der Verteidigung zur Neuordnung der Ausbildung und Bildung in der Bundeswehr
10. 9. 1971
Verkürzung des Grundwehrdienstes von 18 auf 15 Monate (gilt ab 1. 1. 1973)
7. 7. 1972
Georg Leber (SPD) wird neuer Verteidigungsminister.
28. 11. 1972
Vorlage des Berichts der Wehrstruktur-Kommission der Bundesregierung mit Analysen und Optionen für die Wehrstruktur der Bundesrepublik Deutschland
18. 9. 1973
Die Bundesrepublik und die DDR werden Mitglieder der Vereinten Nationen.
1. 10. 1973
Eröffnung der beiden Hochschulen (später umbenannt in Universitäten) der Bundeswehr in Hamburg und München
19. 2. 1975
Ärztinnen können als Sanitätsoffiziere in die Bundeswehr eintreten.

1. 8. 1975
Unterzeichnung der Schlussakte der Konferenz über Sicherheit und Zusammenarbeit in Europa (KSZE) in Helsinki
August 1975
Bei der Bekämpfung von Waldbränden in der Lüneburger Heide werden insgesamt 8 000 Soldaten der Bundeswehr eingesetzt.
August 1976
Hilfseinsatz der Bundeswehr nach dem Erdbeben in Friaul (Italien)

1977–1986
8. 7. 1977
Änderung des Wehrpflichtgesetzes im Bundestag zwecks Neuregelung des Prüfungsverfahrens bei Kriegsdienstverweigerung
3. 1. 1978
General Gerd Schmückle wird als erster Deutscher Stellvertretender Alliierter Befehlshaber Europa.
16. 2. 1978
Neuer Verteidigungsminister wird Hans Apel (SPD).
13. 4. 1978
Das Bundesverfassungsgericht beanstandet die gesetzliche Regelung des Prüfverfahrens bei Kriegsdienstverweigerung (Verweigerung »per Postkarte«).
12. 12. 1979
NATO-Doppelbeschluss: Modernisierung der eigenen nuklearen Mittelstrecken ab 1983 für den Fall, dass bis dahin keine Rüstungskontrollvereinbarung mit der Sowjetunion über die Reduzierung/Zurückverlegung ihrer auf Westeuropa zielenden (»eurostrategischen«) Mittelstreckenraketen abgeschlossen werden kann.
6. 5. 1980
Während des öffentlichen feierlichen Gelöbnisses in Bremen kommt es zu gewalttätigen Ausschreitungen militanter Bundeswehrgegner.
10. 6. 1982
Großdemonstration in Bonn gegen den NATO-Doppelbeschluss mit über 300 000 Teilnehmern
20. 9. 1982
Neuer Traditionserlass für die Bundeswehr
4. 10. 1982
Manfred Wörner (CDU) wird neuer Verteidigungsminister in einer christlich-liberalen Koalitionsregierung unter Bundeskanzler Helmut Kohl (CDU).

Herbst 1983
Zahlreiche Protestdemonstrationen gegen die Nachrüstung und Blockaden gegen Kasernenanlagen (»heißer Herbst«)
22./23. 11. 1983
Der Bundestag stimmt der Stationierung amerikanischer nuklear bestückter Mittelstreckenraketen vom Typ Pershing II und von Marschflugkörpern vom Typ Tomahawk zu.
1. 1. 1984
Das überarbeitete Gesetz zur Neuregelung von Kriegsdienstverweigerung und Zivildienst tritt in Kraft.
20. 12. 1984
Das Bundesverfassungsgericht weist Zweifel an der Verfassungsmäßigkeit der Stationierung von Mittelstreckenraketen auf deutschem Territorium zurück.
19.–21. 11. 1985
US-Präsident Ronald Reagan und der Parteichef der KPdSU Michail Gorbatschow vereinbaren eine Reduzierung ihrer strategischen Nuklearwaffen um 50 Prozent.
1. 5. 1986
Nach jahrelangen örtlichen Protesten gegen den Fluglärm von tieffliegenden Strahlflugzeugen der Bundeswehr beschließt die Luftwaffe eine deutliche Reduzierung der Zahl ihrer Tiefflüge über dem Gebiet der Bundesrepublik.
22. 9. 1986
Unterzeichnung des Schlussdokuments der Konferenz für Vertrauensbildung und Abrüstung in Europa (KVAE) in Stockholm

1987–1996
26. 8. 1987
Als Antwort auf den Abbau der sowjetischen Mittelstreckenraketen SS-20 beschließt die Bundesregierung den Abbau der auf deutschem Territorium stationierten amerikanischen Mittelstreckenraketen.
9. 12. 1987
Die Außenminister der NATO wählen Manfred Wörner zum neuen NATO-Generalsekretär (Amtsantritt 1. 7. 1988).
22. 1. 1988
Vereinbarung zur Aufstellung einer deutsch-französischen Brigade
18. 5. 1988
Neuer Verteidigungsminister wird Rupert Scholz (CDU).

28. 8. 1988
Schwerer Unfall bei Kunstflugvorführungen auf dem NATO-Flugplatz Ramstein mit 77 Toten und fast 500 Verletzten
1. 10. 1989
Verkürzung des Wehrdienstes von 15 auf zwölf Monate (ab Oktober 1990)
20. 4. 1989
Gerhard Stoltenberg (CDU) wird neuer Verteidigungsminister.
9. 11. 1989
Fall der Mauer und Öffnung der innerdeutschen Grenzübergänge
12. 9. 1990
Abschluss der Zwei-plus-Vier-Verhandlungen
3. 10. 1990
Tag der Deutschen Einheit; Übernahme der NVA in die Bundeswehr
19. 11. 1990
Im Rahmen der Charta von Paris erklären NATO und Warschauer Pakt das Ende ihrer Konfrontation.
17. 1. 1991
Beginn des Irak-Krieges (»Operation Desert Storm«) zur Befreiung Kuweits von der irakischen Besetzung
25. 2. 1991
Der Warschauer Pakt beschließt seine Auflösung.
6. 11. 1991
Die Bundeswehr beteiligt sich mit der Abstellung von Sanitätssoldaten an der UNO-Mission in Kambodscha (UNAMIC/UNTAC) (bis November 1993).
21. 12. 1991
Auflösung der Sowjetunion
2. 4. 1992
Volker Rühe (CDU) wird Verteidigungsminister.
22. 5. 1992
Frankreichs Präsident François Mitterand und Kanzler Helmut Kohl beschließen die Aufstellung eines Euro-Korps zur Demonstration der europäischen Verteidigungsidentität.
19. 6. 1992
Die WEU beschließt die Petersberg-Erklärung, in der sich das Bündnis die Erweiterung des militärischen Aufgabenspektrums vornimmt.
3. 8. 1992
Beginn der Verschrottung von über 10 000 Waffensystemen der Bundeswehr

12. 8. 1992

Der Bundestag beschließt Hilfeleistungen für die im Bürgerkrieg in Somalia vom Hungertod bedrohten Menschen. Daraus entsteht eine bis März 1994 laufende Beteiligung der Bundeswehr an der UNO-Mission in Somalia.

2. 4. 1993

Die Bundesregierung beschließt die Teilnahme deutscher Soldaten an der Überwachung des Flugverbots über Bosnien-Herzegowina.

2. 9. 1993

Das Verteidigungsministerium hat jetzt zwei Dienstsitze: die Hardthöhe in Bonn und den Bendler-Block in Berlin.

12. 7. 1994

Entscheidung des Bundesverfassungsgerichts zu Auslandseinsätzen der Bundeswehr: Auslandseinsätze der Bundesweh sind zulässig als Teil e iner Mission zur Aufrechterhaltung der internationalen Sicherheit und unter der Voraussetzung, dass der Bundestag dazu ein Mandat erteilt hat.

31. 8. 1994

Abzug der letzten in Ostdeutschland stationierten Truppen der Roten Armee

1. 1. 1996

Verringerung des Grundwehrdienstes auf zehn Monate.

1. 4. 1996

Beginn der Aufstellung des Kommandos Spezialkräfte (KSK)

13. 12. 1996

Beschluss des Bundestages über die weitere Teilnahme eines deutschen Kontingents an der Friedensmission in Bosnien-Herzegowina (IFOR/SFOR)

1997–2005

14. 3. 1997

Die Bundeswehr evakuiert mit Hubschraubern der Heeresflieger deutsche und ausländische Staatsbürger aus Tirana (Albanien).

18. 7. 1997

Einsatz der Bundeswehr bei der Flutkatastrophe an der Oder

28. 10. 1977

1998 Rudolf Scharping wird vom neuen Bundeskanzler Gerhard Schröder (SPD) zum Verteidigungsminister ernannt.

25. 2. 1999

Auf Antrag der Bundesregierung beschließt der Bundestag, bis zu 6000 Soldaten für eine Friedensmission im Kosovo einzusetzen.

13. 3. 1999
Polen, Tschechien und Ungarn werden NATO-Mitglieder.
24. 3.–10. 6. 1999
Luftschläge der NATO gegen Serbien (formal noch Bundesrepublik Jugoslawien) mit deutscher Beteiligung
12. 6. 1999
Beginn der KFOR-Mission im Kosovo
11. 1. 2000
Bahnbrechendes Urteil des Europäischen Gerichtshofs zum gleichberechtigten Zugang von Frauen zur Bundeswehr
14. 6. 2000
Beschluss über die Verkleinerung der Bundeswehr auf 277 000 Soldaten sowie Absenkung des Grundwehrdienstes auf neun Monate (umgesetzt ab Januar 2002)
9. 6. 2001
Die Bundeswehr stellt das Einsatzführungskommando in Potsdam in Dienst.
11. 9. 2001
Terroranschläge in New York und Washington
2. 10. 2001
Der NATO-Rat erklärt den Bündnisfall nach Artikel 4 des Nordatlantikvertrages.
7. 10. 2001
Beginn der Anti-Terror-Mission »Operation Enduring Freedom« (OEF), zunächst nur unter Beteiligung amerikanischer und britischer Truppen
22. 12. 2001
Zustimmung des Bundestages zur Beteiligung der Bundeswehr an einer internationalen Schutztruppe in Afghanistan (ISAF)
19. 7. 2002
Neuer Verteidigungsminister wird Peter Struck (SPD).
August/Sept. 2002
Katastropheneinsatz der Bundeswehr bei dem Hochwasser von Elbe und Donau
20. 3. 2003
Beginn des Irak-Krieges mit amerikanischen Luftangriffen. Die Bundesregierung lehnt eine Beteiligung an der »Koalition der Willigen« ab.
21. 5. 2003
Vorlage der Verteidigungspolitischen Richtlinien mit starker Betonung von Einsätzen der Bundeswehr zur internationalen Krisenstabilisierung und Konfliktverhütung

24. 10. 2003
Der Bundestag erweitert das Mandat der Bundeswehr für den ISAF-Einsatz über Kabul hinaus in die nordafghanische Region Kundus.
2. 4. 2004
Bulgarien, Estland, Lettland, Rumänien, Slowenien und die Slowakei werden feierlich in die NATO aufgenommen.
22. 11. 2005
Im Kabinett von Bundeskanzlerin Angela Merkel (CDU) wird Franz Josef Jung (CDU) neuer Verteidigungsminister.

2006–2022

Seit Dez. 2008
Beteiligung der Bundesmarine an der Anti-Piraterie-Mission »Atalanta« der Europäischen Union vor der Küste Somalias
18. 3. 2009
Frankreich wird wieder ein Vollmitglied der NATO, nachdem es sich 1966 zurückgezogen hatte.
1. 4. 2009
Albanien und Kroatien werden in die NATO aufgenommen.
4. 9. 2009
Bombardierung zweier von den Taliban entführter Tanklaster durch amerikanische Flugzeuge auf Anforderung des Kommandeurs des deutschen Feldlagers in Kundus
28. 10. 2009
Karl-Theodor zu Guttenberg (CSU) wird neuer Verteidigungsminister.
25. 12. 2010
Das Kabinett beschließt die Aussetzung der Wehrpflicht zum 1. 7. 2011.
3. 3. 2011
Neuer Verteidigungsminister wird Thomas de Maizière (CDU).
21. 3. 2012
Im Dresdner Erlass wird eine neue Spitzengliederung im Verteidigungsministerium und der Bundeswehrführung festgelegt.
26. 6. 2013
Der Bundestag beschließt die Beteiligung der Bundeswehr an der multinationalen UN-Stabilisierungsmission in Mali (MINUSMA).
28. 9. 2012
Der Bundeswehreinsatz in Bosnien-Herzegowina endet nach 17 Jahren, mehr als 63 000 Soldaten waren beteiligt.

17. 12. 2013
Ursula von der Leyen (CDU) übernimmt die Leitung des Verteidigungsministeriums.
31. 12. 2014
Der ISAF-Einsatz der Bundeswehr endet nach 13 Jahren.
1. 1. 2015
Die Bundeswehr beteiligt sich an der Nachfolgemission »Resolute Support« in Afghanistan, aber ausdrücklich nur mit Ausbildungs- und Beratungsfunktion für die einheimischen Sicherheitskräfte.
4. 12. 2015
Der Bundestag beschließt einen deutschen Militäreinsatz als Beitrag zur internationalen Anti-IS-Mission in Syrien.
13. 6. 2016
Veröffentlichung des Weißbuchs 2016 als Zwischenbilanz der Neuausrichtung der Bundeswehr und der sicherheitspolitischen Perspektiven Deutschlands.
20. 1. 2017
Beginn der vierjährigen Amtszeit des US-Präsidenten Donald Trump, der eine Krise der transatlantischen Beziehungen in der NATO einleitet.
August 2017
Deutschland übernimmt im Rahmen der Enhanced Forward Presence die Führung der NATO-Battlegroup in Litauen.
17. 7. 2019
Ernennung Annegret Kramp-Karrenbauers (CDU) zur Verteidigungsministerin.
7. 11. 2019
Frankreichs Staatspräsident Macron bezeichnet die NATO als »hirntot«.
März 2020 – April 2022
Amtshilfe-Einsatz der Bundeswehr bei der Bekämpfung des Coronavirus in Deutschland.
9. 12. 2021
Christine Lambrecht (SPD) übernimmt die Leitung des Verteidigungsministeriums.
24. 2. 2022
Beginn des russischen Angriffskrieges gegen die Ukraine.
27. 2. 2022
»Zeitenwende«-Rede von Bundeskanzler Scholz vor dem Bundestag mit der Ankündigung eines 100 Milliarden € umfassenden Sondervermögens zur Steigerung der Einsatzfähigkeit der Bundeswehr.

Abbildungsnachweis

Der Verlag dankt der Redaktion der Bundeswehr, insbesondere Frau Tanja Wendt, für die Bereitstellung zahlreicher Bilder.

akg-images: 20, 27, 30, 33, 36, 106 (Gert Schütz), 126 (AP)

Bundesarchiv: 45 (Plak 005-026-049), 56 (Plak 005-001-036/Lier), 59 (146-1998-006-34/Helmut J. Wolf), 98 (Plak 007-021-018/Patzack), 101 (Plak 005-042-063),

Bundeswehr: 8, 10 (Twardy), 54 (Baumann), 63 (von Lang), 73 (Rademacher), 77, 81, 84 (Storz), 110 (Menke), 122 (Zins), 132, 135 (Zins), 142 (Maletz), 168 (Kunduz)

picture alliance: 14 (dpa / Friso Gentsch), 18 (Ulrich Baumgarten), 35 (Gerd Herold), 38 (Associated Press / STR), 42 (dpa), 51 (ZUMAPRESS.com / Keystone Pictures USA), 67 (Wolfgang Weihs), 93 (Schulmann-Sachs), 97 (Eduard Roth), 102 (dpa), 108 (Klaus-Dieter Heirler), 118 (dpa / ADN Zentralbild), 136 (dpa / Carsten Rehder), 145 (ZB / Wolfgang Kluge), 147 (dpa/dpaweb / Valdrin_ Xhemaj), 152 (Stefan Sauer / dpa-Zentralbild / dpa), 156 (Klaus Rose), 160 (Christoph Hardt/Geisler-Fotopress), 162 (dpa / Maurizio Gambarini), 170 (dpa / Oliver Berg), 172 (dpa / Oliver Berg), 180 (dpa / Michael Kappeler), 183 (Aranka Szabo), 188 (dpa / Wolfgang Kumm), 190 (Michael Kappeler / dpa), 192 (Frederic Kern/Geisler-Fotopress), 194 (dpa / Bernd von Jutrczenka), 198 (Ostalb Network / Marius Bulling), 206 (Andreas Franke), 210 (dpa / Andrea Bienert)

SZ Photo: 56, 70, 113 (Lothar Kucharz)

Umschlagbilder: Vorderseite oben (picture alliance / ullstein bild), Vorderseite unten (picture-alliance / Ulrich Baumgarten), Rückseite links (dpa / Carsten Rehder), Rückseite Mitte (Bundeswehr), Rückseite rechts (Bundeswehr)

Der Autor

Dr. Dr. h.c. Wilfried von Bredow, Jahrgang 1944, ist Politologe und Publizist. Nach Forschungsaufenthalten unter anderem in Oxford, Toronto und Taiwan war er zuletzt Professor für internationale Politik an der Philipps-Universität Marburg. Er hat zahlreiche Bücher und Aufsätze zur Außen- und Sicherheitspolitik Deutschlands veröffentlicht und verfasst regelmäßig Beiträge für verschiedene Tageszeitungen.